普通高等教育工业设计专业"十三五"规划教材

SHIYONG RENJI GONGCHENG XUE

实用人机工程学

（第二版）

主　编　陈　波
副主编　邓　丽　李陵

中国水利水电出版社
www.waterpub.com.cn
·北京·

内 容 提 要

本书作为高等院校使用的人机工程学教材，主要针对培养工业设计专业学生的能力编写。全书从实用角度出发，力求教会学生使用方法，编写思路是以人体尺寸和人的视觉特性、施力及运动特性作为产品尺寸设计的主要依据，结合计算机辅助人机设计技术，从人体尺寸、作业姿势分析，到作业空间、工位设计，建立人机界面设计方法，最后讨论人机系统事故分析与安全性设计问题。本书对近年来人机工程学的发展也作了简述，以开拓学生的视野。具体讲授内容和时间分配，可以根据学校制订的教学大纲进行选择，建议教学学时为40～48学时。为了明晰课程内容的讲授主线，对于声、光、电、降噪、减振等方面的专业人机工程学知识，均采取简洁的形式，以利于有兴趣者查找相关资料进行学习。

为便于学生学习，全书以案例的形式介绍如何运用人机工程理论解决实际问题的方法，每章附有学习要点和思考题，并配置有关示例电子文件，相关内容可在 http://www.waterpub.com.cn/softdown 查阅下载。书中列举的一些操纵方法介绍比较详细，目的是便于学生自学和复习。本书除作为高等院校在校生的教材外，还可供相关工业设计人员学习、参考。

图书在版编目（CIP）数据

实用人机工程学 / 陈波主编. -- 2版. -- 北京：中国水利水电出版社，2017.7
普通高等教育工业设计专业"十三五"规划教材
ISBN 978-7-5170-5668-3

Ⅰ. ①实… Ⅱ. ①陈… Ⅲ. ①人-机系统－高等学校－教材 Ⅳ. ①TB18

中国版本图书馆CIP数据核字(2017)第179018号

书　　名	普通高等教育工业设计专业"十三五"规划教材 **实用人机工程学（第二版）** SHIYONG RENJI GONGCHENG XUE
作　　者	主编 陈 波 副主编 邓 丽 李 陵
出版发行	中国水利水电出版社 （北京市海淀区玉渊潭南路1号D座　100038） 网址：www.waterpub.com.cn E-mail：sales@waterpub.com.cn 电话：(010) 68367658（营销中心）
经　　售	北京科水图书销售中心（零售） 电话：(010) 88383994、63202643、68545874 全国各地新华书店和相关出版物销售网点
排　　版	中国水利水电出版社微机排版中心
印　　刷	北京瑞斯通印务发展有限公司
规　　格	210mm×285mm　16开本　17.25印张　522千字
版　　次	2013年3月第1版　2013年3月第1次印刷 2017年7月第2版　2017年7月第1次印刷
印　　数	0001—3000册
定　　价	**45.00元**

前　言

　　人机工程学主要研究的是研究人—机—环境的最佳匹配和人—机—环境系统的优化问题。而设计一切器物都要考虑人们生活和工作的安全性、舒适性和高效性，人机工程学为设计提供了设计尺度的依据，也成为设计的重要理论支柱。在设计和制造产品时都必须把"人的因素"作为一个重要的条件来考虑，建立人与机之间的和谐关系，最大限度地挖掘人的潜能，综合平衡地使用人的机能，保护人体健康，从而提高生产效率。自20 世纪 60 年代以来，科学技术的飞速发展和计算机技术的应用，为人机工程学的研究和应用注入了新的活力。特别是近几年来，随着计算机软硬件技术的飞速发展，计算机图形学、高性能图形系统、虚拟现实、人工智能等技术的进一步发展，人机工程学的理论与方法已发生了质的飞跃。计算机技术的引入不仅为人机工程学的研究提供了新的方法，而且更重要的是为其在实际生产生活中的应用提供了强有力的支持。

　　本书作者作为多年主讲"人机工程学"课程的工业设计专业教师，一直从事设计和教学工作。为了撰写本书，先后阅读 20 多部国内外各类《人机工程学》书籍。由于"人机工程学"内容涉及很多方面，并且是由很多研究成果形成的规范、原则组成的，因此很多教材编写得很像设计手册，而没有理出条理，没有介绍如何使用这些知识具体解决实际问题。在经过多次科研和教学实践之后，我们通过对各个知识点进行了梳理，并以能传授给学生使用的方法为导向，经过历时 2 年的撰写和修改，终完成了本书。本书吸取了相关教材的优点和部分理论，同时得到了宝鸡石油机械有限公司栾苏、樊春明、张茄新、张文英等工程师的帮助。在此，对上述有关教材的作者和提供帮助的朋友，一并表示深切的感谢。

　　全书以人体尺寸作为产品尺寸设计的主要依据，以人的视觉特性、施力和运动特性作为设计的生理依据，结合计算机辅助人机设计技术，从作业姿势分析建立作业空间，最后得到人机界面设计方法。为了便于学习，全书以 CATIA 作为工具穿插在各知识点中，同时提供若干可操作的分析案例，并且将作者的一些科研成果以案例形式介绍给大家，力求让读者了解如何运用人机工程学理论去解决实际问题的方法。

　　全书由西南石油大学陈波任主编，邓丽、李陵任副主编。其中陈波撰写第 1、3、5、6、9、10 章，邓丽、陈波撰写第 2、4、7 章，李陵、邓丽撰写第 8 章。书中 CATIA 知识应用及计算机辅助人机示例由邓丽设计、撰写。全书图表处理由李陵完成。全书由陈波策划统稿，许阳双参加部分校对整理，由山东大学赵英新主审。

　　本书经过西南石油大学工业设计专业 2007 级、2008 级、2009 级、2010 级、2011级、2012 级、2013 级、2014 级学生试用，编者针对试用中出现的错误进行认真修改和订正补充各章的习题和案例 CAT1A 演示讲解视频，增加人机系统事故分析与安全性设计一章，旨在设计的同时考虑人机系统中人的因素，达到安全、高效的目的。编写第二版，旨在为人机工程学的教学和研究工作提供一些帮助。

为方便读者学习使用，本书配套的案例电子文件可在 http：//www. waterpub. com. cn/softdown 查阅下载。

书中使用一些作者的引述与插图，因无法对照标出，在此，谨向书中引用的参考文献作者表示深深的敬意，详见参考文献。

由于时间仓促，加之编者水平有限，书中纰漏和不足之处在所难免，敬请读者批评指正。

编者
2016 年 8 月
于成都

目　　录

第1章 人机工程学概论

1988 年的波斯湾战云密布，充满危机。正在巡航的美国海军巡洋舰"文森斯"号收到有不明飞机迫近的信息，从雷达屏上很难区分这架正在逼近的飞机是在爬升还是在俯冲。军舰上的人错误地判断，这架飞机正在向他们俯冲，因此这是一架逼近的敌机。同时，飞机上的驾驶人员又没有回应军舰发出的警告，舰上人员的生命悬于一线，时间十分紧迫，舰长决定向敌机开火，士兵们毫不犹豫地执行了舰长的决定。非常悲哀的是，那架飞机是一架伊朗的民航飞机，该飞机没有俯冲，而是在爬升。这个问题出现在人机系统中，人和机器配合的失败。正是这些问题提醒我们去诊断故障，解决问题，搞清楚究竟发生了什么。而解决这些问题，就要依据人机工程学的有关理论。

在第二次世界大战期间，生理学家、心理学家、人类学家、医生、科学家和工程师们共同解决了复杂的军事装备操作产生问题，第一次将技术与人文科学进行了协调的系统应用，促使人机工程学的诞生。这种多学科合作的理念很快便吸引了大家的注意，之后被应用到了工业领域上，尤其是在欧洲国家和美国备受关注。1949 年在英国，诞生了第一个国家级人机工程学会，也就是在这个时候才有了人机工程学这个名词。随后在 1961 年，国际人机工程学学会（International Ergonomics Association，IEA）成立，它包含了全世界 40 多个国家或地区的人机工程学会，总会员已达到大约 19000 人。

1.1 器物与人的因素关系

人类的历史是劳动的历史，人类的劳动是从制造工具开始的，人类为了自身的生存，不断地创造、生产工具，拓展自己的能力，同大自然搏斗，改变自然，同时改变自身。这个过程使我们身边出现了大量的人造物（产品），构成了文化的一部分，即代表人的物质需要，又体现了人类的精神寄托，形成人类的文明史。文献 [1] 指出，设计作为人类生物性与社会性的生存方式，其渊源是伴随"制造工具的人"的产生而产生的。由此可见，设计一开始就是围绕"人的因素（人的生理、心理因素）"，满足人的需要而进行的创造性活动。

1.1.1 引例

《西游记》是大众所熟识的故事，唐三藏（玄奘）骑着一匹白马，随行的还有保护唐三藏并负责探路的孙悟空、负责杂务搬运行李的八戒以及负责牵马的沙僧，经历九九八十一难，终于到达西天印度，取回真经 [见图 1-1（a）]。但真实的情况是，唐僧的旅程有步行 [见图 1-1（b）]、骑马和跟随商队。当年的玄奘才 28 岁，正是精神体力最充沛的时候，背上了一个 60～80 磅的背包，大致不成问题。在西安的石碑林内，有一石碑刻着他步行时的装备，反映了大约 670 年时"背负健行"的装备，下面简单分析其装备特点。

竹制的外架式背包，主要受力点位于两肩，便于分解重力。曲形背包整体中心位于肩部，使得人在背负背包时可以使用扛力，即人体脊椎骨处于正常施力状态，人体本身感觉舒适、轻松。背包底部有脚，垂直时可用来靠背，下部长度位于腰部，不影响走路。竹架伸到头部上可以遮太阳，架上挂了一个照明灯，以便晚上赶路，将架平放在地上便可以做床之用。脚穿草鞋，以便通风，防止有脚臭的产生。宽大的衣服，可使空气流通，汗水蒸发。由于利用肩与背就可以保持背包稳定，腾出的双手可以做其他事情，故唐僧左手拿着竹制的定位装置，右手拿着羽毛做的掸子来赶走飞虫和作扇子之用，轻松上路。从上述示例中可以看出，人们设计的器物首先应该满足人的生理、心理需求，尺度应该与人体尺寸相匹配。这是早期人们的设计思想中包含了现代人机工程学的理念。

(a)西游记　　　　　　　　　　　(b)真实取经图

图 1-1　唐僧取经图

　　图 1-2 中的专业照相机从造型上看远不如一些傻瓜相机好看，但是从操作的角度看，专业照相机的造型是最符合人机工程学理念使用的。伸缩式镜头既便于长距离调整焦距，也便于左手托住相机起到稳定作用；相机右侧突出部分正符合右手抓握相机，调焦和快门按钮正位于右手拇指和食指。这也是这种造型成为专业相机经典造型的原因。

(a)专业相机　　　　　　　　　　(b)使用专业相机照相的姿势

图 1-2　专业相机

1.1.2　本课程在设计中的作用

1. 人体尺寸提供产品设计参数

　　用户（人）操作和控制工具（产品）实现特定的功能，人能否舒适、方便地操作和使用产品，很大程度上取决于人的生理能力（手、脚控制范围、视觉认读能力、听觉语言沟通能力），这些能力都受到人体尺寸的限制。例如，图 1-3 中不论是小车床，还是大的加工中心，其操作和观察部分的尺寸必须与人体身高尺寸相匹配。

　　针对不同年龄范围的用户，在产品设计中必须考虑相应的人体尺寸数据。例如针对儿童设计的产品与针对成年人使用的产品在尺寸上相差很大，在产品设计中必须分别考虑。

2. 为人设计便于操作的界面

　　设计首先应该研究人的需求，探讨人的生活方式，从人的使用方式为产品设计提供设计切入点是一种有效的手段。例如驾驶汽车的方向盘、自行车的把手是"握的界面"；座椅是"坐的界面"；上网使用的浏览器、软件的操作界面是"人与计算机"交流的界面。在图 1-4 中，用户通过手脚操纵控制器，机器按照人的指令工作的同时，将其运行状态通过显示器显示出来，人的眼、耳等器官接受信息并传递给大脑，大脑经过分析判断，再指挥手脚进行操纵。显然显示器和控制器是人（用户）和机器（产品）之间实现信息交流的界面，属于人机界面。图1-5是某国家核电站控制室的操作界面设计，从图中可以看到，显示器和控制器布局太密，显示装置和控制装置之间的关系不容易体现，控制元件太多，当人处于疲劳状态下容易产生误操作，造成事故。人需要踩凳子或踮脚才能操作，这种使用方式非常容易因身体无意接触而触动其他控制装置，造成重大事故。在人机界面设计中如何使显示、操纵方式符合人的认知习惯，使其提高工作效率，减少出错率是设计中非常重要的问题。

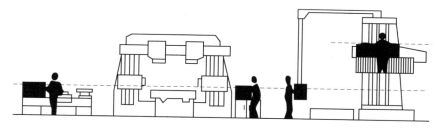

图1-3 机床操纵部分的尺寸与人体尺寸匹配

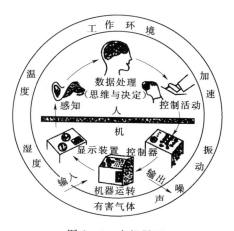

图1-4 人机界面

图1-5 某国家核电站控制室

1.2 人机工程学的学科体系与应用

人机工程学（Ergonomics）一词中包含"ergon"工作、劳动和"nomos"规律、规则的意思。IEA对人机工程学的定义是：人机工程学是研究人在某种工作环境中的解剖学、生理学和心理学等方面的因素；研究人和机器及环境的相互作用；研究在工作中、家庭生活与闲暇时怎样考虑人的健康、安全、舒适和工作效率的学科。从该定义中可以看出人机工程学研究对象是工作环境中的解剖学、生理学和心理学等方面的各种因素；研究内容是人—机—环境的最佳匹配；研究目的是设计的一切器物要考虑人们生活、工作的安全、舒适、高效。人机工程学是研究人和其他系统要素之间相互作用的一门学科；人机工程学专业通过利用相关理论、原则、数据和方法来设计应用，以改善人类的健康状况和提高整个系统的工作效率。

Ergonomics最早在世界上被称为人类工效学。美国称其为人因工程学，侧重工程和人际关系。苏联称其为工程心理学，注重工程心理学研究。日本称其为人间工学，侧重宜人性研究。法国侧重劳动生理学。保加利亚偏重人体测量学。捷克、印度等注重劳动卫生学。国际标准化组织IEA已经正式采纳Ergonomics（人机工程学）的概念。

人机工程学从人文科学和技术的各个领域中汲取知识，包括人体测量学、人体力学、生理学、心理学、环境科学、机械工程、工业设计、信息技术和管理学（见图1-6）。通过借鉴与融合，它将从

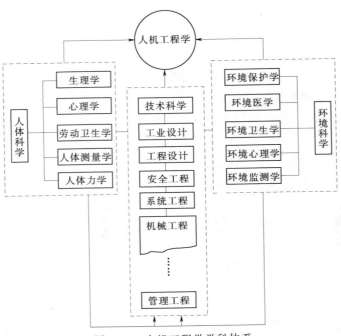

图 1-6　人机工程学学科体系

这些领域中汲取来的知识汇集在了一起，并在应用时，采用了具体的方法和技术。人机工程学方法手段中的跨学科性意味着它涉及人类许多不同的方面，其他领域的研究区别就在于跨学科方法的应用及其实用性。而根据它的实用性，人机工程学的方法手段是通过设计改善工作场所或环境以适应人，而不是反过来，让人去适应工作场所和环境。在日常工作与生活的应用中，人机工程学强调"以人为本"，它通过考虑人体和心理的承受能力以及人的局限性等问题，来避免任何不安全、不卫生、不舒适或效率低下情况的发生。人机工程学研究内容与应用见表1.1。

表 1.1　　　　　　　　　　　人机工程学研究内容与应用

类别	微观人机工程学（简单人机系统）		宏观人机工程学（复杂人机系统）
关系	人—机关系	人—环境关系	人—人关系
领域	人体人机工程学	认知人机工程学	组织人机工程学
研究内容	人体解剖学，人体测量学，生理学，生物力学	思维过程：理解，记忆，推理，神经反应等影响人与系统其他部分交互的因素	组织结构，政策，程序
人的因素	人的结构特征，人的物理特征，人的生理特征，人的生物力学，人的环境适应性，人的信息感知、处理，人的心理特征		
设计问题	工作姿势，材料处理，反复运动，肌肉和骨骼的失调，工作场所布局，安全与健康	精神负荷，决策，操作技能，人—机交互，人的可靠性，工作载荷和训练等与系统设计相关的因素	通信，人力资源管理，工作设计，工作时间设计，联合作业，共享设计，团体工效，合作，新作业示范，虚拟组织，远程作业，质量管理
人机设计	空间设计，交互设计（人机界面设计——信息与显示设计，控制设计，软件界面设计，交互方式设计），物理环境设计，辅助设计，作业设计，体验设计，安全性设计，无障碍设计，可靠性设计，人机系统设计程序与方法		组织设计，管理系统

1.3　人机工程学的起源与发展

1.3.1　人机工程学的起源

　　一切人造工具自诞生以来，都是出于一个共同的观念和目标：为了让人更好、更方便、更安全地使用人造工具从事各种活动。

砾石是山上的岩石，经河流冲击、带动，沉积到低平的河滩上，形状一般呈椭圆形，故称河卵石。在北京猿人的石器制品中，几乎所有的石器都是选择砾石做原料，这是因为砾石光润、对称、流畅的形式符合人类美的视觉尺度（见图1-7）。原始先民选择砾石是因为它比自然岩石更好用，打制一头形成锋利的尖棱刃口作切割，完成其功能作用；而另一端保留圆滑形态便于手握，符合人的操作，可见原始先民在制作工具的时候就考虑方便操作的问题了。

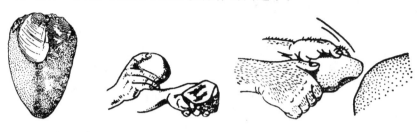

（a）"北京猿人"的砾石工具　　　　（b）"北京猿人"以锤击法和碰砧法打制石片

图1-7　"北京猿人"使用石器的工具

大约2400多年前，战国初期的《考工记》是我国最古老的一部科技汇编名著（见图1-8）。在这部古代科技名著中，对车舆、工事、兵器、农具以及礼乐诸器的制作方法与技术作了详细的记载。

图1-8　《考工记》

例如用于劈杀的兵器：大刀、剑戟，使用中有方向性，为避免容易转动的弊病（见图1-9），因此它的握柄截面应该做成椭圆形，使用中可凭手握柄杆感知信息，无须眼看，便可掌握刀刃、钩头的方向。用于刺杀的兵器，例如枪、矛等，使用中没有方向性，为避免握柄在某一扁薄方向容易挠曲，它的截面应该做成圆形（见图1-10）。

图1-9　各种刀法

图1-10　刺杀用扎枪

明代科学家宋应星所著《天工开物》，以丰富插图形式记录了我国农业和手工业生产技术等方面的卓越成就，具有重要的科学价值。图1-11中表现的生产作业场景，人们的工作、劳动姿态总是那么自然、舒展，没有强迫体位下的工作姿势或者扭曲不当的劳动动作。作业姿势自然舒展，表示劳动工具、生产设备与人体尺寸有良好的适应性。

(a)铸币　　　　　　　　　　　　　　　(b)铸鼎

图1-11　《天工开物》

图1-11中的风箱下面还有个底盘，有了底盘才能使风箱把手达到与人的胸、肘部位平齐的位置，而这正是立姿下推拉施力的最适宜高度，足以说明这是"刻意设计"的结果。铸币台的高度正与操作者上臂放松时的高度平齐，说明古人在设计工作环境时考虑到省力、提高工作效率等问题。

古希腊人相信死亡后灵魂会去另一世界，为了死者在死后的世界以及来世过得舒适一些，他们在坟墓中放置像器物之类的个人物品，其尺寸与死者的年龄和身材相匹配。在早期的建筑中人们不知道选择什么样的比例关系为美，古希腊人就利用人体各部分比例关系作为设计的基本比例。例如庙宇圆柱子的高度是其柱脚直径的8倍［见图1-12（a）］，这正是希腊女人身高与脚长之比［见图1-12（b）］。

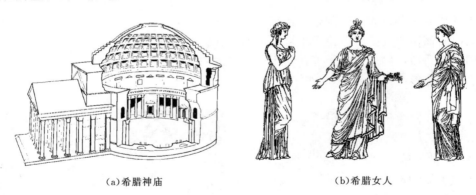

(a)希腊神庙　　　　　　　　　　　　(b)希腊女人

图1-12　古希腊神庙

以上事例说明人们在开始进行设计、制作工具时，就有强烈的器物与人相协调的人机设计思想。

1.3.2　人机工程学的发展

Hollnagel对人机工程学研究与应用的成果进行总结，给出了比较明晰的人机工程学发展过程，同时也指出了发展方向（见图1-13）。从该图中可以看出人机工程学发展大致经历了以下几个发展阶段。

Mechanisation，机械化 industrialisation，工业化 mass production，大规模生产	Automatic control，自动控制 centralisation，集中化 integration，综合化	Computerisation，计算机化 Automation，自动化	Digitization，数字化 communication，信息化 extension，扩大化

	1910	1945	1980	2000
Scientifc management 科学管理	Classical ergonomics 经典人机工程学 Cognition in the mind 思想上的认知	Cognitive ergonomics 认知人机工程学 Cogniton in the world 实践中的认知	"Control ergonomics" "控制人机工程" Extended cognition 广义、扩展认知

Body-work compatibility 身体—工作协调性　Efficiency 有效性　Mind-work compatibility 思想—工作协调性　Usability 可用性　System-goal compatibility 系统—目标协调性　Control 控制

图 1-13　人机工程学的发展过程

1. 对劳动工效的苛刻追求孕育了经验人机工程学（工业革命—1910 年）

自工业革命以来为了适应机械化大生产的要求，提高效率是人们追求的目标。1898 年美国工程师 F. W. 泰勒进行了著名的"铁铲实验"，以确定多大铲量的铁铲工作效率最大，以期通过科学管理提高工作效率（见图 1-14）。

图 1-14　F. W. 泰勒

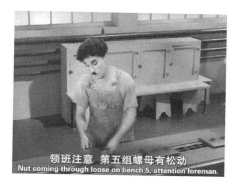

领班注意　第五组螺母有松动
Nut coming through loose on bench 5, attention foreman.

图 1-15　电影《摩登时代》中的工作场景

图 1-15 为电影《摩登时代》中工人劳动的场景。电影中主人公在老板的威逼下在生产线上连续不断地拧螺钉，工作节奏越来越快，根本不考虑人的承受能力，中间休息离开机器时，全身肌肉还在不停地扭动，重复拧螺钉的动作。这一阶段总体来看是要求人适应机器，最大限度提高人的操作效率，严重违背了"以人为本"的理念，使人们重新思考人与机器之间的关系。

2. 第二次世界大战武器设计促使科学人机工程学诞生（1910—1945 年）

由于战争需要，许多国家大力发展高效、威力大的武器，因为片面地研究新武器的功能，忽略使用者——人的因素，因操作失误致使出现重大事故屡见不鲜。美国在研发喷气式飞机时，发现新飞机试飞时经常出现事故，经过技术人员检验机器本身设计不存在问题，最后发现问题出在飞机显示、操纵装置设计上（见图 1-16），飞行员在飞行中既要在复杂多变的气象、地理环境下识别敌方，又要随时通过飞机仪表显示信息操纵飞机。由于显示操纵元件的增加，使得经过严格选拔培训的优秀飞行员照顾不过来，造成飞机失事。

由于制造技术的大力发展，自动控制表现在集中化、综合化，而最初的设计没有顾及人自身生理和心理特点。大量教训使得人们明白，一味追求飞机性能优越，若不能使飞机设计与人的生理、心理相匹配，就不能发挥设计的预期功能。为了使武器设计更能符合士兵的生理特点，武器工程师不得不与解剖学家、生

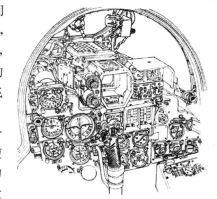

图 1-16　飞机座舱

理学家和心理学家共同为武器的操纵方式进行研究和设计。军事领域对"人的因素"的研究和利用，使得科学人机工程学应运而生。

3. 向民用领域拓展促使现代人机工程学成熟（1945—1980 年）

第二次世界大战结束以后，人机工程学迅速地延伸到民用品等广阔的领域，主要有：家具、家用电器、室内设计、医疗器械、汽车与民航客机、飞船宇航员生活舱、计算机设备与软件、生产设备与工具、事故与灾害分析，消费者伤害的诉讼分析等。20 世纪 50、60 年代以来，人机工程学的学科思想在继承中又有新的发展。设计中重视人的因素固然仍是正确的原则，但若单方面地过于强调机器适应于人、过于强调让操作者"舒适""付出最小"，在理论上也是不全面的。与人机学建立之初强调"机器设计必须适合人的因素"不同，IEA 的定义阐明的观念是人机（以及环境）系统的优化，人与机器应该互相适应、人机之间应该合理分工。表明人机工程学的理论至此趋于成熟。在这一阶段重视工业和工程设计中"人的因素"，力求使机器适应于人，在提高人自身身体和工作协调性方面做了大量研究工作，人机工程学理论至此趋于成熟。

4. 利用先进科学技术的认知人机工程学（1980—2000 年）

随着计算机技术，尤其是计算机图形学、虚拟现实技术和高性能图形技术的突破，人机工程学逐步从理论公式计算、经验资料积累以及简单的应用计算走向了计算机辅助人机工程设计技术（Computer - Aided Ergonomics Design，CAED）。计算机辅助人机工程设计是利用计算机建立人体和机器的计算模型，融入人体生理特征，模拟人操作机器的各种动作，把人机相互作用的动态过程可视化，并充分利用人机工程学的各种评价标准和算法以及人机实验设备，对产品开发过程中的人机因素进行量化分析和评价。保证人的因素贯彻在产品设计开发的全生命周期之中，尽早尽可能全面地考虑人的因素，实现人机工程学学科与其他学科的集成协作，在最短时间内、最低成本消耗等的情况下，进行高品质、高水平的产品设计。这一时期还将人的意识、感知、认知等融入到人机分析当中，研究人的意识与工作的协调性。

5. 控制人机工程学（2000 年至今）

采用数字化、信息化技术从宏观的角度将人—机—环境作为一个系统加以研究，提高复杂社会—技术性制造系统的劳动生产率、健康、安全和作业质量，追求系统控制与目标的协调性，使系统中人—机—环境因素获得最佳匹配以保证系统整体工效最优。

1.4 人机工程设计与技术标准

人机工程学对于工程设计的作用主要表现在两个方面：一是设计研究，包括人机方面的设计原则与设计要求，人机设计方法，人—机—环境的匹配设计变量确定；二是人机测试与评价。通过对人的因素和人—机—环境关系的研究，确定人机设计要求和人机系统的设计方法，对于显示、控制和环境设计等一般性问题制定人机设计标准和设计指南，对于设计中遇到的特定问题进行研究以确定设计变量或设计方案。对设计后的方案、模型或样机等进行人机测试评估，发现人机问题改进设计，确保产品或系统达到设计的人机要求。

人机工程设计的对象是人机界面，设计涉及解剖学、生理学、心理学等人的因素，要达到的目标是让使用者感到生活、工作的舒适、安全、高效。设计变量是指人机界面、工作姿势、工作方式、环境因素、工作空间等与人的因素相关的需要在设计或人机工程研究中确定的参数，是实验研究的自变量，系统效标（因变量）则是指经济性、可靠性、安全性等综合性系统指标，如方便性、操作性能、安全性、可维修性、经济性、人员培训要求等。人机工程的实验效标通常是实验的因变量即反应变量，是指实验目的所要求的心理、生理或行为指标，如作业错误、闪光融合频率、耗氧量、肌电活性、反应时、心理量表值、脑力负荷、学习时间、心理阈限、心血管系统的反应等，这些指标反映了人的生理、心理疲劳程度、工作载荷，系统人机界面的优劣、人机系统工作效率、心理评价等系统效能。

　　设计的起点是人的需求，对于一个学习设计的人来说，若有现成的研究成果加以利用固然很好，但如果需要求解的人机问题没有现成的资料借鉴，就应该掌握一定的科学方法进行研究。研究方法在科学发展中具有重要作用，只有掌握科学的研究方法才会使研究工作取得预期的结果。用系统观点研究人—机—环境系统时，必须从系统的整体出发去分析各子系统的性能及其相互关系，再通过对各部分相互作用的分析来认识系统整体。这就要求研究人员要以科研和生产实际需要选择研究课题，在研究工作中，要全面、真实、具体地记录情境条件和研究对象的各种反应，在分析结果时，一定从客观事实出发得出结论。

1.4.1　人机工程设计的研究方法

1. 调查法

　　调查法是获取有关研究对象资料的一种基本方法。它具体包括访谈法、考察法和问卷法［见图1-17（a）］。

（a）调查访谈

（b）观测

图 1-17　访谈与观测

　　访谈法是研究者通过询问交谈来收集有关资料的方法。访谈可以是有严密计划的，也可以是随意的。无论采取哪种方式，都要求做到与被调查者进行良好的沟通和配合，引导谈话围绕主题展开，并尽量客观真实。

　　考察法是研究实际问题时常用的方法。通过实地考察，发现现实的人—机—环境系统中存在的问题，为进一步开展分析、实验和模拟提供背景资料。实地考察还能客观地反映研究成果的质量及实际应用价值。为了做好实地考察，要求研究者熟悉实际情况，并有实际经验，善于在人—机—环境各因素的复杂关系中发现问题和解决问题。

　　问卷法是以问卷的形式挖掘与设计、制造有关信息的方法，目的是为了在人群中获取整体系统信息。问卷法的关键是如何设计有价值的调查问卷，问卷应体现从全局的角度考虑提出哪些方面的问题，其次，如何得到比较真实、全面了解到稳定、一致的情况（即调查的效果和可信度）。

2. 观测法

　　观测法是研究者通过观察、测定和记录自然情境下发生的现象来认识研究对象的一种方法［见图1-17（b）］。这种方法是在不影响事件的情况下进行的，观测者不介入研究对象的活动中，因此能避免对研究对象的影响，可以保证研究的自然性和真实性。例如：观测作业的时间消耗，流水线生产节奏是否合理，工作间的时间利用情况等。进行这类研究，需要借助仪器设备，如计时器、录像机等。应用观测法时，研究者要事先确定观测目的并制定具体计划，避免发生误观测和漏观测的现象。为了保证客观事物的正确全面感知，研究者不但要坚持客观性、系统性原则，还需要认真细微地做好观测的准备工作。

3. 实验法

　　实验法是在人为控制的条件下，排除无关因素的影响，系统地改变一定变量因素，以引起研究对象相应变化来进行因果推论和变化预测的一种研究方法。在人机工程学研究中这是一种很重要的方法［见图 1-18（a）］。它的特点是可以系统控制变量，使所研究的现象重复发生，反复观察，不必像观测法那样等待事件自然发生，使研究结果容易验证，并且可对各种无关因素进行控制。实验法分为两种：实验室实验和自然实验。实验室实验是借助专门的实验设备（在本书 10.3 节专门介绍一些先进的人机实验设备的应用），在对实验条件严加控制的情况下进行的。由于对实验条件严格控制，该种方法有助于发现事件的因果关系，并允许人们对实验结果进行反复验证。缺点是需要严格控制实验条件，使实验情境带有极大的人为性质，被试意识到正在接受实验，可能干扰实验结果的客观性。但是，由于实验条件控制不够严格，有时很难得到精密的结果。

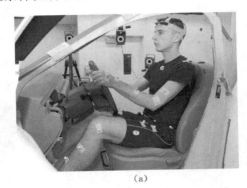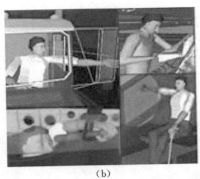

(a)　　　　　　　　　　　　　　　(b)

图 1-18　实验法与计算机仿真

4. 计算机仿真

计算机仿真是应用电子计算机对系统的结构、功能和行为以及参与系统控制的人的思维过程和行为进行动态性比较逼真的模仿［见图 1-18（b）］。它具有高效、安全、受环境条件的约束较少、可改变时间比例尺等优点，已成为分析、设计、运行、评价、培训系统（尤其是复杂系统）的重要工具。随着图形学和计算机技术的发展，目前已出现如 ErgoForms、Jack、PeopleSize、SAFEWORK Pro、CATIA 等计算机辅助人机设计软件，可以对人的操作姿势、效率等因素进行分析，大大提高设计工效和降低设计成本。

1.4.2　人机工程设计的步骤

人机工程学的研究，除对学科的理论进行基础研究外，大量的研究还是对与人直接相关的产品、作业、环境和管理等进行设计和改进。虽然所设计和改进的内容不同，但都应用人—机—环境系统整体优化的处理程序和方法。以下为针对产品类型（包括机械、器具、设备设施等）进行人机工程设计的步骤。

1. 发现问题

人进行的一切活动都是有目的性的，而人在使用人造物时常常会发现存在很多不如意的问题（如操作不舒适、不便识别、出错等），这些问题恰恰是设计的起点，针对这些问题理出主要问题和次要问题，结合上述介绍的研究方法找出问题的本质，确立设计课题。

2. 确定目的及功能

首先确定设计和改进人造物的目的，然后找出实现目的的手段，即赋予机具一定的功能（见图 1-19），这一过程被称为概念设计。所谓概念是真实世界现象与过程的逻辑关系的描述，设计方案（概念模型）越多，选择余地越大，在一定的限制条件下，容易得到更优的方案。因此，应将目的定得高一些，从广阔的视野设想出多种方案。

3. 人与产品的功能分配

整个系统的功能确定后，就要考虑在人与产品之间如何进行功能分配。人机功能分配，是产品设计首要和顶层的问题。如果这个问题处理得不恰当，其后的设计无论怎么好，也会存在着根本性的缺

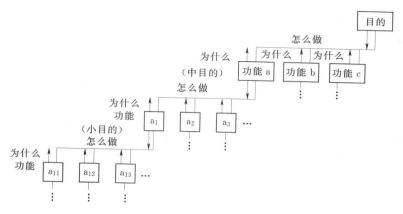

图 1-19 功能分解

陷。人与机器各有所长。人机合理分工的基本原则，是发挥人与机器各自的优势。根据人和机器各自的优势，可得出人机合理分工的一般原则如下：设计中应把笨重、快速、单调、规律性强、高阶运算及在严酷和危险条件下的工作分配给机器，而将指令程序的编制、机器的监护维修、故障排除和处理意外事故等工作安排人去承担。

根据实现目的的要求，对人与机器的能力进行具体分析，合理地进行功能分配。有时人分担的功能减少，机器的功能就相应增加；人分担的功能增加，机器的功能就相应减少。例如，汽车的手动变速实现了自动化，照相机的光圈和对焦实现了自动化，从而减少了人分担的功能；或在衣服上多些口袋来携带工具等，就会扩大手的功能。在大规模系统、运输系统以及安全、防灾设备中，应纠正单纯追求机械化、自动化的倾向，必须考虑充分发挥人的功能。

4. 模型描述

人机功能分配确定后，接着用模型对系统进行具体的描述，以揭示系统的本质。模型描述一般分为语言（逻辑）模型描述、图示模型描述和数学模型描述等，它们可单独或组合使用。语言模型可描述任何一种系统，但不够具体；数学模型很具体，便于分析和设计，但在表现实际系统时受到限制，多用于描述整个系统中的一部分；图示模型应用广泛，而且在其中可以加入语言模型和数学模型进行说明（见图 1-20）。另外，图示模型便于表示各要素之间的相互关系，特别是人机之间的关系（见图 1-21）。目前在很多场合采用场景故事模型来描述。

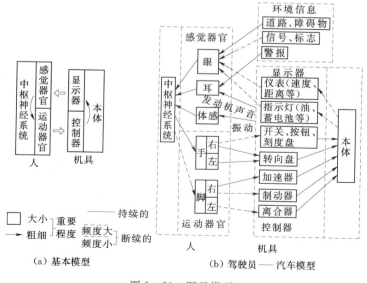

图 1-20 图示模型

11

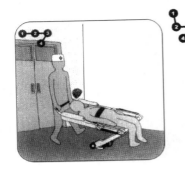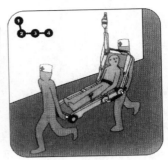

图 1 - 21　图示模型

5. 分析

结合描述模型，对人的特性、人造物的特性和系统的特性进行分析。人的特性包括基本特性，如形态特性、功能特性，还包括复杂特性，如人为失误和情绪等，在分析时要进行必要的计测和数据处理。人造物的特性包括性能、标准和经济性等。整个系统的特性包括功能、制造容易、使用简单、维修方便、安全性和社会效益等。

6. 模型的实验

如果需要更详细的设计或改进数据时，可以在上述分析数据的基础上制作出人造物的模型，再由人使用该模型，反复实验研究。这样可以取得更具体的数据资料或从多个方案中选择最优方案。

7. 人造物的设计与改进

最后是确定人造物的最优方案，并进行具体的设计和改进。最优方案是根据上述分析实验结果进行评价确定的。设计和改进完成后，甚至试制品出来后，还要继续进行评价和改进，以求更加完善。其中特别重要的是人造物与人的功能配合是否合理的评价，因此经常应用由人直接参与的感觉评价法。

1.4.3　人机工程设计的国际技术标准

国际人机工程学标准化委员会（代号 ISO/TC—159）是国际标准化组织（International Standardization Organization，ISO）的一个下属组织。其活动范围有以下 5 个方面：

（1）制定与人的基础特点（物理的、生理的、心理的、社会的）有关的标准。

（2）制定对人有影响的与物理因素有关的标准。

（3）制定与人在操作中、在过程和系统中的功能有关的标准。

（4）制定人机工程学的实验方法及其数据处理的标准。

（5）协调与 ISO 其他技术委员会的工作。

国际人机工程学标准化委员会的工作目的有以下 3 个：

（1）促进与人的基本特性有关的基础标准的发展，包括系统设计时必须使用的心理学、生理学、卫生学、社会学及其他有关学科的一般原则。

（2）给出基本的完整的测量数据，如人体测量、感觉能力及其阈值，人对环境的可耐受界限及其变化规则等。

（3）促使人机工程学的知识与经验在 ISO 的其他委员会中的应用，提供他们所需要的资料，并对现行标准进行补充。

ISO/TC—59 已制订出一批人机工程的正式国际技术标准、标准草案或建议，并已发布多个正式标准。

在中国国家标准局领导下，中国人类工效学标准化技术委员会于 1980 年建立。中国人类工效学标准化技术委员会下设 8 个分技术委员会：基础分委员会、人体测量和生物力学分委员会、控制与显示分委员会、劳动环境分委员会、工作系统的工效学要求分委员会、颜色分委员会、照明分委员会、劳动安全分委员会。由中国人类工效学标准化技术委员会提出（或提出并归纳），已经制定、发布了几十个人机工程的技术标准。这些国标的内容，在技术上与对应的国际标准有着较好的一致性或等效性。

学习人机工程学，应该了解人机工程的技术标准；应用人机工程学，更脱离不了人机工程的技术标准。我国已经发布的部分人机工程国家标准的代号与名称参看附录 C。其中部分重要和基本的标准，将在本教材的后面作详细或简略的说明介绍。多数标准仅为提供信息，以备必要时查找参照。在我国的国家标准中，属于人机工程学（人类工效学）技术标准的大分类号为"A25"。但是还有更多有关人机学的标准是分别放在机械、建筑、轻工、环境等门类的技术标准里面的，这一点在查找时应予注意。

1.5　人机工程学与工业设计

人机工程学的主干包括了工业设计。到目前为止，工业设计学科还没有完全形成自己系统的核心理论，而人机工程学为工业设计提供了必要的理论依据，指明了发展方向，如现在出现的交互设计、通用设计、体验设计等都是从"以人为本"的角度满足人的需求。一个优良的产品设计应该具有安全性、高效率、使用性、耐用性、服务性、合理的价格和优美的外观等基本特征，这些基本特征几乎每项都和人机相关，人的因素影响到和产品相关的各个环节层面。具体来说，人机工程学为工业设计提供"人体尺度参数"，为"人造物"的功能合理性提供科学的依据，为"环境因素"提供设计准则，为"人—机—环境"系统设计提供理论依据。反过来说，工业设计推动了人机工程学的发展，工业设计师在设计实践过程中需要用到人的因素的不同理论和数据，也促使人机工程学者进一步深入研究。

总之，人机工程学与工业设计是互相支持、互相促进的，对工业设计师来说学习和应用这类学科应注意掌握的特点是：学科思想、基本理论和方法等学科的精髓，必须学习把握住。至于相关学科，以及人机工程学浩瀚繁琐的数据资料、图表，则要求能结合具体研究的课题，学会查找、收集、分析和运用。本学科的知识形态是面状（网状、散点状）结构的，分布很广，相互之间不一定有密切联系。用到什么，就应该能去钻研什么，学习方法和要求有别于理工科课程知识结构。

1.6　计算机辅助人机分析案例

CATIA 的集成化技术覆盖所有产品开发与设计的全过程，包括三维建模、零件装配、工业产品渲染、机构运动与仿真、工程分析、模具设计、NC 加工、逆向工程、人机工程设计与分析以及电气设备和支架造型设计等，能满足各行业、各类型企业的工业设计需求。本案例是从学生需要掌握的知识点出发，选择 CATIA 中人机分析模块作为工具，利用所学习的人机知识对产品进行分析，先给学生一个整体的应用人机工程学知识解决问题的全过程了解。

首先简要介绍 CATIA 软件所涵盖的模块和其相应的功能，介绍 CATIA 软件的界面和其基本操作，让读者对该软件有一个整体的认识。接下来，通过某大学学生公寓洗漱间为例进行人机分析，让读者初步了解 CATIA 软件的人机工程学设计与分析模组的功能，以及如何运用 CATIA 中人机分析模块对人体姿势舒适度分析的流程。

1.6.1　CATIA 界面简介

CATIA 主要包含以下功能模块，学习本门课程要求重点掌握机械设计模组和人机工程学模组。启动 CATIA 便进入 CATIA 主界面（见图 1-22）。

选择 Start（开始）→Mechanical Design（机械设计）→Part Design（零件设计）命令，弹出 New Part（新零件）对话框，输入零件名称，单击 OK（确定）按钮，进入零件设计工作界面。零件设计主界面包括标题栏、菜单栏、工具栏、绘图区、罗盘、模型树等部分。

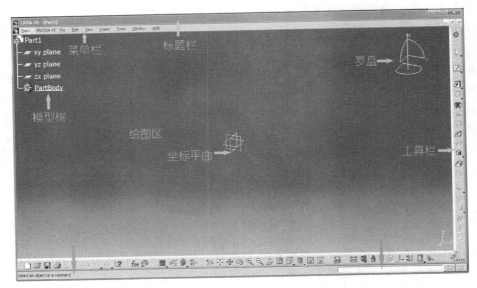

图 1-22 零件设计主界面

图 1-23 系统菜单

1. 文件的基本操作

CATIA 文件的类型很多，如零件、曲面和组件等，若要创建一个 CATIA 零件，则必须知道设计零件的类型。以 Part Design（零件设计）平台为例，介绍创建一个 CATIA 文件的操作方法。

（1）选择 Start（开始）→Mechanical Design（机械设计）→Part Design（零件设计），如图 1-23 所示。

（2）弹出 New Part（新零件）对话框（见图 1-24）。

输入文件名选项可以接受系统指定的名称 Part1，也可以另指定一个文件名称，单击 OK（确定）按钮，进入零件设计工作界面。

注意：①系统默认的第一个零件名为 Part1，如果再创建一个新文件，则系统以 Part2 命名，依次类推；②如果给文件另行指定一个名称，文件名称中不能有汉字出现，可以是英文字母、数字和汉语拼音或其组合；③CATIA 软件支持中文路径，也就是保存零部件的文件夹可以是中文名称。

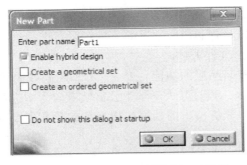

图 1-24 New Part（新零件）对话框

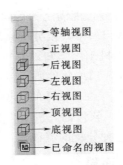

图 1-25 快速查看工具栏

2. 视图及模型显示基本操作

（1）视图。

一般情况下，可以直接点击工具栏中的快速查看按钮选择视图的状态（见图 1-25）。

（2）模型显示。

模型的显示模式是指模型的着色/消隐方式，也就是模型以着色状态显示还是以线框方式显示出来。图1-26中包含了模型显示模式的所有类型。

3. 屏幕定制

屏幕定制是用户根据自己的实际需要定制一个有个性化的工作平台。选择 Tools（工具）→Customize（定制）命令，弹出 Customize（定制）对话框（见图1-27）。

如图1-28所示，用户可在多种界面语言之间切换，选择完毕后单击 close（关闭）按钮，系统提示 Restart session to take settings into account（重新启动会话以使设置生效）。

图1-26 视图方式工具栏

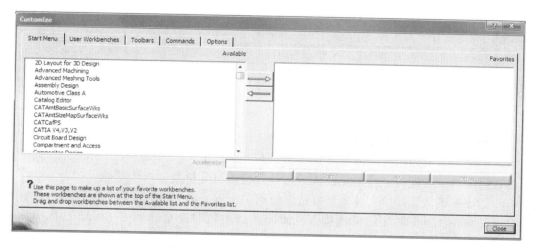

图1-27 Customize（定制）对话框

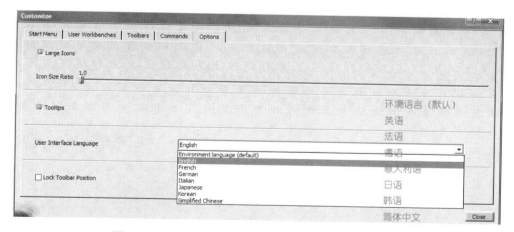

图1-28 Customize（定制）对话框的 Options（选项）

说明：初学者若不习惯英文菜单可以采用上述方法进行中文菜单定制，但若对 CATIA 系统二次开发，只能采用英文菜单。

当工具栏中的按钮位置混乱或者某些图标找不到的时候，可以点击如图1-29所示的 Restore all contents 和 Restore position 按钮来恢复工具栏的内容和位置。

当进入 CATIA 系统时，自动缺省加载若干菜单。若需要的菜单工具栏没有出现在界面上，可以进行加载。具体办法如下：按照上述方法进入定制工具栏对话框（见图1-29），选择 Toolbars 项，拾取新建工具栏项，在左侧对话框中选择相应菜单工具栏，CATIA 屏幕上就自动加载该工具栏菜单。

15

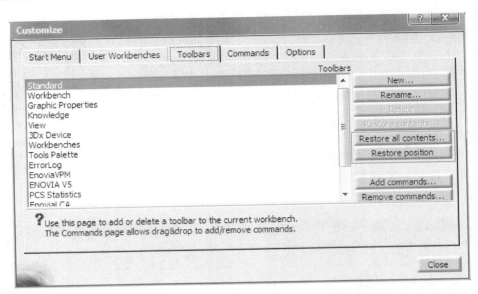

图 1-29　Customize（定制）对话框的 Toolbars（工具栏）

1.6.2　学生宿舍洗漱间人机分析

现以某大学学生公寓的洗漱间为例，说明如何以 CATIA V5 中人机分析模块为工具，利用人机工程学理论进行人机分析评价，目的是使读者对计算机人机分析具有总体了解。

图 1-30 是计算机仿真评价人体姿势舒适度分析的流程。首先利用 CATIA 中机械设计模块或其他软件，根据某高校洗漱间的实际尺寸建立洗漱间的三维数字模型（见图 1-31 具体操作参照有关 CATIA 造型的书籍）。再根据《中国成年人人体尺寸》（GB/T 10000—1988）建立中国数字人体模型，并将数字人体模型和洗漱间模型装配在一起（其他软件通过 IGES 文件格式导入）。本书在 2.3.2 小节中介绍，作为示例在这里采用 50 百分位数的中等身高女性为分析模特。参照人在洗漱间平时的动作和完成的功能，调整人体模型的姿势。依据人机工程学中有关人体关节活动的范围设置关节的活动区域，系统就会自动对人体模型的各种姿势舒适度打出分值，并以不同的颜色显示人体不同部位的舒适度。

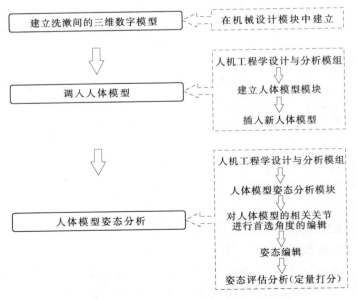

图 1-30　人体姿势舒适度分析的流程

1. 调入分析对象和人体模型

点击文件 xsj，打开按照实际尺寸建立的洗漱间模型（图 1-31）。在下拉菜单栏中逐次单击：Start（开始）→Ergonomics Design & Analysis（人机工程学设计与分析模块）→Human Builder（建立人体模型），进入创建人体模型设计界面。

在屏幕右侧工具栏中点击 Inserts a new manikin（插入新人体模型）👤按钮，在弹出的 New Manikin（新建人体模型）对话框中，有 Manikin 和 Optional 两个选项栏，按照图 1-33 中选项设置（图中 Father product 选项点击模型树 xsj），单击 OK 按钮插入一个 P_{50} 女性人体模型（见图 1-32）。

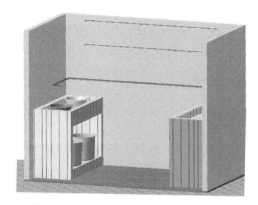

图 1-31 某大学学生公寓洗漱间模型

图 1-32 P_{50} 女性人体模型

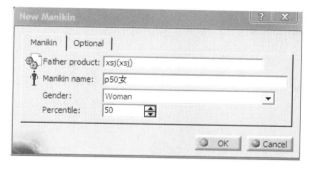

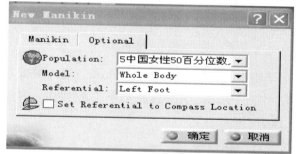

图 1-33 新建人体模型对话框

将屏幕画面右上方罗盘拖到人体模型的脚上，使用 Place Mode（放置功能）👣将人体模型放置到合适的位置（见图 1-34），使用罗盘调整人体模型方位（见图 1-35）。

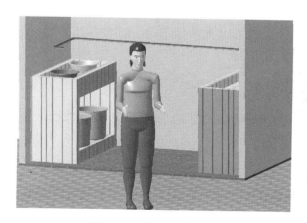

图 1-34 调入人体模型

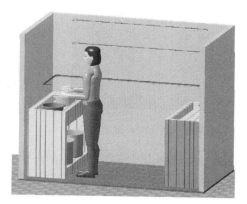

图 1-35 放置在合适的位置

2. 人体模型姿态分析

在菜单栏中逐次单击下拉菜单中的选项：Start（开始）→Ergonomics Design & Analysis（人机工程学设计与分析）→Human Posture Analysis（人体模型姿态分析）选项，单击人体模型任意部位后，系统自动进入人体模型姿态分析界面。该界面只显示编辑的人体模型，其他隐藏（见图 1-32）。

在屏幕右侧工具栏上点击 Edits the angular limitations and the preferred angles（编辑角度界限和首选角度）🔲 按钮，选中要编辑的部位（如图 1-36 所示的上臂），系统自动为该部位的编辑提供最佳视角，同时显示编辑部位的活动范围。

右击灰色区域打开快捷菜单，选择 Add（添加）项，参考表 3.7 在活动区域内添加划分舒适、次舒适、不舒适区域，并对添加的区域编辑特性（见图 1-37）。在舒适的运动角度下（A 区），设定分值为 90 分，颜色显示为蓝色；次舒适区域为 80 分显示黄色（B 区）；不舒适区域为 60 分显示红色（C 区）。本例分别对人体模型的头部、上臂、前臂、胸和腰进行了首选角度的编辑。

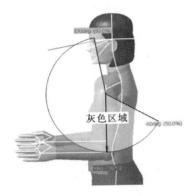

图 1-36　进入关节角度编辑

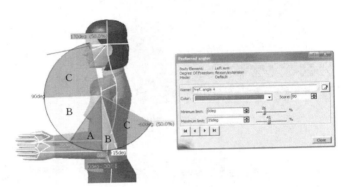

图 1-37　设置关节活动角度

单击工具栏中的 Posture Editor（姿态编辑）🔲 按钮，将人体模型的姿态编辑成如图 1-38 所示的洗衣服的姿态。在工具栏上单击 🔲 按钮，打开 Postural Score Analysis（姿态评估分析）对话框（见图 1-39）。

图 1-38　洗衣服的姿态

图 1-39　洗衣服的姿态评分

在 Selected Result（所选择部位的评定值）中显示了之前所设定的人体模型的 5 个部位的得分。在 All DOFs Result（所有自由度的评定值）中显示了整个人体模型在所有自由度上的评定百分值。对话框中显示分数用来衡量姿态的舒适程度，分值越高代表越舒适。

同理可对人体模型的姿态进行编辑，如图 1-40 所示是人体模型晾毛巾的姿态进行作业姿势评价。在工具栏上单击██按钮，弹出如图 1–41 所示的 Postural Score Analysis（姿态评估分析）对话框，该对话框以图表的形式显示晾毛巾的姿态下人体模型作业舒适度的评分。

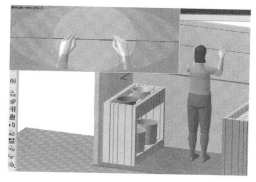

图 1–40　晾毛巾的姿态

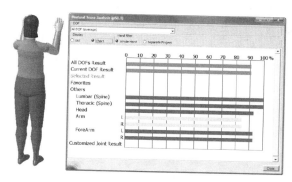

图 1–41　晾毛巾的姿态评分

　　总而言之，本案例通过模仿真人在洗漱间洗衣服、晾毛巾等姿态，基于 CATIA 人机分析模块评价人在不同姿势下的舒适度。通过人体模型表面皮肤的颜色变化，直观地看出人在某个姿态下是否舒适，并对整个人体模型的姿态进行定量的分析，检验人体在当前姿态下身体各部位的舒适程度，并打出姿态评估的分数。验证洗漱间的设计是否符合"以人为本"的设计理念，同时也为设计者提供有效的人机参考数据。

本章学习要点

　　本章主要对人机工程学的起源发展进行了简述，针对人机工程学的概念内涵、作用、标准进行了说明，最后以案例形式介绍一种对动作姿势的评价方法，以便给学生一个初步的应用框架。通过本章学习应该掌握以下要点。
　　（1）明确人机工程学定义，掌握人机工程学研究对象、研究内容和研究目的。
　　（2）从人机工程学的发展历史明确人机工程学的内涵。
　　（3）了解人机工程学的主要研究方法和人机工程设计的主要步骤。
　　（4）明确人机工程学与设计的关系。
　　（5）了解有关人机工程学国际、国家标准。
　　（6）明确人机系统和人机界面的概念。
　　（7）掌握人机合理分工的一般原则，明确"机宜人"和"人适机"。
　　（8）使用软件 CATIA 进行人机评价（动作姿势）的大致过程。

思考题

　　（1）人机工程学的英文名称、研究对象、研究内容、研究目的分别是什么？
　　（2）不同时期的人机工程学发展对人机工程学体系的完善起到什么作用？
　　（3）查阅资料了解人机工程学的研究方法，以 PPT 形式作出总结。
　　（4）了解人机工程学学科体系有什么意义？
　　（5）举例说明人机工程学与产品设计之间的关系。
　　（6）人机工程学为什么规定很多标准？
　　（7）人机工程学的研究方法有哪些？人机工程设计主要步骤有哪些？
　　（8）我们如何将国外人机工程学的研究成果运用到产品设计中？
　　（9）举例说明在日常生活中遇到的不符合人机问题，以 PPT 形式表达。

（10）采用 PPT 评价一款你感兴趣的产品，并且确定分配给人、机的功能。

（11）工业设计师如何利用人机工程学开展设计？

（12）运用 CATIA 中人机分析模块评价姿势的大体步骤是什么？自学 CATIA 软件操作和相关建模方法。

（13）人机工程学与工业设计的共同点是如何在设计中体现的，试举例说明。

第2章　人体尺寸分析及在设计中的应用

2.1　人体尺寸与设计

设计的目的是满足操作者——人的使用要求，一般产品设计是通过使用者的操作和控制来实现特定功能。因此，设计必须围绕人的使用方式展开。人能否顺利舒适操作产品，很大程度上取决产品尺寸，人的操作和控制能力取决于人的生理能力。公元前5世纪古希腊智者普罗泰戈拉（Protagoras）的著名哲学命题最早见于柏拉图的对话《泰阿泰德篇》（见图2-1），文中提到："人是万物的尺度，是存在的事物存在的尺度，也是不存在的事物不存在的尺度。"意思是说，事物的存在是相对于人而言的，对于人使用的物品应该按照人的尺寸作参考进行衡量。

图2-2中士兵在操作机关枪时的手握扳机、瞄准星高度等应该被设计在操作者舒适的位置上，或者有关位置应该被设计成可以调节。

图2-1　普罗泰戈拉

图2-2　勃朗宁机关枪

产品的尺寸应该与操作者人体尺寸相匹配。但是对于不同年龄的使用对象以及使用群体如何确定人体尺寸，需要人体测量学知识进行测量统计，得到相应的尺寸用于设计。

2.1.1　产品设计中尺寸的来源

1. 人体尺寸测量渊源

通过前面的分析，已经明确产品设计中的尺寸是由操作者自身人体尺寸确定，而人体尺寸的来源得益于人体测量学的发展。早在两千多年前我国为医学目的进行过人体测量的工作，现存最早的祖国医学典籍《内经·灵枢》中的《骨度篇》中，已有人体测量的记载和阐述。公元前1世纪，罗马建筑师维特鲁威（Vitruvian）为希腊神庙建筑设计而研究了人体各部分的比例。意大利文艺复兴时期，为了建筑设计和雕塑，很多人进行过人体尺寸测量研究，达·芬奇（Leonardo da Vinci 1452—1519年）根据维特鲁威的描述画出了著名的人体比例图（见图2-3）。对人体尺寸、形态的关注和研究，在古代主要着眼于建筑、雕塑、文化。

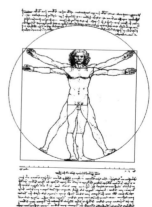
图2-3　达·芬奇绘制的
人体尺寸比例图

比利时数学家奎特莱特 1870 年出版的《人体测量学》一书，是人体测量最早的专著。19 世纪末到 20 世纪初，为建立人体测量统一的国际标准，各国人类学家召开了多次国际会议，至 1912 年在日内瓦召开的第 14 届国际史前人类学与考古学会议上，这一工作基本完成。1919 年美国针对 10 万退伍军人进行了多项人体尺寸测量工作（见图 2-4），用于军服设计制作，以后又为军队使用器物设计提供尺寸依据。德国也对人体尺寸进行多项测量，因此，第二次世界大战的德国军服样式与尺寸很好地体现了人体测量的重要性（见图 2-5）。

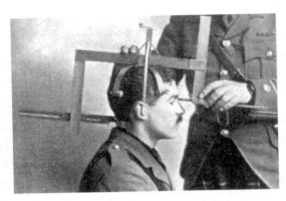

图 2-4　美军人体尺寸测量

图 2-5　德国军服

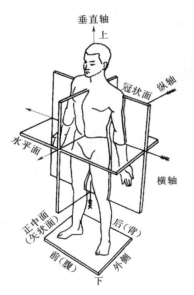

图 2-6　人体尺寸基准面与基准轴

我国于 20 世纪 80 年代中后期抽取了 11170 名男性和 11151 名女性作为样本测量人体尺寸。并于 1988 年发布国家标准《中国成年人人体尺寸》（GB/T 10000—1988），表明我国针对中国人体尺寸测量工作取得很大进展，为今后产品设计提供了有利支持。

2. 人体尺寸测量简介

为了保证测量方法统一、测试项目和尺寸实用，ISO（国际标准化组织）制定了相应标准，等效于我国《用于技术设计的人体尺寸测量基础项目》（GB/T 5703—1999）、《人体测量仪器》（GB/T 5704.1～5704.4—1985）。

3. 测量基准和基准面

（1）测量基准面

1）矢状面。沿身体中线对称地把身体切成左右两半的铅垂平面，称为正中矢状面；与正中矢状面平行的一切平面都称为矢状面（见图 2-6）。

2）冠状面。垂直于矢状面，通过铅垂轴将身体切成前、后两部分的平面。

3）水平面。垂直于矢状面和冠状面的平面；水平面将身体分成上、下两个部分。

4）眼耳平面。通过左右耳屏点及右眼眶下点的平面，又称法兰克福平面。

（2）测量基准轴。

1）铅垂轴。通过各关节中心并垂直于水平面的一切轴线。

2）矢状轴。通过各关节中心并垂直于冠状面的一切轴线。

3）冠状轴。通过各关节中心并垂直于矢状面的一切轴线。

人体尺寸测量均在测量基准面内、沿测量基准轴的方向进行。常规人体肢体功能测量方法如图 2-7 所示，人体各部位尺寸常规测量方法如图 2-8 所示。

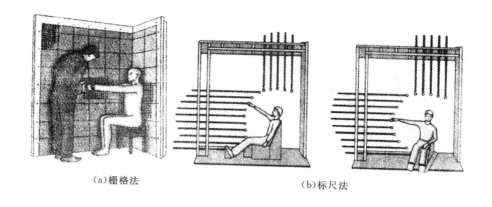

（a）栅格法　　　　　　　　　　　　　　（b）标尺法

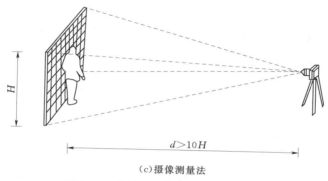

（c）摄像测量法

图 2-7　人体肢体功能测量方法

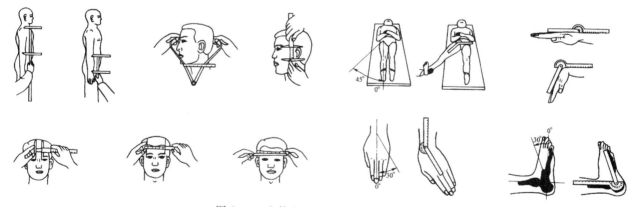

图 2-8　人体各部位尺寸常规测量方法

2.1.2　人体尺寸的表达

　　人们的体态，高矮、胖瘦，相互不同；对于任何一项人体尺寸，都有大、中、小等各种情况。要全面完整地显示中国成年人人体尺寸情况，就要描述清楚对于每一项人体尺寸，具有多大数值的人占多大的比例，即人体尺寸的"分布状况"。

　　1. 人体尺寸特性

　　人体尺寸测量学者通过研究人体尺寸数据之后发现有如下一些特性。

　　（1）群体的人体尺寸数据近似服从正态分布规律。

　　从正态分布曲线推断出人体尺寸数据的一些近似特性，如图 2-9 所示。具有中等尺寸的人数最多；随着对中等尺寸偏离值的加大，人数越来越少；人体尺寸的中值就是它的平均值等。

　　（2）各人体尺寸之间一般具有线性相关性。

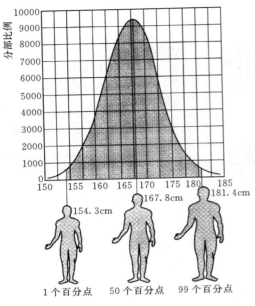

图 2-9　中国男性身高尺寸分布

身高、体重、手长等是基本的人体尺寸数据。研究表明，人体各基本结构尺寸与身高 H 具有近似的比例关系（见图 2-10）。

（3）人体尺寸各部位比例关系因不同种族、民族、国家的人群而不同。

各国人体尺寸与身高近似比例见图 2-11 和附表 B.11。

2．人体尺寸分布描述

产品尺寸所适合的使用人群占总使用人群的百分比，称为满足度。满足度通过人体尺寸的百分位数来界定。

通常将小于或等于观测值的样本占总样本的百分比来界定，即百分位。百分位采取符合要求的人体尺寸的百分比表示，称为"第几百分位"。例如，50％的人称为第 50 百分位。人体尺寸的百分位数是指第几百分位对应的人体尺寸。百分位数是一种位置指标、一个界值，K 百分位数 P_K 将群体或样本的全部人体尺寸观测值分为两部分，有 K％的人体尺寸等于和小于它，有（$100-K$）％的人体尺寸大于它。例如：图 2-12（b）是 10 百分位数中国成年男子身高 1604mm，说明有 10％的中国成年男子身高小于 1604mm，有 90％的中国成年男子身高大于 1604mm。

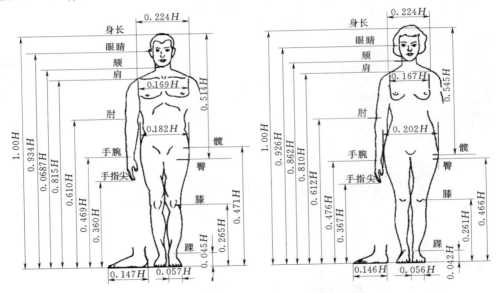

图 2-10　中国成年男女人体尺寸比例图

GB/T 10000—1988 中每一项人体尺寸都给出 7 个百分位数的数据，这 7 个百分位数分别是 1 百分位数、5 百分位数、10 百分位数、50 百分位数、90 百分位数、95 百分位数和 99 百分位数。常用符号 P_1、P_5、P_{10}、P_{50}、P_{90}、P_{95}、P_{99} 来分别表示它们。其中前 3 个叫做小百分位数，后 3 个叫做大百分位数，50 百分位数则称为中百分位数。

第二种描述方法是给出人体尺寸均值和标准差。这是 GB/T 10000—1988 描述人体尺寸分布状况的补充方法，只对 6 个地区（华北和东北、西北、东南、华中、华南、西南）中国人的体重、身高、胸围 3 个人体尺寸，男 18～60 岁、女 18～55 岁各一个年龄段的人体尺寸给出了均值和标

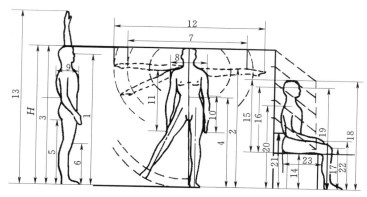

图 2-11 世界人体尺寸与身高近似比例

准差（见表 2.1）。

设计产品尺寸时若需要某一地区的人体尺寸可由表 2.1 中人体尺寸的均值和标准差代入式（2-1）确定。

$$P_K = M \pm SK \qquad (2-1)$$

式中 P_K——人体尺寸的 K 百分位数；

M——相应人体尺寸的均值（可由表 2.1 中查得）；

S——相应人体尺寸的标准差（可由表 2.1 中查得）；

K——转换系数（可由表 2.2 中查得）。

当求 1～50 百分位之间的百分位数时，式中取"一"号；

当求 50～99 百分位之间的百分位数时，式中取"＋"号。

式（2-1）可由统计学导出，这里不作详解。

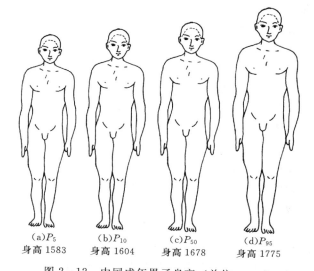

图 2-12 中国成年男子身高（单位：mm）

表 2.1　　　　　　　　　中国 6 个地区成年人体重、身高和胸围

项　　目		东北、华北		西北		东南		华中		华南		西南	
		均值	标准差	均值	标准差	均值	标准差	均值	标准差	均值	标准差	均值	标准差
男（18～60 岁）	体重/kg	64	8.2	60	7.6	59	7.7	57	6.9	56	6.9	55	6.8
	身高/mm	1693	56.6	1684	53.7	1686	55.2	1669	56.3	1650	57.1	1647	56.7
	胸围/mm	888	55.5	880	51.5	865	52	853	49.2	851	48.9	855	48.3
女（18～55 岁）	体重/kg	55	7.7	52	7.1	51	7.2	50	6.8	49	6.5	50	6.9
	身高/mm	1586	51.8	1575	51.9	1575	50.8	1560	50.7	1549	49.7	1546	53.9
	胸围/mm	848	66.4	837	55.9	831	59.8	820	55.8	819	57.6	809	58.8

表 2.2 　　　　　　　　　　　　计算百分位数的转换系数

百分位数	转换系数 K	百分位数	转换系数 K	百分位数	转换系数 K	百分位数	转换系数 K
						97.5	1.960
0.5	2.576	20	0.842	70	0.524		
1.0	2.326	25	0.674	75	0.674	98	2.05
2.5	1.960	30	0.524	80	0.842	99	2.326
5.0	1.645	40	0.25	85	1.036	99.5	2.576
10.0	1.282	50	0.00	90	1.282		
15.0	1.036	60	0.25	95	1.645		

例题 1　设计适用于 90% 华北男性使用的产品，试问应按怎样的身高范围设计该产品尺寸？

解：由表 2.1 查知华北男性身高平均值 $M=1693$mm，标准差 $S=56.6$mm。

要求产品适用于 90% 的人，即满足度是 90%，故以第 5 百分位数和第 95 百分位数确定尺寸的界限值，由表 2.2 查得转换系数 $K=1.645$，即

第 5 百分位数为：$P_5 = 1693 - (56.6 \times 1.645) = 1600$mm

第 95 百分位数为：$P_{95} = 1693 + (56.6 \times 1.645) = 1786$mm

结论：按身高 1600~1786mm 设计产品尺寸，将满足 90% 的华北男性使用。

3. 国标 GB 中部分尺寸在设计中应用

GB/T 10000—1988 中共列出 7 组、47 项静态人体尺寸数据（见附录 B），分别是：

人体主要尺寸 6 项　　　　立姿人体尺寸 6 项　　　　坐姿人体尺寸 11 项

人体水平尺寸 10 项　　　　人体头部尺寸 7 项　　　　人体手部尺寸 5 项

人体足部尺寸 2 项

现以图 2-12 中几个尺寸说明部分人体尺寸在产品设计中的作用。

（1）立姿眼高 2.1。

如图 2-13（a）、（b）所示的所有无下部尺寸界线的标号都是以地面为参考面。立姿眼高 2.1 指立姿眼高度到地面距离，立姿下需要视线通过、或需要隔断视线的场合。例如病房、监护室、值班岗亭门上玻璃面的高度、一般屏风及开敞式大办公室隔板的高度等，商品陈列橱窗、展台展板及广告布置等。

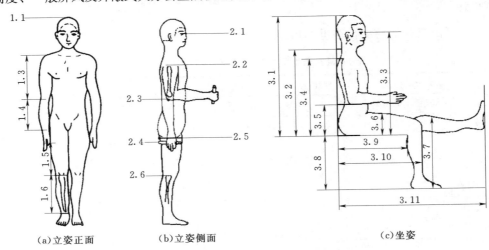

（a）立姿正面　　　　（b）立姿侧面　　　　（c）坐姿

图 2-13　国标 GB 中人体各个部位尺寸项目

（2）立姿肘高 2.3。

立姿下，上臂下垂、前臂大体举平时，手的高度略低于肘高，这是立姿下手操作工作的最适宜高度，因此设计中非常重要。轮船驾驶、机床操作、厨房里洗菜、切菜、炒菜以及教室讲台高度等都要考虑它。

（3）坐高 3.1。

双层床、客轮双层铺、火车卧铺的设计，复式跃层住宅的空间利用等与它有关［见图2-13（c）］。

（4）坐姿眼高3.3。

坐姿下需要视线通过，或需要隔断视线的场合，例如：影剧院、阶梯教室的坡度设计，汽车驾驶［见图2-13（c）］。

2.2　人体尺寸数据在设计中的应用

前面介绍国标中人体尺寸是在特定的着装、特定的姿势下测量的，在实际产品设计中，需要的人体操作不可能是国标中规定的条件，因此，在实际应用中需要对人体尺寸进行修正。

2.2.1　人体尺寸的应用原则与应用方法

1. *产品尺寸的应用原则*

在具体的尺寸设计中，人体尺寸的百分位是按照一定的原则选取的，其原则有以下4个方面。

（1）取中原则。

取P_{50}百分位的人体尺寸数据作为设计依据，如门把手的高度设计，这样会使两个极端的人不方便，但特定人群的大多数处于较合适的状态［见图2-14（a）］。

（2）极限原则。

使用较高（如P_{95}）或较低（如P_5）百分位的人体尺寸数据［见图2-14（b）、（c）］，这是最常用的原则。如控制台下的膝空间高度的设计，取P_{95}百分位的坐姿膝高作为参考，那么膝高小于此值的人（占特定人群的95%）均能以正常姿势操作。

（3）可调原则。

使某些结构尺寸可调以适应特定人群的每一个人［见图2-14（d）］，在可能的情况下这是最好的选择，如可调整高度的汽车驾驶座椅。

（4）全范围原则。

有些安全性要求较高的特殊场合，要求结构尺寸要适合所有人，如安全通道的尺寸［见图2-14（e）］。

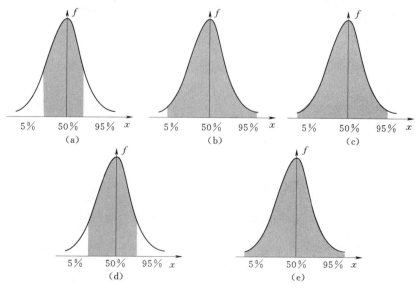

图2-14　人体尺寸应用原则

2. *产品尺寸设计类型*

在产品设计中存在设计师判断到底以大个头人体尺寸设计？还是以小个头人体尺寸设计？这需要根据产品的功能特性确定产品尺寸设计的类型，依据产品尺寸应用原则，确定产品尺寸设计需用的人体尺寸的百分位数。

（1）Ⅰ型产品尺寸设计。

若产品尺寸需要调节才能满足不同身材人的使用，即需要小个头尺寸百分位数作为尺寸设计的下限，大个头尺寸百分位数作为尺寸设计的上限，这类产品尺寸设计属于Ⅰ型产品尺寸设计。例如汽车座椅位置尺寸和自行车座椅高度尺寸属于Ⅰ型产品尺寸设计（见图 2-15）。

图 2-15　Ⅰ型产品尺寸设计

（2）Ⅱ型产品尺寸设计。

若只需要一个人体尺寸作为尺寸设计的上限或者下限，这类尺寸设计属于Ⅱ型产品尺寸设计。

1）ⅡA 型产品尺寸设计。

只需要一个人体尺寸百分位数作为设计尺寸的上限，也称为大尺寸设计。例如，热水器的把手孔圈大小若满足大个头人使用，小个头人一定可以抓握热水器把手；礼堂座椅宽度若满足大个头人使用，就一定满足小个头人使用（见图 2-16）。

图 2-16　ⅡA 型产品尺寸设计

2）ⅡB 型产品尺寸设计。

只需要一个人体尺寸百分位数作为设计尺寸的下限，也称为小尺寸设计。例如：公共汽车踏步的高度设计属于ⅡB 型产品尺寸设计，既满足小个头人体尺寸，也必然满足大个头人使用；图书馆阅览室上层高度若满足小个头人拿到书，也一定满足大个头人使用（见图 2-17）。

图 2-17　ⅡB 型产品尺寸设计

（3）Ⅲ型产品尺寸设计。

若产品尺寸与使用者身材大小关系不大，或不适宜分别考虑时，一般取第 50 百分位数人体尺寸作为产品尺寸设计依据，这类产品尺寸设计属于Ⅲ型产品尺寸设计，也称平均尺寸设计。

如图 2-18 所示，公园座椅高度应该满足男女使用，门的把手和锁孔高度应该满足男女使用，因此，相应尺寸的 $(P_{50男}+P_{50女})/2$ 作为尺寸设计依据。

图 2-18　Ⅲ型产品尺寸设计

3. 选择产品设计时人体尺寸的百分位数

由前面阐述已经明确，对于不同产品尺寸设计，需要不同的人体尺寸百分位数作为设计依据。但是具体选择多少百分位数，需要考虑满足度要求。在产品设计中选择人体尺寸百分位数的一般原则总结如表 2.3 所示。

表 2.3　　　　　　　　　　　　　　人体尺寸百分位数选择表

产品类型	产品重要程度	百分位数的选择	满足度
Ⅰ型产品	涉及人的健康、安全的产品 一般工业产品	上限值 P_{99}，下限值 P_1 上限值 P_{95}，下限值 P_5	98% 90%
ⅡA型产品	涉及人的健康、安全的产品 一般工业产品	上限值 P_{99} 或 P_{95} 上限值 P_{90}	99% 或 95% 90%
ⅡB型产品	涉及人的健康、安全的产品 一般工业产品	下限值 P_1 或 P_5 下限值 P_{10}	99% 或 95% 90%
Ⅲ型产品	一般工业产品	P_{50}	通用
成年男、女通用Ⅰ型、Ⅱ型产品	各种工业产品	上限值：男性的 P_{99}、P_{95} 或 P_{90} 下限值：女性的 P_1、P_5 或 P_{10}	通用
成年男、女通用Ⅲ型产品	各种工业产品	$\dfrac{P_{50男}+P_{50女}}{2}$	通用

一般情况下，产品设计的目标是希望达到较大的满足度，但是满足度过大会引起其他不合理因素，因此，需要综合考虑具体问题。

2.2.2　人体尺寸的修正

为了在实际产品设计中合理使用国标提供的人体尺寸，需要对人体尺寸数据进行修正。尺寸修正量包括功能修正量和心理修正量。

1. 尺寸功能修正量

为保证实现产品功能进行的尺寸修正量，包括穿着修正量、姿势修正量和操作修正量。

（1）穿着修正量。

穿着修正主要包括各种穿鞋和着衣裤修正量，常见的尺寸修正量如表 2.4 所示。在一些资料中，为了便于应用修正量，将修正量分得较细，如：

1）穿鞋修正量（指工作或劳动中穿的平底鞋）。

立姿身高、眼高、肩高、肘高、手功能高、会阴高等尺寸，男子：+25mm，女子：+20mm。

2）着衣裤修正量。

坐姿坐高、眼高、肩高、肘高等为+6mm，肩宽、臀宽等为+13mm，胸厚+18mm，臀膝距+20mm。

（2）姿势修正量。

表 2.4　　　　　　　　　　　　　中国成年人着装人体尺寸修正　　　　　　　　　　单位：mm

项　目	尺寸修正量	修正原因	项　目	尺寸修正量	修正原因
站姿高	25～38	鞋高	两肘肩宽	20	
坐姿高	6	裤厚	肩—肘	8	手臂弯曲时，肩肘部衣服压紧
站姿眼高	36	鞋高	肩—手	5	
坐姿眼高	3	裤厚	叉腰	8	
肩　宽	13	衣	大腿厚	13	
胸　宽	8	衣	膝　宽	8	
胸　厚	18	衣	膝　高	33	
腹　厚	23	衣	臀—膝	5	
立姿臀宽	13	衣	足　宽	13～20	
坐姿臀宽	13	衣	足　长	30～38	
肩　高	10	衣（包括坐高 3 及肩 7）	足后跟	25～38	

人们在正常工作、生活中，全身采取自然放松的姿势，必然引起尺寸变化，需要修正。

立姿身高、眼高、肩高和肘高等尺寸为 −10mm。

坐姿坐高、眼高、肩高和肘高等尺寸为 −44mm。

（3）操作修正量。

操作时可能使用上肢或下肢，当人在操作时，人的肢体处于弯曲放松状态，因此，一些尺寸需要通过减少尺寸进行修正。

在按按钮时，上肢前展长为 −12mm；在推滑板、推钮或扳钮时为 −25mm；在取卡或票证时为 −20mm。

在设计中若没有相应尺寸修正量时，需要根据实际情况实测得到。

2. 尺寸心理修正量

为了消除空间压抑感、恐惧感或为了美观等心理因素而进行的尺寸修正量。一般通过设计实际场景，记录被测试者主观评价，经过统计分析得到。

例题 2　设计公共汽车顶棚扶手高度。

解：参考图 2−19，设计顶棚扶手时应该考虑到大个头不应该碰头，小个头能抓住扶手。因此，要考虑以下 2 个方面的问题。

图 2−19　公共汽车顶棚扶手

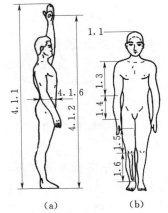

图 2−20　与公共汽车顶棚扶手设计
有关的人体尺寸

（1）保证小个头乘客抓得住。

该问题属于一般工业产品小尺寸设计（ⅡB 型男女通用尺寸设计），图 2−20（a）中功能上举高

4.1.2 是立姿抓握的尺寸依据，考虑女子尺寸一般小于男子，因此，扶手高度应该小于 10 百分位数女子上举功能高加上穿鞋修正量

$$H_{max} \leqslant H_{10女} + X_女 \tag{2-2}$$

式中　H_{max}——扶手横杆最大高度；

　　　$H_{10女}$——10 百分位数女子上举功能高，查表是 1766mm；

　　　$X_女$——女子穿鞋修正量 20mm。

代入式（2-2）得到：$H_{max} \leqslant 1766mm + 20mm = 1786mm$。

（2）保证大个头乘客不碰头。

该问题属于涉及安全大尺寸设计（ⅡA 型男女通用尺寸设计），参考图 2-20（b）选择男子 99 百分位数身高 1.1 作为不碰头设计依据

$$H_{min} \geqslant H_{99男} + X_男 + r \tag{2-3}$$

式中　H_{min}——扶手横杆最小高度；

　　　$H_{99男}$——99 百分位数男子身高，查表是 1814mm；

　　　$X_男$——男子穿鞋修正量 25mm；

　　　r——扶手横杆半径，设置为 $r = 15mm$。

代入式（2-3）得到：$H_{min} \geqslant 1814mm + 25mm + 15mm = 1854mm$。

通过分析发现公共汽车扶手横杆既要大于 1854mm，还要小于 1786mm，这本身是矛盾的，解决办法是在横杆上设置吊环便于小个头乘客抓握（见图 2-21）。

图 2-21　公共汽车顶棚扶手最终解决方案

图 2-22　多层客轮

3. 产品功能尺寸

正确合理选择人体尺寸百分位数和尺寸修正量以后，就可以设定产品的功能尺寸。产品功能尺寸是为了保证产品实现某项功能所确定的基本尺寸。

产品功能尺寸分为产品最小功能尺寸和产品最佳功能尺寸。

最小功能尺寸＝人体尺寸百分位数＋功能修正量

最佳功能尺寸＝人体尺寸百分位数＋功能修正量＋心理修正量

例题 3　确定客轮层高的最小功能尺寸和最佳功能尺寸（见图 2-22）。

解：设计客轮层高尺寸应该属于涉及健康 ⅡA 尺寸设计，故选择 95 百分位数男子身高作为设计依据，考虑到穿鞋修正量和走路起伏高度影响，客轮层高最小功能尺寸为

$$H_{min} = H_{95男} + X_男 + f \tag{2-4}$$

式中　H_{min}——客轮层高最小功能尺寸；

　　　$H_{95男}$——95 百分位数男子身高，查表是 1775mm；

　　　$X_男$——男子穿鞋修正量 25mm；

　　　f——走路起伏量，设置为 $f = 90mm$。

代入式（2-4）得到：$H_{min} = 1775mm + 25mm + 90mm = 1890mm$。

客轮层高最佳功能尺寸为

$$H_{\text{opt}} = H_{\min} + X_{\text{心理}}$$ (2-5)

式中　　H_{opt}——客轮层高最佳功能尺寸；

　　　　$X_{\text{心理}}$——心理修正量，实验测得115mm。

　　代入式（2-5）得到：$H_{\text{opt}} = 1890\text{mm} + 115\text{mm} = 2005\text{mm}$。

2.3　人体模板和数字人体模型

　　人体尺寸包括在静态尺寸和动态尺寸。人在生活、工作时，需要采用各种姿势、做各种动作时的人体尺寸称为动态尺寸。在产品设计中需要各种动态尺寸，若采用静态尺寸进行计算实在太麻烦，因此，采用可以进行各种关节活动的人体模型参与产品设计。目前，主要有二维人体模板和采用计算机技术建立的数字人体模型作为动态尺寸参考依据。

2.3.1　人体模板

　　依据《坐姿人体模板功能设计要求》（GB/T 14775—1993），二维人体模板要求采用密实的板材制作，尺寸比例和各个关节活动幅度符合人体实际情况，人体模板的制作比例一般是1:1、1:5和1:10。各取P_5、P_{50}、P_{95}代表小身材、中等身材、大身材男子和女子，其身高已经考虑穿鞋修正量。

　　如图2-23是坐姿人体模板按照成年男女分别制作成主视图、俯视图和右视图，各部分活动角度见附表B.10。人体模板主要应用于人机工程辅助设计中，在应用中要考虑尺寸修正量等问题（见图2-24）。

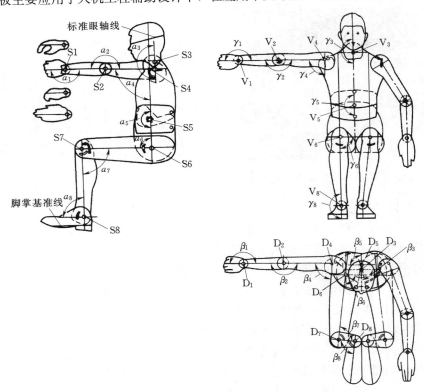

图2-23　GB/T 14775—1993中坐姿人体模板

2.3.2　数字人体模型的建立

　　人体模型是进行人机工效学分析的度量、效验工具。为了适合不同的人种进行工效分析，CATIA软件中共提供5种不同的人体模型，分别是美国、加拿大、法国、韩国和日本。但是没有中国人的人体数据，设计人员只能用韩国人体模型或日本人体模型代替中国人体模型进行人机工程分析评价，这样必

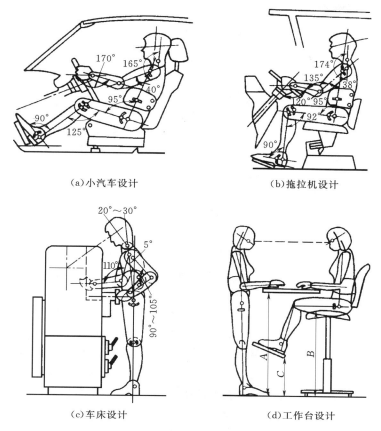

（a）小汽车设计　　　　　　　　　　　（b）拖拉机设计

（c）车床设计　　　　　　　　　　　（d）工作台设计

图 2-24　二维人体模板在产品设计中应用

然会得到不合理的分析结果。为了使用 CATIA 有必要在 CATIA 中建立中国数字人体模型。

考虑到中国成年人人体尺寸缺少 CATIA 中需要的部分尺寸，故对缺少的尺寸采取参照韩国和日本人体测量数据，按照经验进行选取。而国标中提供了重要的人体尺寸，因此这些按经验选取的数据不会对人体模型的建立产生影响。

以《中国成年人人体尺寸》（GB/T 10000—1988）为依据，参考 CATIA 中数字人体文件格式，建立中国人体模型尺寸数据文件，在 CATIA 中加载后便可使用中国数字人体模型。

下面介绍如何进入创建人体模型设计界面，建立标准人体模型以及进行人体模型姿态编辑（见图 2-25）。

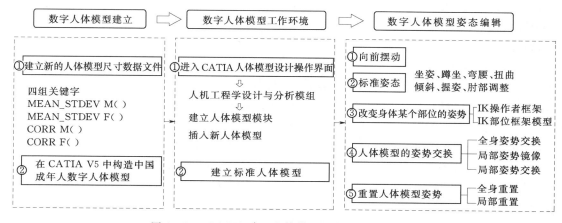

图 2-25　CATIA 建立人体模型和姿态编辑的流程

1. 建立新的人体模型尺寸数据文件

创建一个可以使用的新的人体尺寸模型数据文件必须遵循一定的形式。一个人群文件包含 4 个段，用到以下 4 组关键字。

- MEAN _ STDEV M （）————————该段列出男性各部分尺寸；
- MEAN _ STDEV F （）————————该段列出女性各部分尺寸；
- CORR M （）————————该段列出男性各部分尺寸变量间相互关联的数值；
- CORR F （）————————该段列出女性各部分尺寸变量间相互关联的数值。

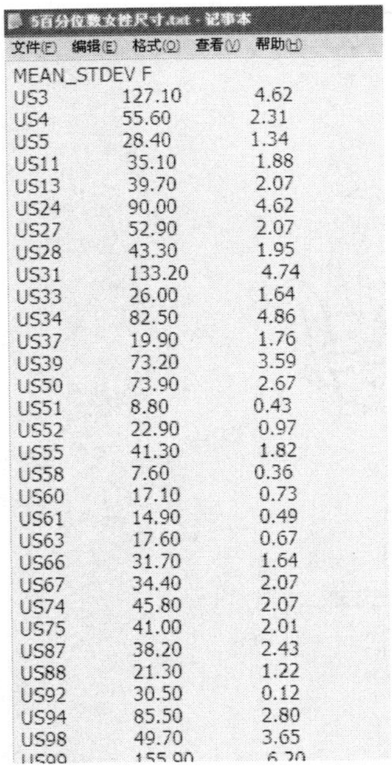
5百分位数女性尺寸.txt - 记事本

文件(F)　编辑(E)　格式(O)　查看(V)　帮助(H)

MEAN_STDEV F

US3	127.10	4.62
US4	55.60	2.31
US5	28.40	1.34
US11	35.10	1.88
US13	39.70	2.07
US24	90.00	4.62
US27	52.90	2.07
US28	43.30	1.95
US31	133.20	4.74
US33	26.00	1.64
US34	82.50	4.86
US37	19.90	1.76
US39	73.20	3.59
US50	73.90	2.67
US51	8.80	0.43
US52	22.90	0.97
US55	41.30	1.82
US58	7.60	0.36
US60	17.10	0.73
US61	14.90	0.49
US63	17.60	0.67
US66	31.70	1.64
US67	34.40	2.07
US74	45.80	2.07
US75	41.00	2.01
US87	38.20	2.43
US88	21.30	1.22
US92	30.50	0.12
US94	85.50	2.80
US98	49.70	3.65
US99	155.90	6.20

图 2-26　P_5 中国女性人体模型尺寸数据文件部分参数

MEAN _ STDEV 段中，需要提供中国成年人人体尺寸的每一个测量数值，包括平均数和标准差，每一个条目占一行，并以“〈变量〉〈均值〉〈标准差〉”的方式描述一个变量。均值系统默认应以厘米为单位，标准差是建立在厘米单位基础上得出的数据。MEAN _ STDEV 段文件编写格式见图 2-26。

CORR 段中，需要提供任意对变量间的相互关联的数值，两个变量间的相关性被定义在－1.0～1.0 范围之间的一个数值。它表示了两个变量之间的相关依赖性，相关绝对值越高，变量间的彼此依赖性就越高。在定义相关性的时候，每一个栏目必须有一行，并且每个栏目必须描述一对变量间的一个相关性。例如：〈变量 1〉〈变量 2〉〈相关性〉。该段可参照韩国和日本尺寸数据库中相应的段进行编辑，其相关性文件可在 CATIA V5 R16 中文帮助中查找。

具体路径为：CATIA V5 R16 中文帮助 \ CATIA \ CATIA _ V5R16 _ ONLINE \ Simplified _ Chinese \ online \ Simplified _ Chinese \ hmeug _ C2 \ samples（本书所使用的 CATIA 软件版本为：CATIA V5 R16）。

将国家标准 GB/T 10000—1988 中人体尺寸数据按照上述格式顺序编写，一个完整的人体尺寸数据库文件就可建立。文件以“.sws”作为扩展名，可在 CATIA 的用户自定义人群数据库中进行加载。

2. 计算中国人体尺寸各部分标准差

从人体尺寸模型数据文件中可以看出，构造中国数字人体模型需要相应尺寸的标准差。由于我国国标中提供的成年人人体各部分尺寸是按照百分位的形式列出的，要建立中国成年人人体对应的数据库，需要将各人体变量的对应的标准差计算出来，相应部位尺寸平均值按照 50 百分位数尺寸计算。

按照式（2-1）计算出不同部位、不同百分位数尺寸标准差。例如，根据男子身高的 10 百分位数求身高对应的标准差为 $(X-P_{10})/1.282=(167.8-160.4)/1.282=5.77$；根据男子身高的 90 百分位数求身高对应的标准差为 $(P_{90}-X)/1.282=(175.4-167.8)/1.282=5.93$。因此，根据已知尺寸计算出的标准差的值并不是一个，建立不同百分位数的数字人，标准差应取相应的值。

3. 在 CATIA V5 中构造中国成年人数字人体模型

通过上述方法建立数据文件如图 2-26 所示，不同的百分位应对应一个单独数据文件，每一个数据文件的格式、变量序号和均值均相同，唯一不同的是标准差，每一个百分位人体对应一个标准差。运用数据文件时需对每一个数据文件在 CATIA 中独立加载。

加载时在打开的 CATIA V5 界面主菜单中逐级点选工具→选项，在对话框中添加已经建立好的数据文件，确定后即可加载。需要注意，加载新人体模型对话框中，前后的百分位数要一致，如要建立 10 百分位数字人体模型，则图 2-27 中的 Population 的选择应与 Manikin 中的 Percentile 选择数据“10”相对应。

在 CATIA V5 中加载后便可实现中国成年人人体模型的可视化，图 2-28 为对数据文件加载后建立的中国成年人人体数字模型。该中国成年人人体模型可以实现软件中人体模型的所有功能，可用在各类产品的人机工效分析，一个完整的中国成年人人体模型尺寸数据文件及作业评价中。

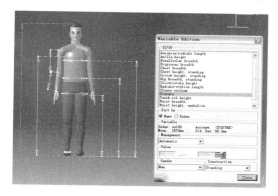

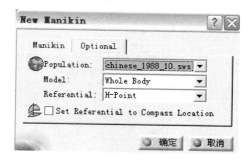

图 2-27　中国成年人人体数字模型　　　　　　图 2-28　加载新人体模型对话框图

4. 编辑人体测量变量

（1）显示变量列表。

此项操作描述了如何展示和修改所有的人体测量变量。依次选择下拉菜单 Start（开始）→Ergonomics Design & Analysis（人机工程学设计与分析模块）→Human Measurements Editor（人体尺寸编辑）。在工具栏中选择 Displays the variable list（显示变量列表）⊞按钮。弹出如图 2-29 所示的变量编辑对话框，选择任意一个变量显示其数值并且激活对话框中所有的项，选中的变量就会在人体测量编辑界面中显示，而且颜色由黄色变为紫色。图中为人体模型的身高变量被选定后的结果。

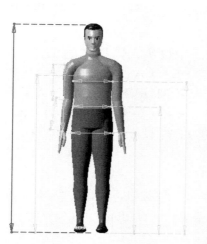

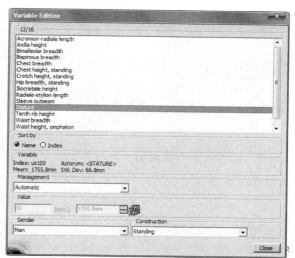

图 2-29　变量编辑对话框

（2）添加或删除自定义的人群。

CATIA 软件提供了 5 种人体模型：American（美国人）、Canadian（加拿大人）、French（法国人）、Japanese（日本人）、Korean（韩国人），除此之外也可以选择自己定义的人群。若要添加自定义的人群，选择主菜单逐级点选 Tools（工具）→Option（选项）菜单栏，弹出选项对话框（见图 2-30）。

选择 Add（添加）标签，弹出一个 Open a population file（打开一个人群文件）的对话框，用户可以选择一个人群类型文件，如果文件被顺利读取，那么相应的人群就会被添加到列表中，否则就会出现错误的信息。添加结束后就可以用刚才添加的人群类型创建一个新的人体模型。在人体模型工作

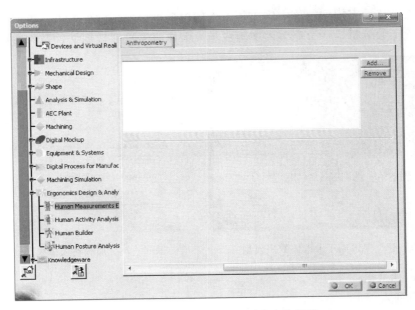

图 2-30　在选项中添加或删除人体模型

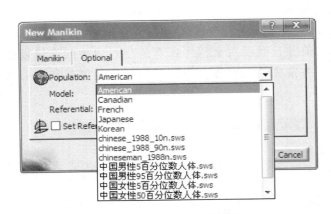

图 2-31　选择添加的人群

台中，点击 Inserts a new manikin（插入新人体模型）按钮，在 Optional（选项）中的 Population（人群）一栏就可以选择刚才定义的人群模型（见图 2-31）。删除自定义的人群时，只需在图 2-30 所示的对话框中选择要删除的自定义人群，然后选择 Remove（删除）即可。

2.3.3　数字人体模型的工作环境

1. 进入 CATIA 人体模型设计操作界面

在菜单栏中逐次单击下拉式菜单中的选项：Start（开始）→Ergonomics Design & Analysis（人机工程学设计与分析模块）→Human Builder（建立人体模型），进入创建人体模型设计界面。

2. 建立标准人体模型

在工具栏中点击 Inserts a new manikin（插入新人体模型）按钮，在弹出的 New Manikin（新建人体模型）对话框中（见图 2-32），有 Manikin（人体模型）和 Optional（选项）两个选项栏（见图 2-33）。

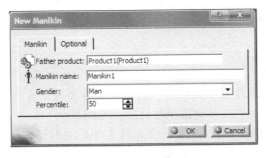

图 2-32　新建人体模型对话框

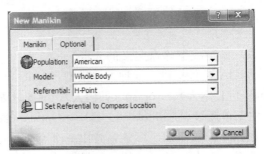

图 2-33　Optional 选项栏

在 Manikin（人体模型）栏中，Father product（父系产品）：指应用 CATIA 建立的零件或设施的文件，这个选项是要求用户选择新建人体模型时所依赖的位置、地面、设施等元素。需要在树状目录中点选，比如系统给出的 Product1。Manikin name（人体模型名）：该名称可以由用户自己确定。Gender（性别）：这栏选择 Man（男性）或 Woman（女性）。Percentile（百分位数）：这栏确定人体模型的百分位数。

Optional（选项）栏中（见图 2-31），Population（人群）：可以选择软件提供的 American（美国人）、Canadian（加拿大人）、French（法国人）、Japanese（日本人）、Korean（韩国人），也可以选择自己定义的人群（如前所述）。Model（模型）：这栏选择要建立的模型类型，Whole Body（全身）、Right Forearm（右前臂）、Left Forearm（左前臂）。Referential（参考点）：这栏选择建立人体模型的基准点。Eye Point（眼睛参考点）、H-Point（H 点参考点）、Left Foot（左脚参考点）、Right Foot（右脚参考点）、H-Point Projection（H 点投影参考点）、Between Foot（足间参考点）、Crotch（胯部参考点）。如果激活 Set Referential to Compass Location（参考点建于罗盘位置）选项，则建立的人体模型就会位于罗盘的位置。

3. 人体模型的显示属性

单击 Changes the display of manikin（改变人体模型显示）⑦按钮，弹出 Display（显示）对话框（见图 2-34），有 Rendering 和 Vision 2 个选项栏。

Rendering（描述）栏为用户提供了人体模型的表示方法。Segments（枝节）：人体模型用枝节表示。Ellipses（椭圆形）：人体模型用椭圆表示。Surfaces（表面）：人体模型只显示模型表面。

Vision（视觉）栏为用户提供选择人体模型的视觉范围。Line of sight（直线型）：用直线表示人体模型的视觉范围。Peripheral cone（锥形范围）：用锥形范围来表示人体模型的视觉范围。Central cone（锥形中心）：用锥形中心来表示人体模型的视觉范围。

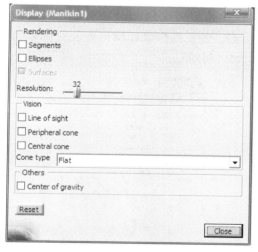

图 2-34　显示对话框

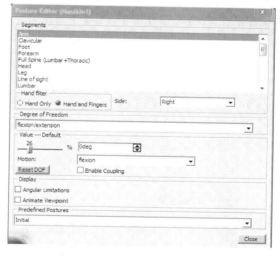

图 2-35　姿态编辑器对话框

2.3.4　数字人体模型的姿态编辑器

选中人体模型，单击 Posture Editor（姿态编辑器）按钮，弹出 Posture Editor 姿态编辑器对话框（见图 2-35）。在 Segments（部位）栏内选择人体模型的某个部位进行编辑。在 Predefined Postures（预置姿态）栏中，给出了人体模型的预置姿态供用户选择。

1. 向前摆动

在工具栏上单击 Forward Kinematics（向前摆动）按钮，在工作区内选择要进行摆动的肢体，比如左前臂。按住鼠标左键，前后拖动，则左前臂就会沿着箭头方向绕着肘关节前后摆动。

按照人的生理特点，人体模型的肢体运动有相应的极限位置，图 2-36 所示是左前臂前后运动的极限位置。同理可设置头部、手部、脚部等的摆动。如果需要左、右摆动，在人体模型的某一部位上单击右键，弹出如图 2-37 所示的下拉菜单。在菜单中选择 DOF2 （abduction/adduction）（自由度 2 外展/内收），然后就可实现左右摆动。

图 2-36　左前臂向上、向下
摆动的极限位置

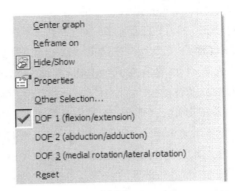

图 2-37　下拉菜单

2. 标准姿态

单击 Standard Pose （标准姿态） 按钮，选中人体模型，弹出如图 2-38 所示的标准姿态对话框。对话框中列出了 7 种标准姿态供用户选择：Sit （坐姿）、Squat （蹲坐）、Stoop （弯腰）、Twist （扭曲）、Lean （倾斜）、Hand Grasp （握姿）、Adjust Elbow （肘部调整）。同时还给出了调整高度和角度的调整栏。

如果已经对人体模型进行了处理，现要对其恢复直立标准姿态，可进行下列操作。在树状目录上的人体模型名上右击，弹出下拉菜单（见图 2-39），在菜单中逐次选择 Posture （姿态）→Reset Posture （姿态重置），则人体模型就会恢复为直立标准姿态。如果要恢复标准坐姿，则在菜单中选择 Sit （坐姿）。如果要恢复初始姿态，则在菜单中选择 Initial （初始）。

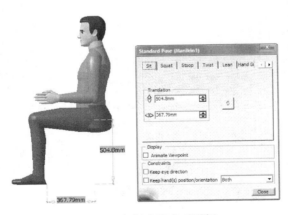

图 2-38　标准姿态对话框

图 2-39　菜单选择

3. 改变身体某个部位的姿势

修改人体模型姿势时，先将罗盘移至需要定位的位置，即在该处建立运动基点，可以采用 IK 框架模式或者 IK 部位框架模式。

（1）IK 操作者框架模式 （Inverse Kinematics Worker Frame Mode）。

在工具栏内单击 Inverse Kinematics Worker Frame Mode （IK 操作者框架模式） 按钮，在需要建立基点的部位（比如左手）单击，则罗盘被移至左手（见图 2-40）。拖动罗盘上的某个方向标，就可以实现左手的某个姿势（见图 2－41）。再次单击 按钮，姿势被确定。

注意：如果某个操作部位超过了人体尺寸的限制，本模块还可以使该部位脱离人体，单独表示该部位的状态，即双部位表示方法。

（2）IK 部位框架模式（Inverse Kinematics Segments Frame Mode）。

单击 Inverse Kinematics Segments Frame Mode（IK 部位框架模式） 按钮，在需要建立基点的部位（如左手）单击，则罗盘被移至左手（见图 2－40）。拖动罗盘上的某个方向标，就可以实现左手的某个姿势（见图 2－41）。再次单击 按钮，姿势被确定（见图 2－42 和图 2－43）。

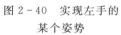

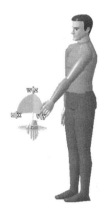

图 2－40　实现左手的　　　图 2－41　建立基点　　　图 2－42　双部位　　　图 2－43　IK 部位框架
　　　某个姿势　　　　　　　　　　　　　　　　　　　　表示方法　　　　　　　模式的结果

注意：IK 操作者框架模式和 IK 部位框架模式的区别在于应用罗盘定位时的方向有所不同。

4．人体模型的姿势交换

（1）全身姿势交换。

如果要将一个人体模型的全身姿势进行左右交换，在树状目录中的 Body（人体）项上右击，出现图 2－44 所示的下拉菜单，选择 Posture（姿态）→Swap Posture（交换姿态），则图 2－45 中的人体模型的姿势就会左右交换。

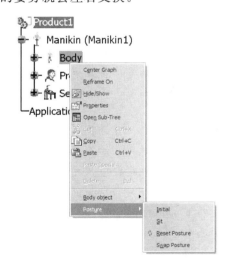
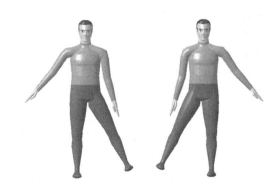

图 2－44　菜单选择　　　　　　　　　　　　　图 2－45　全身姿势交换

（2）局部姿势镜像复制。

如果需要对人体模型的某个局部姿势相对于正中矢状面镜像复制，选中该部位（如左上臂）使其高亮，右击出现如图 2－46 所示的下拉菜单，选择 Posture（姿态）→Mirror Copy Posture（镜像复制）菜单，则选中的人体模型的左上臂相对于正中矢状面镜像复制（见图 2-47）。

图 2-46　菜单选择

图 2-47　局部姿势镜像

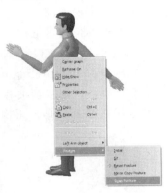

图 2-48　菜单选择

（3）局部姿势交换。

在 CATIA 中，人体模型的局部姿势是可以相对于正中矢状面交换的。如图 2-48 中的人体模型的左、右上臂，如果要进行姿势交换，可以选中其一右击，然后在下拉菜单中选择 Posture（姿势）→Swap（交换）菜单，则左、右上臂的姿势就交换了（见图 2-49）。

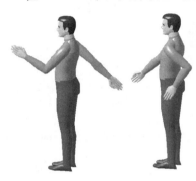

图 2-49　局部姿势交换

5. 重置人体模型姿势

（1）全身重置。

当用户进行了一些有关于人体模型的操作后，要将其恢复到原始状态，可以在树状目录中的 Body（人体）项上右击，在弹出的下拉菜单中选择 Posture（姿势）→Reset Posture（重置），则人体模型就恢复到原始状态。

（2）局部重置。

选中需重置部位使其高亮，右击弹出的下拉菜单中选择 Posture（姿势）→Reset Posture（重置），则人体模型的局部就恢复到原始状态。

本章学习要点

本章是重点，其内容关系到产品设计的尺寸确定。通过本章的学习应该掌握以下要点。

（1）了解人体尺寸的测量方法和熟悉 GB/T 10000—1988 中人体尺寸内容，结合人们日常生活、工作姿势，思考产品、工具尺寸与人体尺寸的匹配关系。

（2）深入理解掌握描述人体尺寸分布情况的基本概念术语（满足度、百分位、百分位数等）。

（3）根据满足度要求，明确产品尺寸设计类型，正确选择确定人体尺寸的百分位。

（4）明确国标中的人体尺寸是在特殊条件下测量的，在实际应用中需要对尺寸修正，具体尺寸修正值通过资料获得。

（5）掌握获取相应人体尺寸的两种方法（尺寸满足度和尺寸均值标准差）。

（6）重点理解掌握通过人体作业姿势和人体尺寸得到产品相应尺寸的方法。

（7）掌握人体模板（纸板、电子）的作用和如何在设计中进行运用的方法。掌握在 CATIA 中建立中国人体模型的方法。

思考题

（1）人体尺寸对设计有何作用？国标中描述人体尺寸分布有哪两种方法？

（2）以实例的方式说明人体尺寸的百分位、百分位数、满足度的含义。

（3）在产品尺寸设计时，应考虑哪些因素的影响？在使用人体尺寸时应该如何对国标尺寸修正？

（4）在进行产品设计时，为什么不能将产品的所有尺寸都按照一个人体尺寸百分位确定？请指出自行车设计中一些关键尺寸分别属于何种限制类型的尺寸设计。

（5）某地区人体尺寸测量的均值 $M=1650mm$，标准差 $S=57.1mm$，求该地区第 95、90、80 的百分位数。

（6）已知某地区人的足长尺寸均值 $M=264mm$，标准差 $S=45.6mm$，计算适应该地区 90% 人的足长范围。

（7）计算一下你生活空间的一些物品安放位置（宿舍、教室内的一些物品尺寸），与实际数据比较，得出什么结论？

（8）分析图 2-50 中学生宿舍床铺的尺寸，并给出尺寸计算依据（结合 GB/T 10000—1988）。说明：头顶心理修正 100mm，床垫厚度 120mm。

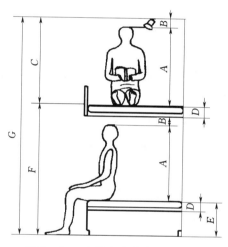

图 2-50　中学生宿舍床铺的尺寸

（9）图 2-51 中为成绩查询系统，男、女坐立姿均可使用，试计算图中 a、b、c。

说明：穿鞋修正量：立姿身高、眼高、肩高、肘高、手功能高、会阴高等尺寸，男子：+25mm，女子：+20mm；着衣着裤修正量：坐姿坐高、眼高、肩高、肘高等为 +6mm，肩宽、臀宽等为 +13mm；胸厚 +18mm，臀膝距 +20mm。

身体放松：−70mm。

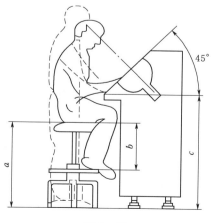

图 2-51

（10）图 2-52 中学生淋浴室喷头高度 a、水龙头高度 b、放物台面 c。

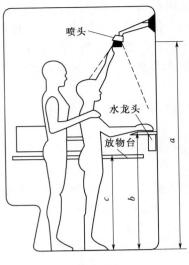

图 2-52

说明：该淋浴室设计采用统一标准，即男、女淋浴室采用一个标准建造。

放松修正量：高度方向为－10mm。

（11）依据国标，图 2-53 中卫生间 A、B 的尺寸。

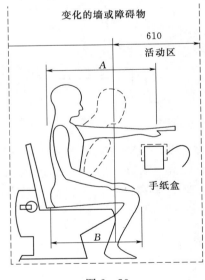

图 2-53

第3章 人体特性分析

人体的感知系统与运动系统直接影响到人类的行为。人的感觉器官接收外界刺激，刺激经由传入神经传至大脑神经中枢，这一时间为适应时间（反应时）。神经中枢综合处理发出反应指令，指令经由传出神经传至肌肉，直至肌肉收缩开始反应运动，这一时间称为动作时间（运动时）。人在接受外部信息刺激后作出一定反应称为感知过程（见图3-1）。人的感觉器官（包括视觉、听觉、味觉、触觉和痛觉等）把外界的刺激传递给大脑，大脑解释这些信息，并把这些信息和先前已有的信息进行对比，形成知觉，从而使人获得对外部客观事物的认知和理解。

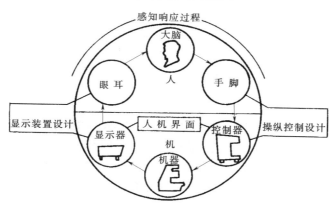

图 3-1 人的感知过程

3.1 人体的感知器官

人体通过视觉、听觉、肤觉、味觉、嗅觉、平衡觉等获取外部刺激信息，人体的感知运动特性人机界面设计时需要考虑的重要因素。

3.1.1 人的感知特性

1. 不同感觉器官的适应时间不同

触觉、听觉和视觉适应时间比较短，味觉和深部感觉适应时间比较长，表3.1是各类感觉器官对不同刺激的适应时间。触觉适应时间与接受刺激的人体部位有关，脸部、手指的适应时间短，腿部、脚部的适应时间长。味觉反应适中，对咸、甜、酸的适应时间分别约为308ms、446ms和536ms，而对苦的适应时间则长得多，约为1082ms。

表 3.1　　　　　　　　　　　　各种刺激类型与适应时间　　　　　　　　　　　单位：ms

刺激类型	触觉 （触压、冷热）	听觉 （声音）	视觉 （光色）	嗅觉 （物质微粒）	味觉 （唾液可溶物）	深部感觉 （撞击、重力）
感觉器官	皮肤、皮下组织	耳朵	眼睛	鼻子	舌头	肌肉神经和关节
适应时间	110～230	120～160	150～220	210～390	330～1100	400～1000

2. 适应时间与刺激强度有关

任何一种外界刺激都要达到一定的强度才能被人感受到，这一强度下的刺激量值称为该种感觉的

表 3.2	各种刺激强度与适应时间	单位：ms
刺激类型	刺激强度	适应时间
听觉声刺激	刚超过阈值	779
	较弱的强度	184
	中等强度	119
视觉光刺激	弱光照	205
	强光照	162

感觉阈值。一般的变化规律是刺激很弱、刚刚达到阈值的条件下，适应时间比正常值长得多；随着刺激强度加大，适应时间逐渐缩短，但变化越来越小；到达一定的刺激强度以后，适应时间就基本稳定不再缩短了（见表 3.2）。

3. 适应时间与刺激对比度有关

除了刺激本身的强度以外，适应时间还受刺激量值与背景量值对比度的影响。例如表 3.3 中颜色对比测试结果中可以看出白-黑颜色对比下适应时间短，红-橙颜色对比下适应时间较长，是因为红-橙颜色的对比较弱。

表 3.3	颜色与反应时			单位：ms
颜色对比	白-黑	红-绿	红-黄	红-橙
简单反应时	197	208	217	246

3.1.2 视觉器官的特性

1. 人眼构成与视觉过程

（1）眼睛构成。

80%以上的信息是由人的视觉得到，即所谓"眼见为实"。眼睛是人的视觉感受器官，直径为 21～25mm 的球体。人眼的视网膜内有上亿个感觉细胞（见图 3-2 和图 3-3），一种是"视锥细胞"，起明视作用，容易觉察颜色、明度和很细微的东西。另一种是"视杆细胞"，起暗视作用，对光的感受很敏感。在圆锥细胞最集中的地方，是人的视觉分辨能力最强的地方，称为黄斑，它位于视网膜的中心。人在注视时，会本能地转动眼球，将物像落在黄斑上。视网膜相当于感光胶片，角膜和晶状体相当于调焦距系统，瞳孔相当于光圈，虹膜调节瞳孔大小，入射的光线通过角膜和晶状体折射，聚焦在视网膜上形成图像。

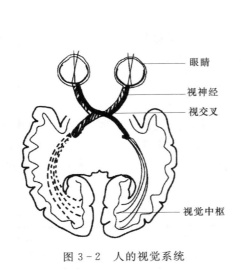

图 3-2　人的视觉系统

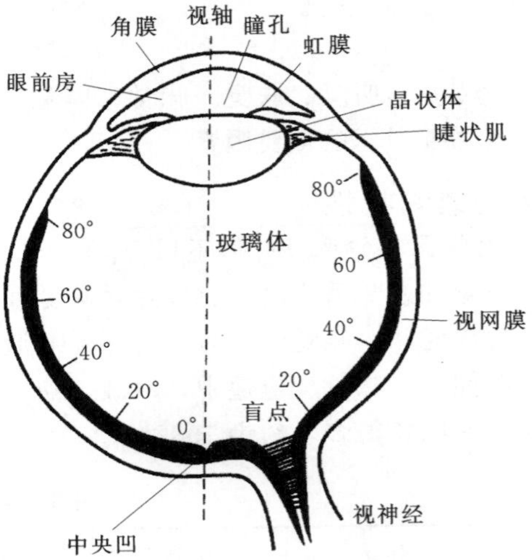

图 3-3　眼睛的构造

（2）视觉过程。

来自物体的光线通过瞳孔投射到视网膜上，视网膜上的感光细胞将光线转换为神经冲动，通过视神经传递到大脑，从而产生了人们所感受到的外部世界的"像"。眼睛的控制中枢根据神经冲动控制瞳孔大小、水晶体曲率和眼肌运动，使眼球能保持对目标的注视，以便更好地观察物体。

2. 视觉要素

（1）视角与视距。

视角是指从被视对象上两端点到眼球瞳孔中心的两条视线间的夹角（见图 3-4）。图中 D 是被视对象上两端点间的距离，L 是眼睛到被视对象之间的距离，称为视距，α 是视角。

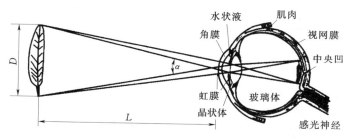

图 3-4 视角与视距关系

从图 3-4 中可知：

$$\frac{\alpha}{2} \approx \tan\frac{\alpha}{2} = \frac{D/2}{L} = \frac{D}{2L}$$

即

$$\alpha = \frac{D}{L} \tag{3-1}$$

式中　α——弧度；

　　　D——毫米；

　　　L——米。

将 α 单位从弧度转化为分（′），则

$$D = \frac{\alpha}{3438}L \tag{3-2}$$

一个不大的物体，放在远的地方看不清楚，而移的很近也同样看不清楚，这说明，一定条件下人们能否看清物体，并不取决于物体的尺寸本身，而取决于它对应的视角。

视距是指人在操作过程中进行正常观察的距离。观察各种装置时，视距过远或过近都会影响认读的速度和准确性。一般情况下，视距范围为 38~76cm。其中，56cm 处最为适宜，低于 38cm 时会引起目眩，超过 78cm 时细节看不清。此外，观察距离与工作的精确程度密切相关，应根据具体任务的要求来选择最佳的视距（见表 3.4）。

表 3.4　　　　　　　　　　　　　　不同工作任务的视距

任务要求	举　例	视距 /cm	固定视野直径 /cm	备　注
最精细工作	安装最小部件	12~15	20~40	完全坐着，部分依靠视觉辅助手段（小型放大镜、显微器）
精细工作	安装收音机、电视机	25~35，一般 30~32	40~60	坐着或站着
中等粗活	在印刷机、钻井机、机床旁工作	50 以下	80 以下	坐着或站着
粗活	包装、粗磨	50~150	30~250	多为站着
远看	看黑板、开汽车	150 以上	250 以上	坐着或站着

下面以此为依据说明如何确定文字尺寸。文字是最常见视觉信息的载体，文字的合理尺寸涉及的因素很多，主要有观看距离（视距）的远近、光照度的高低、字符的清晰度、可辨性、要求识别的速度快慢等。其中清晰度、可辨性又与字体、笔画粗细、文字与背景的色彩搭配对比等有关。上述这些因素不同，文字的合理尺寸可以相差很大。所以各种特定、具体条件下的合理字符尺寸，常需要通过

实际测试才能确定。经验表明大写字母的高度至少应该是阅读距离的1/200。在长20m的会议室里屏幕上显示字母的高度至少应该是10cm。在计算机显示器上，大写字母应该不小于3mm。

经人机学家测定在一般条件下，即：①中等光照强度；②字符基本清晰可辨（不要求特别高的清晰度，但也不是模糊不清）；③稍作定睛凝视即可看清。字符的（高度）尺寸为

$$D=(1/200)视距L\sim(1/300)视距L \tag{3-3}$$

其中：光照条件可分3种情况确定文字的尺寸大小：

①有专设的局部照明，可取 $D=L/300$；

②无专设的局部照明，但贴告示的地方光照情况不错，可取 $D=L/250$；

③贴告示处光线灰暗，可取 $D=L/200$。

例题1 确定邮局、储蓄所、人才招聘处等室内墙上提供信息的告示文字尺寸。

解：因为这种告示的文字都是清晰的，人们可在此驻足观看（而非匆匆一瞥），视距则可设定为 $L=1.5$m。

若有专设的局部照明 $D=(1500/300)\text{mm}=5\text{mm}$

若无专设的局部照明 $D=(1500/250)\text{mm}=6\text{mm}$

若光线灰暗 $D=(1500/200)\text{mm}=7.5\text{mm}$

（2）视敏度与视力。

视敏度是指对相邻目标或目标细节的分辨能力，可用眼睛恰好能区分的两条线或两点间的角距（弧分）的倒数来表示（摘自 GB/T 12984—1991）。

$$视敏度=\frac{1}{临界视角} \tag{3-4}$$

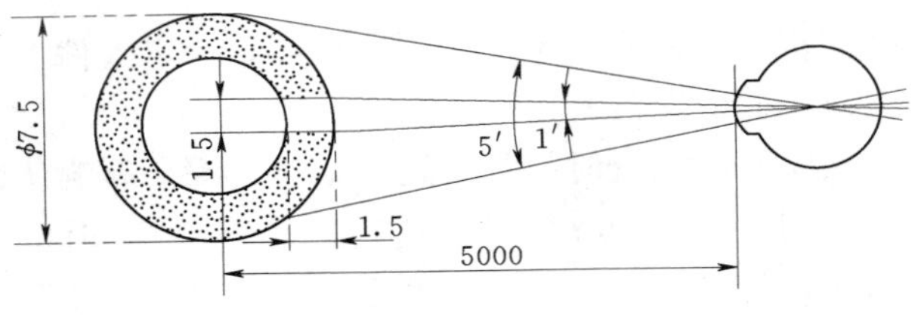

式中临界视角是指对目标或目标细节刚能区分和不能区分的临界状态下的视角，单位：分（'）。

一般采用视力的概念来说明一个人视力好或差，所谓视力是指在明确规定的条件下，测出来的视敏度。人机学测试视力，常在规定的照度下，取视距 $L=5\text{m}=5000\text{mm}$，采用如图 3-5 所示白底黑环的"缺口圆环视标"进行测试。

图 3-5 缺口圆环视标（单位：mm）

测试中要求分辨的目标细节是圆环的缺口，由图 3-5 缺口尺寸 $D=1.5$mm，代入式（3-1），有

$$1.5=\frac{\alpha}{3438}\times5000$$

计算得到：$\alpha=1'$。

若某人在此规定的标准条件下刚能分辨此缺口，那么此人在该标准条件下的临界视角就是 $\alpha=1'$，此人的视力（相应的视敏度）：$1/\alpha=1.0$。

通常将视力=1.0作为正常视力。视力值大，眼睛好；视力值小，眼睛差。

视网膜不同部位的视力不同，中央凹的地方视力较高，而离中央凹越远，视力越低。视力随年龄的增长而改变，视力一般在14~20岁时最高，40岁之后开始下降，60岁之后的视力只有20岁视力的1/4~1/3。通常视力会随环境亮度的增加而升高，但视力随亮度的变化并呈非线性关系，两者亮度对比度越大，物体越易被看清。人眼看静止事物的视力要高于看运动的事物，随着年龄增大，看运动事物的能力越低。

（3）视野与视区。

正常视线是指头部和两眼都处于放松状态，头部与眼睛轴线之夹角为105°~110°时的视线，该视

线在水平视线之下为 25°～35°（见图 3-6）。视野是头部和眼睛在规定的条件下，人眼可觉察到的水平面与铅垂面内所有的空间范围。视野又细分为直接视野、眼动视野和观察视野。直接视野是指当头部与两眼静止不动时，人眼可觉察到的水平面与铅垂面内所有的空间范围（见图 3-7）。眼动视野是指头部保持在固定的位置，眼睛为了注视目标而移动时，能依次地注视到的水平面与铅垂面内所有的空间范围。可分为单眼和双眼眼动视野（见图 3-8）。观察视野是指身体保持在固定的位置，头部与眼睛转动注视目标时，能依次地注视到的水平面与铅垂面内所有的空间范围（见图 3-9）。

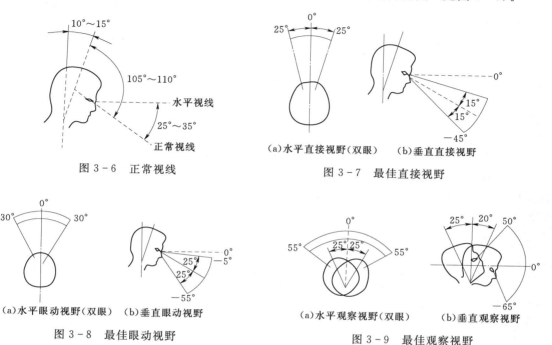

图 3-6 正常视线

（a）水平直接视野（双眼）　（b）垂直直接视野

图 3-7 最佳直接视野

（a）水平眼动视野（双眼）　（b）垂直眼动视野

图 3-8 最佳眼动视野

（a）水平观察视野（双眼）　（b）垂直观察视野

图 3-9 最佳观察视野

三种视野的最佳值之间有以下简单关系：

眼动视野最佳值：直接视野最佳值＋眼球可轻松偏转的角度（头部不动）。

观察视野最佳值：眼动视野最佳值＋头部可轻松偏转的角度（躯干不动）。

由于人的正常视线在水平线之下，人的铅垂视野最佳值相对水平线都不对称，水平视野最佳值都是左右对称的。将人识别各种信息的视野界限绘制在图 3-10 中。

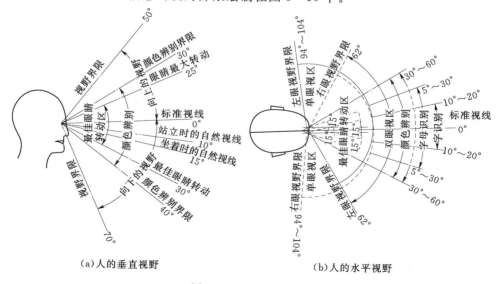

（a）人的垂直视野

（b）人的水平视野

图 3-10 人眼的视野

由于不同颜色对人眼的刺激有所不同，所以色觉视野也不同。由图 3－11 可以看出，白色的视野最大，接着依次为黄色、蓝色，红色视野较小，绿色视野最小。在采用色彩传达信息时应考虑色觉视野的范围。

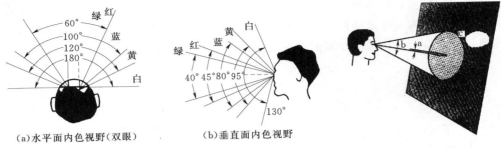

(a)水平面内色视野(双眼)　　　(b)垂直面内色视野

图 3－11　色视野　　　　　　　　图 3－12　视区

由于视野指的是"可察觉到的"或"能依次地注视到的"空间范围，视野范围内的大部分只是人眼的"余光"所及，仅能感到物体的存在，不能看清看细。针对显示设计的需要，常按对物体的辨认效果（辨认的清晰程度和辨认速度）提出视区概念（见图 3－12）。

按照辨认效果将视区分为中心视区、最佳视区、有效视区和最大视区（见表 3.5）。中心视区指人瞬时就能清楚辨认形体的区域和细节，在水平和铅垂两个方向上都只有 1.5°～3°。人眼要看清被视对象上更大的范围，需要靠目光的移动进行"巡视"。

表 3.5　　　　　　　　　　　　　　视区划分及辨认效果

视　区	范　围		辨　认　效　果
	铅垂方向	水平方向	
中心视区 a	1.5°～3°	1.5°～3°	辨别形体最清楚
最佳视区 b	视水平线下 15°	20°	在短时间内能辨认清楚形体
有效视区 b	上 10°，下 30°	30°	需集中精力，才能辨认清楚形体
最大视区 c	上 60°，下 70°	120°	可感到形体存在，但轮廓不清楚

3. 视觉特性

由于人眼在瞬时能看清的范围很小，人们观察事物多依赖目光的巡视。人们总会遵循一些特定的规律去观看事物，这些特性包括目光巡视特性、视觉适应特性和视错觉。在界面设计时有效地利用这些特性会使人们更容易、更快捷地看到或理解眼前的事物。

（1）目光巡视特性（视觉运动特性）。

1）人习惯于从左到右，从上到下和顺时针方向运动观察事物，目光巡视运动是点点跳跃（如袋鼠）而非连续移动（如蛇行）的。通常仪表的刻度方向遵循这一规律进行设计。

2）眼睛沿水平方向运动比沿垂直方向运动快而且不易疲劳，对水平方向上尺寸与比例的估测，对水平方向上节拍的分辨，均比对铅垂方向准确。经过测试，水平式仪表的误读率（28%）比垂直式仪表的误读率（35%）低。

3）当眼睛偏离视中心时，在偏离距离相等的情况下，人眼对左上限的观察最优，依次为右上限，左下限，而右下限最差。因此，左上部和上中部被称为"最佳视域"，例如，报头、商品名、展览名称等重要的信息，一般都放在左上角。这种划分也受文化因素的影响，比如阿拉伯文字是从右向左书写的，这时最佳视域就是右上部。

4）两眼总是协调地同时注视一处，两眼很难分别看两处。只要不是遮挡一眼或故意闭住一眼，一般不可能一只眼睛看东西而另一只眼睛不看，所以设计中常取双眼视野为依据。

5）颜色对比与人眼辨色能力有一定关系。当人从远处辨认前方的多种不同颜色时，其易辨认的顺序是红、绿、黄白，即红色最先被看到。所以，停车、危险等信号标志都采用红色。

（2）视觉适应特性。

人眼随视觉环境中光刺激变化而感受性发生变化的特性称为视觉适应，人眼视觉适应与视网膜包含视杆细胞和视锥细胞的变化有很大的关系。视觉适应的种类一般分为暗适应和明适应两种。

1）暗适应。当人们从明亮的环境转入灰暗的环境中时，一开始什么都看不清楚，而经过一段时间之后才慢慢看清物体，这种现象称为视觉的暗适应。暗适应过程开始时，瞳孔开始放大，使得进入眼睛里的光通量增加。与之同时，对弱刺激敏感的视杆细胞逐渐进入工作状态，即眼睛的感受性提高。暗适应开始的 1～2min 之内发展很快，但完全的暗适应却需要 30min 以上。

2）明适应。与暗适应相反，当人由暗环境转入明亮的环境中，开始时瞳孔变小，使得进入眼睛中的光通量减少，即眼的感受性降低。同时，视杆细胞停止工作，而视锥细胞的数量迅速增加。由于视锥细胞反应较快，明适应在最初 30s 内进行得很快，然后渐慢，1～2min 即可完全适应。

人眼虽然具有适应性的特点，但当视野内明暗急剧变化时，眼睛却不能很好适应，不仅会引起视力下降，还会影响工作效率甚至引起事故。因此，在一般的工作环境中，工作面的光亮度要求均匀而且不产生阴影。

（3）视错觉。

由于物体受到光、形、色、背景等因素的干扰，以及人的生理和心理方面的原因，人在感知客观物体的形状时发生印象与真实情况存在差异的现象称为视错觉。视错觉有形状错觉、色彩错觉、物体运动错觉三类。其中形状错觉又有（线段）长短错觉、大小错觉、对比错觉、方向方位错觉、分割错觉、透视错觉、变形错觉等（见图 3－13）。

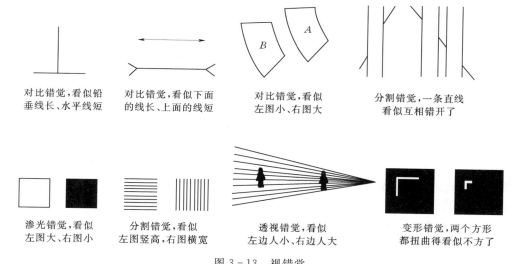

图 3－13　视错觉

在设计中有的情况下要避免视错觉的发生，有的情况下又可利用视错觉减少在形态、结构上无法消除的厚重感。图 3－14（a）的字母"L"，若一竖一横一样粗，由于视错觉会看似短横比长竖要粗些，字形不好看，把短横笔画粗细减少 1/10，看起来横竖粗细才显得协调。图 3－14（b）的字母"S"，若上半部和下半部一样大，由于视错觉会看似上大下小，字形有死板和失衡的感觉，把上半部略微缩小一些，看起来显得生动稳定了。普通机械式手表的总厚度实际上常常达到 10mm 左右，为了避免笨拙感，让人看上去能显得精致、轻巧，利用了图 3－14（c）所示的视错觉的手法：往边沿一级一级地减薄下去，到最边缘处只有 2～3mm，人们感觉不到手表的真实厚度。

4. 数字人体的视野功能

CATIA 提供了视野功能，通过视野功能可以看到在仿真状态下数字人是否在可视域内轻松看到

(a)字符设计　　　　　　(b)字符设计　　　　　　(c)手表设计

图 3-14　视错觉利用

操作的界面（控制台、显示仪表、操纵件等），以此来判断设计的产品是否满足人的视觉要求。

（1）视野窗口的建立及相关设置。

为了利用计算机辅助进行人机分析，需要对人体模型的视野属性进行设置和编辑。例如运用 CATIA 的视野功能对司钻员的观察进行仿真，单击 CATIA 工具栏中的 Open Vision Window（打开视野窗口）按钮，使其高亮或在树状目录的 Vision（视野）条目上双击，随后就会出现一个如图 3-15 左上角所示的视野窗口，在视野窗口显示出该数字人在头部没有转动的情况下可以看到钻井平台上的井口，说明显示台面高度满足设计需要。

图 3-15　视野窗口

在视野窗口上点击右键，弹出视野窗口的菜单（见图 3-16）。其中 Capture（捕捉）：以图像文件的形式输出。单击 Capture（捕捉）菜单，出现 Capture（捕捉）对话框，可以进行删除、保存、打印、复制等操作；Edit（编辑）：以对话框的形式编辑视野窗口；Close（关闭）：关闭视野窗口。

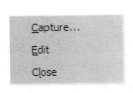

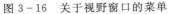

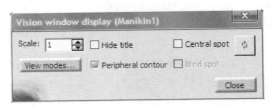

图 3-16　关于视野窗口的菜单　　　　图 3-17　视野窗口显示对话框

单击 Edit（编辑）菜单，出现 Vision window display（视野窗口显示）对话框（见图 3-17）。单击 View modes（视野模式）按钮，出现图 3-18 所示的 Customize View Mode（定制视野模式）对话框。

各项定制如下所示。

Edges and points（边和点）：显示图像的棱边和边点。

Shading（阴影）：用明暗方式显示图像的立体感。

Outlines（最外轮廓）：只表达物体的最外轮廓。

Hidden edges and points（隐藏边和点）：隐去物体的棱边和角点。

Dynamic hidden line removal（动态隐藏线消除）：前三种方式同时生效，此时动态隐藏线消除。

Material（材料）：显示物体的材料。

Triangles（三角形）：用三角形表示物体表面。

Transparent（透明）：物体呈透明状态。

（2）视野的类型。

在画面左上方树状目录上点击 Vision（视野）条目，在弹出的菜单上选择 Properties（属性）菜单，随之弹出 Properties（属性）对话框（见图 3 - 19）。

在对话框中的 Type（类型）栏列出了以下 5 种类型供用户选择（见图 3 - 19）。

Binocular（双眼）

Ambinocular（左、右眼合一）

Monocular right（右眼）

Monocular left（左眼）

Stereo（立体）

（3）视野的范围。

在属性对话框中，Field of View（视野范围）栏提供了有关视野范围的各个选项（见图 3 - 20）。

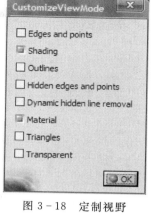

图 3 - 18　定制视野
模式对话框

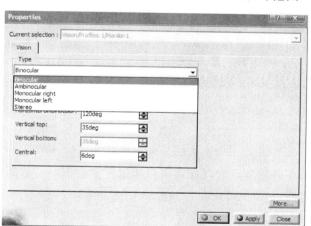

图 3 - 19　属性对话框

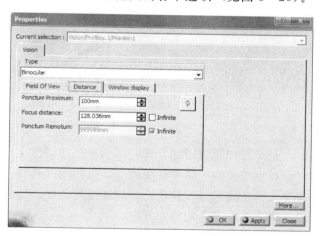

图 3 - 20　视野的距离设置对话框

Horizontal monocular（单眼水平方向）：可以对单眼水平方向的视野范围进行 60°～120°范围的设置。

Horizontal ambinocular（左、右眼合一水平方向）：可以对双眼合一水平方向的视野范围进行 0°～179°范围的设置。

Vertical top（铅垂方向上方）：可以对铅垂方向上方 0°～50°的视野范围进行设置。

Vertical bottom（铅垂方向下方）：可以对铅垂方向下方 0°～50°的视野范围进行设置。

Central（中部）：可以对视觉中心的 0°～20°的视野范围进行设置。

（4）视野的距离。

在属性对话框中，Distance（视野距离）栏提供了有关视野距离的选项，其中常用的 Focus distance（焦点距离）栏内可以设置焦点距离（见图 3 - 21）。

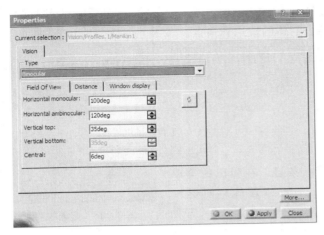

图 3-21 视野范围设置对话框

3.1.3 听觉器官的特性

1. 听觉机制

在接受外部信息时，听觉仅次于视觉。人的听觉器官耳朵包括外耳、中耳、内耳三部分（见图 3-22）。其中只有内耳的耳蜗起听觉作用，而中耳和外耳只起辅助作用。外耳包括耳廓和外耳道，是使外来声波按一定方向进入耳的通道。中耳包括鼓膜和鼓室，鼓室中有锤骨、砧骨、镫骨三块听小骨，它们与相连的听小肌组成听骨链；还有一条通向喉部的耳咽管，起维持中耳内部和外界气压平衡的作用，以保持正常的听力。内耳中的耳蜗是感音器官，它是前庭阶、蜗管和鼓阶 3 个并排盘旋的

管道，声波通过外耳道传入引起鼓膜振动，经骨链传递，引起耳蜗里的淋巴液和基底膜振动，使耳蜗里的听觉细胞——科蒂氏器官中的毛细胞兴奋，声波的机械能使这里听神经纤维产生神经冲动，不同频率和形式的神经冲动经过组合编码，传导到大脑皮层的听觉中枢，从而产生听觉。

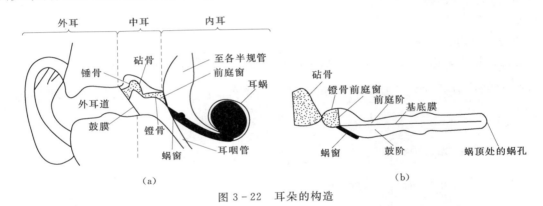

图 3-22 耳朵的构造

在声音传递的同时，有一部分神经冲动传递到了一个叫做"网状激活系统"的部分，这个系统可以提高整个大脑皮层的觉醒程度，从而使人兴奋。人在遇到危险的时候，可以通过听觉意识到，从而提高人的觉醒状态，并作出相应的反应。在设计时合理运用听觉系统的报警功能提高人的感知程度。

2. 听觉范围

影响听觉的物理因素主要有声波的频率和声波的强度。成年人能够感受的声波频率一般在 20～20000Hz 之间。随着年龄增大，对高频率声波的感受能力逐渐衰减，但对 2000Hz 以下低频声波的感受能力变化不大。人们最敏感的频率范围是 1000～3000Hz 之间，一般人讲话发声的频率基本在此范围及略低的范围内。度量声波强度的物理量有声压（单位：Pa）、声强（单位：W/m²）、声压级（单位：dB）三种，国际上将人刚能听到的声压（即 0.00002Pa）定义为 1dB（分贝），人能接受的声域是 20～60dB，其中，平时说话在 20～60dB。

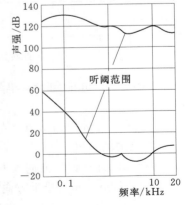

图 3-23 听觉范围

人的听觉能够感受到的最弱声音界限值，称为听阈。使人的耳朵产生难耐的刺痛感的高强度声音的界限值，称为痛阈。听阈和痛阈之间就是人的听觉可以正常感受的范围。听觉能正常感受的频率范围和声压级范围见图 3-23 和表 3.6。

表 3.6 人 耳 感 受 声 压 范 围

声压/dB	人耳感受	对人体健康影响	声压/dB	人耳感受	对人体健康影响
0~9	刚能听到	安全	90~109	吵闹到很吵闹	听觉慢性损伤
10~29	很安静	安全	110~129	痛苦	听觉慢性损伤
30~49	安静	安全	130~149	很痛苦	其他生理受损
50~69	感觉正常	安全	150~169	无法忍受	其他生理受损
70~89	逐渐感到吵闹	安全			

3. 听觉特性

（1）声音的音调、音强和音色。

声波的频率决定音调，声波的振幅决定音强，声波的波形决定音色。人对音调的感觉很灵敏，对音强的感觉次之。频率小于 500Hz 或大于 4000Hz 时，频率差达 1％ 时，就能分辨出来；频率在 500~4000Hz 时，频率相差 3％ 即可分辨出来。

（2）声音的方位和远近。

声源发出的声音到达两耳的距离不同或传播途中的屏障条件不同，声波传入两耳的时间先后和强度也不同，这种现象称为"双耳效应"。图 3-24 是右耳与声音频率的关系，可以看出人在 200Hz（低频）时基本不能凭听觉分辨声源方位；在大于 500Hz 以上容易辨别声源方位。人耳对于高频声主要依据声音强度差判断，低频声主要依据时间差来判断。

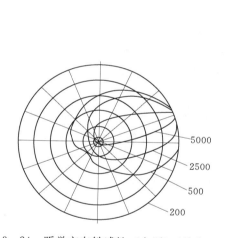

图 3-24 听觉方向敏感性（右耳）（单位：Hz）

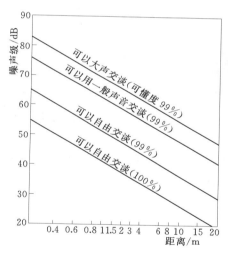

图 3-25 交谈距离与可懂度关系

（3）听觉的适应性。

听觉的适应性是指声音较长时间作用于听觉器官时，它的感受性降低，其重要的表现是对刺激的声音及频率相近似的声音的感受性降低。在设计中，需要使用听觉传示的场所应避开现场的声音频率。

（4）听觉的屏蔽效应。

一个声音（主体声）被另一个声音（遮蔽声）掩盖的现象，称为遮蔽。主体声的听阈因遮蔽声的遮蔽作用而提高的效应，称为遮蔽效应。遮蔽声强，遮蔽声的频率与主体声的频率接近，都使遮蔽效应加大。低频遮蔽声对高频主体声的遮蔽效应较大，反之，高频遮蔽声对低频主体声的遮蔽效应较小。噪声对语言的遮蔽使听阈提高，影响语言清晰度。图 3-25 是不同噪声下人们交谈距离与可懂度关系。

3.1.4 其他感觉器官的特性

1. 肤觉

人体的肤觉可以感知物体的形状、大小、温度、材料的软硬，对于在人体视觉负担较大的场合使用的产品，可以利用人体的肤觉特性对产品操作部分的形状、材料进行设计，以便于识别。肤觉包括触觉、温度觉、痛觉。触觉是外界的刺激与皮肤浅层的触觉器组成；温度觉是由冷、热温度感受器组成；痛觉是人体器官组织内一些游离神经末梢在刺激达到极限时的反应。例如飞机的操纵手柄、盲文、盲道等。

2．味觉

味觉主要由甜、酸、苦、咸组成，其余味道是由这四种味道组合而成。味觉是人的舌头上的味蕾被唾液溶解的物质刺激而引起的反应。

3．嗅觉

人能分辨上千种气味，主要是人的鼻内嗅觉细胞组成的嗅觉感应器发生作用。人的嗅觉具有适应性特点，长时间连续嗅一种气味，人们会逐渐闻不到这种气味。

4．平衡觉

平衡觉感受器位于耳前庭系统，平衡觉是人对自己头部位置变化和身体平衡状态的感觉。不常有的姿势、酒、恐惧等因素会影响人体平衡觉，甚至失去平衡。

3.2 人体关节的活动

人体全身的骨与骨之间都通过关节连接，有的连接是不可以活动的或活动范围很小，称为不动关节；有的连接是可以活动的，称为关节。人体可以大体看作是由

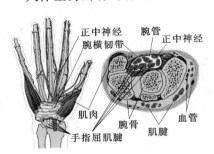

图 3-26 手腕组成

多个关节连接而成的一个连环结构，正像腰关节总的转动角度是由几对腰椎骨间的转角累加的结果，全身各部位能够达到的活动角度，也是各有关关节转动角度累加的结果。骨与骨之间除了由关节连接外，还由肌肉和韧带连接在一起。韧带除了有连接两骨、增加关节的稳固性的作用以外，它还有限制关节运动的作用。因此，关节的活动有一定的限度，超过限度将会造成损伤。

3.2.1 腕关节

人手在日常工作生活中起着重要作用。人的手是由骨头、动脉、神经、韧带，以及肌腱组成。手腕是一个多自由度关节，很多血管、神经、肌肉、肌腱都经过这里（见图 3-26）。若人的腕关节处于较大的偏曲、偏转（见图 3-27），其间的肌肉、肌腱、血管、神经就会受到压迫，影响手部、手指的活动，时间长了会导致肌骨失常症。

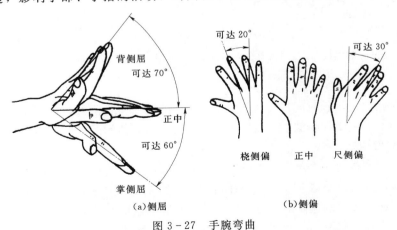

(a)侧屈　　　　　　　　(b)侧偏

图 3-27 手腕弯曲

3.2.2 人体脊椎

人体脊椎由脊柱、椎间盘、骨盆的组成（见图 3-28），骨盆上接脊柱，下连下肢。脊柱正常生理状态：颈椎为略向前凸的弧形，胸曲为略向后凸的弧形。若人处于坐姿状态，上身体重由坐骨直接作用于椅面上，腿脚不承受上身重量；若人处于站姿，上身重量通过大腿、小腿、脚底作用于支撑面上。

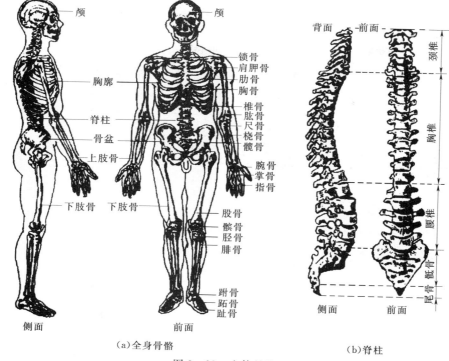

（a）全身骨骼　　　　　　　　　　（b）脊柱

图 3-28　人体骨骼

3.2.3　人体关节活动范围

　　人体重要关节的活动范围和身体各部位舒适姿势调节范围如图 3-29 所示。人身体的基本动作都对应关节转动角度的变化，身体的基本动作包括：屈曲——减少身体两部位间夹角的动作；伸展——增加身体两部位间夹角的动作；内收——肢体移向身体中线的动作；外展——肢体远离身体中线的动作；内转——下臂由手掌心朝上转至手掌心朝下的动作；外转——下臂由手掌心朝下转至手掌心朝上的动作；旋转——以肢体的纵向轴为圆心转动，可分为内侧与外侧旋转；侧偏——肢体向身体外侧偏移；桡偏——手掌向桡骨（或大拇指）方向的偏移；尺偏——手掌向尺骨（或小指）方向的偏移。

　　图 3-29 给出常见关节活动角度范围，还有一些关节活动角度见表 3.7，该表给出了人体的最大活动范围和能轻松舒适调节的范围，表中数值适用于一般情况，针对表 3.7 说明：对于年岁较高者，或衣着较厚者，表中的关节活动范围有所减少。人手活动范围见图 3-30。

表 3.7　　　　　　　　　　　　　　　　　　人体主要关节活动范围

关节	身体部位	活动方式	最大角度 /(°)	最大活动范围 /(°)	舒适调节范围 /(°)
颈关节	头至躯干	低头、仰头 左歪、右歪 左转、右转	+40～-35[①] +55～-55[①] +55～-55[①]	75 110 110	+12～-25 0 0
胸关节 腰关节	躯干	前弯、后弯 左弯、右弯 左转、右转	+100～-50[①] +50～-50[①] +50～-50[①]	150 100 100	0 0 0
髋关节	大腿至髋关节	前弯、后弯 外拐、内拐	+120～-15 +30～-15	135 45	0（+85～+100）[②] 0
膝关节	小腿对大腿	前摆、后摆	+0～-135	135	0（-95～-120）[②]
脚关节	脚至小腿	上摆、下摆	+110～+55	55	+85～+95
髋关节 小腿关节 脚关节	脚至躯干	外转、内转	+110～-70[①]	180	+0～+15

续表

关节	身体部位	活动方式	最大角度 /(°)	最大活动范围 /(°)	舒适调节范围 /(°)
肩关节 （锁骨）	上臂至躯干	外摆、内摆 上摆、下摆 前摆、后摆	+180～−30① +180～−45① +140～−40①	210 225 180	0 （+15～+35）③ +40～+90
肘关节	下臂至上臂	弯曲、伸展	+145～0	145	+85～+110
腕关节	手至前臂	外摆、内摆 弯曲、伸展	+30～−20 +75～−60	50 135	0⑤ 0
肩关节下臂	手至躯干	左转、右转	+130～−120①④	250	−30～−60

① 单独给出关节活动的叠加值。
② 括号内为坐姿值。
③ 括号内为在身体前方的操作。
④ 开始的姿势为手与躯干侧面平行。
⑤ 拇指向下，全手对横轴的角度为12°。

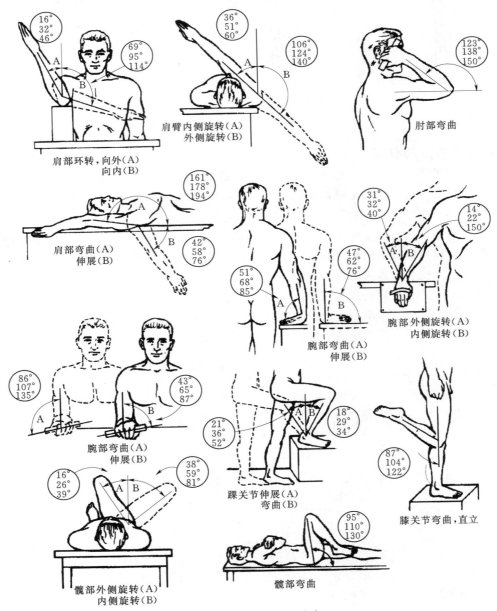

图 3-29 人体关节活动

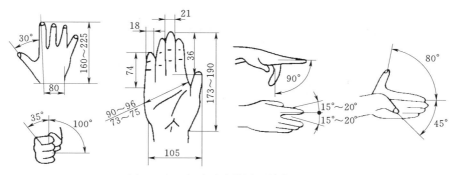

图 3-30　人手活动范围（单位：mm）

3.3　人的施力特性

人体施力均来源于人体肌肉收缩所产生的力，即肌力。在工作和生活中，人们使用器械、操纵机器所使用的力称为操纵力。操纵力主要是肢体的臂力、握力、指力、腿力或脚力，有时也用到腰力、背力等躯干的力量。操纵力与施力的人体部位、施力方向和指向（转向），施力时人的体位姿势、施力的位置以及施力时对速度、频率、耐久性、准确性的要求等多种因素有关。表 3.8 给出 20～30 岁中等体力的男女青年人身体主要肌力。一般女性的肌力比男性低 20%～30%。右利者右手肌力比左手约高 10%；左利者左手肌力比右手高 6%～7%。

表 3.8　　　　　20～30 岁中等体力的男女青年人身体主要肌力大小　　　　　单位：N

肌肉的部位		力		肌肉的部位		力	
		男	女			男	女
手臂肌肉	左	370	200	手臂伸直时的肌肉	左	210	170
	右	390	220		右	230	180
肱二头肌	左	280	130	拇指肌肉	左	100	80
	右	290	130		右	120	90
手臂弯曲时的肌肉	左	280	200	背部肌肉（躯干屈伸的肌肉）		1220	710

3.3.1　坐姿施力

坐姿是一种重要的工作姿势，在坐姿下人体施力的大小和方向受到人体生理上的限制，这一点必须清楚。

1. 坐姿手臂操纵力

在坐姿工作时，手臂在不同角度、不同指向上的操纵力是不同的（见图 3-31 和表 3.9）。

表 3.9　　　　　坐姿下第 5 百分位数男子手臂施力（右手利者）　　　　　单位：N

①	②		③		④		⑤		⑥		⑦	
肘部弯曲程度/(°)	拉		推		向上		向下		向内		向外	
	左	右	左	右	左	右	左	右	左	右	左	右
180	222	231	187	222	40	62	58	76	58	89	36	62
150	187	249	133	187	67	80	80	89	67	89	36	67
120	151	187	116	160	76	107	93	116	89	98	45	67
90	142	165	98	160	76	89	93	116	71	80	45	71
60	116	107	96	151	67	89	80	89	76	89	53	71

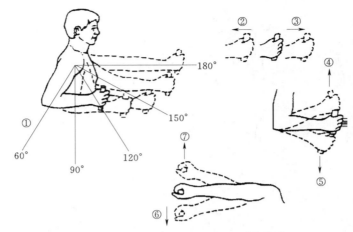

图 3-31 坐姿下操纵手柄时的施力方向

从图 3-31 和表 3.9 可以看出以下方向：

（1）在前后方向和左右方向上，都是向着身体方向的操纵力大于背离身体方向的操纵力。

（2）在上下方向上，向下的操纵力一般大于向上的操纵力。

（3）右手操纵力大于左手操纵力；对于左利者，情况应该相反。

2. 坐姿脚蹬力

脚蹬操纵力的大小与施力点位置、施力方向有关。如图 3-31 所示为坐姿下不同方位脚蹬力的分布情况；由于靠背对接近水平的施力方向能提供最有利的支撑，所以能够达到最大的脚蹬操纵力。但工作时把脚举得过高，腿部肌肉将难以长久坚持；因此，实际上图 3-32 中粗线箭头所画、与铅垂线约成 70°的方向才是最适宜的脚蹬方向。此时大腿并不完全水平，而是前端膝部略有上抬，大小腿在膝部的夹角在 140°~150°之间。在有靠背的座椅上，由于靠背的支撑，可以发挥较大的脚蹬操纵力。

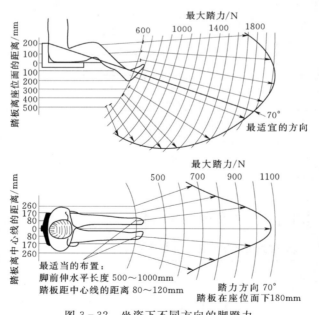

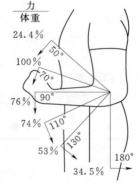

图 3-32 坐姿下不同方向的脚蹬力　　图 3-33 立姿屈臂操纵力

3.3.2 立姿施力

1. 立姿屈臂操纵力

实验研究了立姿屈臂从手钩向肩部方向的操纵力与前臂、上臂间夹角的关系，从图中可以看出：前臂上臂间夹角约为 70°时，具有最大的操纵力（见图 3-33）。像风镐、凿岩机之类需手持的较重器具，大型闸门开启装置等设施的设计时，都应注意适应人体屈臂操纵力的这种特性；在这个角度出拳，力最大，因为除了手臂的力，还可以借助腰力（见图 3-34）。

图 3-34 拳击

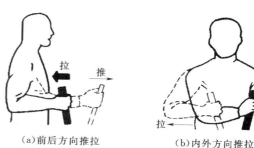

（a）前后方向推拉　（b）内外方向推拉

图 3-35 立姿、前臂水平方向操纵力

2. 立姿的前臂基本水平操纵力

立姿男子、女子的平均瞬时向后的拉力分别可达约 690N 和 380N；男子连续操作的向后拉力约为 300N；向前的推力比向后的拉力小一些［见图 3-35（a）］。在图 3-35（b）所示内外方向的拉推，则向内的推力大于向外的拉力，男子平均瞬时推力可达约 395N。

3.3.3 握力

在两臂自然下垂、手掌向内（即手掌朝向大腿）执握握力器的条件下测试，一般男子优势手的握力为自身体重的 47%～58%；女子为自身体重的 40%～48%。但年轻人的瞬时最大握力常高于这个水平。非优势手的握力小于优势手。若手掌朝上测试，握力值增大一些；手掌朝下测试，握力值减小一些。

3.3.4 脚操纵力

对应的人体姿势不同，脚操纵力大小也不同。为了避免在不经意中的误碰触发，脚控操纵器的操纵力应较大；停歇时脚可能放在上面的操纵器更应该设计较大的操纵力，具体推荐值见表 3.10。

表 3.10　　　　　　　脚控操纵器的操纵力（摘自 GB/T 14775—1993）　　　　单位：N

操 纵 方 式	作 用 力		操 纵 方 式	作 用 力	
	最小	最大		最小	最大
停歇时脚放在操纵器上	45	90	仅踝关节运动		45
停歇时脚不放在操纵器上	45	90	整个腿部运动	45	750

3.4　人的运动特性

从人的外部反应运动开始到运动完成的时间间隔随着人体运动部位、运动形式、运动距离、阻力、准确度、难度等的不同而不同，影响因素非常多，在界面设计时必须考虑人的运动特性才能使人机匹配。

3.4.1　人的运动速度与特性

1. 人体运动部位、运动形式与运动速度

表 3.11 是人体不同部位、不同形式和条件下运动时间，在具体运用时需要考虑具体运动距离、运动角度、阻力、阻力矩有关的运动时间数据。

表 3.11　　　　　　　　　　　　　人完成一次动作的最少时间　　　　　　　　　　　　　单位：ms

人体运动部位	运动形式和条件	最少平均时间
手	直线运动 抓取 曲线运动 抓取 极微小的阻力矩 旋转 有一定的阻力矩 旋转	70 220 220 720
腿脚	向前方、极小阻力 踩踏 向前方、一定阻力 踩踏 向侧方、一定阻力 踩踏	360 720 720～1460
躯干	向前或后 弯曲 向左或后 侧弯	720～1620 1260

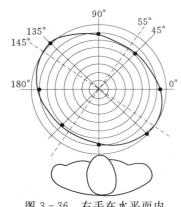

图 3-36　右手在水平面内
8 个方向上运动时间

2. 运动方向与运动速度

由于人体结构的原因，人的肢体在某些方向上的运动快于另一些方向。图 3-36 是右手在水平面内实验测试结果：实验结果表明，右手在 55°～235°方向，即在"右上—左下"方向运动较快；而在 145°～325°方向，即在"左上—右下"方向运动较慢。

3. 运动负荷与运动速度

肢体各种运动的速度都随运动中阻力的增大而减小。表 3.12 是掌心向上持握一个物体，在物体的 3 个不同质量等级下，测定记录手掌旋转一定角度所需要的时间。

4. 运动轨迹与运动速度

（1）人手在水平面内的运动快于铅垂面内的运动；前后的纵向运动快于左右的横向运动；从上往下的运动快于从下往上；顺时针转向的运动快于逆时针转向。

表 3.12　　　　　　　　　　　运动负荷与手掌转动角度和时间　　　　　　　　　　　单位：ms

角　度	30°	60°	90°	120°	150°	180°
≤0.9	110	150	190	240	290	340
1.0～4.5	160	230	310	380	460	550
4.6～16.0	300	440	580	730	870	1020

（2）人手向着身体方向的运动（向里拉）比背离身体方向的运动（向外推）准确度高。

多数右利者右手向右的运动快于左手向左运动，多数左利者左手向左的运动快于右手向右运动。

（3）单手可以在此手一侧偏离正中 60°的范围之内较快地自如运动，见图 3-37（a）；而双手同

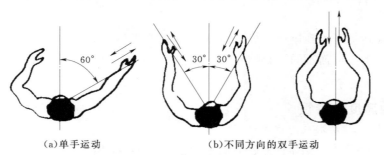

（a）单手运动　　　　　　　　（b）不同方向的双手运动

图 3-37　单、双手快速自如运动区域

时运动，则只在正中左、右各30°的范围以内能较快地自如运动，见图3-37（b）。

当然，正中方向及其附近是单手和双手能较快自如运动的区域，见图3-37（b）。

（4）连续改变方向的曲线运动快于突然改变方向的折线运动。

（5）运动频率。

在进行界面设计时，需要考虑人自身动作频率的最高限，从而确定操纵元件的执行时间。若在设计时设置过多的操纵元件，并要求人在同一时间完成，就会使人手忙脚乱，出现错误（见图3-38）。

表3.13实验条件是：运动阻力（或阻力矩）极为微小，运动行程（或转动角度）很小，由优势手或优势脚进行测试。表列数据是一般人运动能达到的上限值，工作时适宜的操作频率应该小于这个数值，长时间工作的操作频率只能更小。

图3-38 不合理的界面设计

表3.13 　　　　　　　　　　人体各部位最高运动频率 　　　　　　　　　　单位：次/s

运动部位	运动形式	最高频率	运动部位	运动形式	最高频率
身体	转动	0.72~1.62	食指	敲击	4.7
前臂	伸曲	4.7	无名指	敲击	4.1
上臂	前后摆动	3.7	中指	敲击	4.6
手	拍打	9.5	小指	敲击	3.7
手	推压	6.7	脚	抬放	5.8
手	敲击	3~5	脚	以脚跟为支点踩蹬	5.7
手	旋转	4.8			

3.4.2 影响肢体运动准确性的因素

运动准确性是人体运动输出质量的重要指标。准确地操作是人机系统正常运行的基本要求；快速操作只有在准确的前提才有意义。操作运动准确性要求主要包括以下几个方面：运动方向的准确性；运动量（操纵量），如运动距离、旋转角度的准确性；操作运动速度的准确性（一般操作都要求实现平稳的速度变化，跟踪调节操作则要求更准确的操作速度）；操纵力的准确性（在有一定阻力或阻力矩的操作中，准确的操纵量通常依赖准确的操纵力才能达到）。

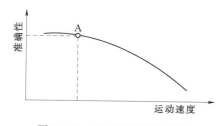

图3-39 运动速度与准确性

除了人们种种先天性的个体差异、当时的健康和觉醒水平、培训练习状况以外，运动准确性与运动本身的速度、方向、位置、动作类型等因素有关。

1. 运动速度与准确性

随着运动速度加快，准确性通常将会降低。图3-39表明在曲线A点的附近，运动速度变化对准确性的影响很小，因此降低速度对提高准确性并无明显作用。速度高到一定数值以后，曲线下降明显，表明运动准确性加速降低。因此在图3-39中A点附近选点，能兼顾到速度和准确性两方面的要求。

2. 运动方向与准确性

图3-40是手臂运动方向对准确性影响的实验。让受试者手握细杆沿图示的几种槽缝中运动，记录细杆触碰槽壁的次数，触碰次数多表示细杆在槽中运动准确性低。在同样的测试设置下，4种运动

方向的触碰次数已标注在图 3-40 各分图下面，触碰次数之比为 247：202：45：32。可见手臂在左右方向的运动准确性高，上下方向次之，而前后方向的运动准确性差，而且互相对比的差别是相当明显的。

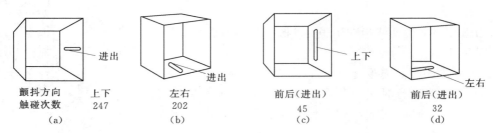

颤抖方向	上下	左右	前后(进出)	前后(进出)
触碰次数	247	202	45	32
	(a)	(b)	(c)	(d)

图 3-40　运动方向与准确性

3. 运动类型与准确性

人的生理条件决定特点，肢体控制不同类型动作的准确性、灵活性是不同的。

图 3-41 给出了优劣不同的三组对比：上面三个图所示操作的准确性，均优于对应的下图。图

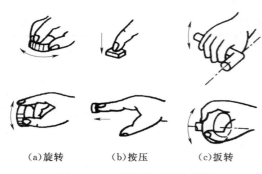

(a)旋转　　(b)按压　　(c)扳转

图 3-41　动作类型与准确性

3-41（a）上图为在水平面内的转动操作，其准确性优于下图所画的在铅垂面内的转动操作；图 3-41（b）上图为对水平面的按压操作，其准确性优于下图所画对铅垂面的按压操作；图 3-41（c）上图为手握弯曲把手由大小臂控制的绕轴转动，其准确性优于下图所画手抓球体由手腕控制的绕轴转动。

4. 运动量与准确性

准确性一般还与运动量大小有关，例如手臂伸出和收回的移动量较小（如 100mm 以内）时，常有移动距离超出的倾向，相对误差较大；移动量较大时，则常有移动距离不足的倾向，相对误差较小。旋转运动量与准确性的关系与此类似。

3.4.3　运动与施力

1. 突然运动和施力产生峰值压力

突然的运动和施加外力能够产生短期极大的压力。这么大的压力是由加速运动造成的。众所周知，突然举起重物可引起急性背部损伤。因此弯腰提重物应尽可能缓慢、平稳地进行。在施加较大的力之前，精心的准备是十分必要的。

2. 限制肌肉持续施力的时间

由于长期保持一种姿势或重复某个动作而使人体某些肌肉持续受力，会导致局部肌肉疲劳、肌肉不适以及肌肉性能的下降。因此，不能始终保持一种姿势或动作。人体在所有的施力状态下，力量的大小都与持续的时间有关。随着施力持续时间加长，力量逐渐减小。肌肉施力越大（以施力最大值的百分比作为施加外力），坚持的时间就越短（见图 3-42），图中显示出肌肉施力效率（以施加的力除以最大值的百分数）与可能的持续最长时间（min）之间的关系。大多数人能保持肌肉的最大力量不超过几秒，保持 50% 的肌肉力量约 1min，因为持续施力会造成肌肉疲劳。

3. 防止肌肉疲劳

如果肌肉疲劳，它将需要相当长的时间恢复，因此我们要防止肌肉疲劳。图 3-43 所示的是肌肉经过持续施力后，部分或全部疲劳后的恢复曲线。从图中可以看出疲劳肌肉需要休息 30min 才能恢复 90% 的力量。半疲劳状态的肌肉在休息 15min 后可恢复到同等水平，而肌肉完全恢复则需要好几个小时。

频繁的短时间休息好于一次长时间的休息可以通过合理分配工作过程中的休息时间来减轻肌肉疲

劳。但直到结束一天的工作或一项任务才开始放松休息，则是不明智的。

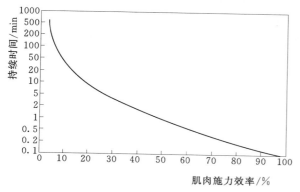

图 3-42 施力效率与持续时间关系

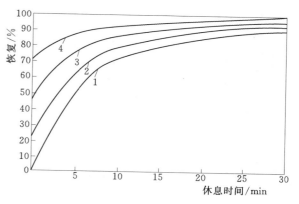

图 3-43 肌肉经过持续施力后，疲劳（曲线 1）
或部分疲劳（曲线 2—曲线 4）后的恢复曲线

4. 限制在任务中的能量消耗

大多数人在进行一项长期工作的时候，只要这项任务所需的能量（每人每单位时间所消耗的能量）不超过 250W（1W＝0.06kJ/min；0.0143cal/min），一般就不会造成人全身疲劳。这一数字包括了人身体在休息时所需的能量，大约 80W。能量消耗在这个水平范围的工作，是不太繁重的，而且不需要采用特别的措施，如休息或交替做一些轻闲的活动，从而达到恢复体力的目的。能量需求小于 250W 的活动有写作、打字、熨烫、装配轻质材料、操作机器、散步或悠闲地骑车。表 3.14 给出不同运动形式与能量消耗的关系。

表 3.14　　　　　常见能量需求大于 250W 的活动能量消耗

运动形式	负　载	运动速度	消耗能量	运动形式	负　载	运动速度	消耗能量
负载步行	40kg	4km/h	370W	骑车		20km/h	670W
快速抬举	1kg	1 次/s	600W	爬楼梯（30°）		14km/h	960W
跑步		10km/h	670W				

5. 完成繁重任务后需要休息

如果一项工作所需能量超过 250W，有必要用更多的时间来休息以恢复体力。休息的形式可以是间歇或减少工作量。工作量的减少必须使一个工作日平均能量需求不超过 250W。

在工作中，如果不是将时间攒在一起，等到一天工作结束后再休息，而是将总的休息时间有规律地分配成多个间隔休息时间，那么这样的休息是最有效的。

3.5　个人的心理空间

前面讨论的是人进行正常作业所必需的物理空间。实际上，人对作业空间的要求，还受社会和心理因素影响。一般来说，人的心理空间要求大于操作空间要求。当人的心理空间要求受到限制时，会产生不愉快的消极反应或回避反应。因此，在作业空间设计时，必须考虑人的社会和心理因素。当多个作业者在同一总体作业空间工作时，作业空间的设计就不仅是个体作业场所内空间的物理设计与布置问题，作业者不仅与机器设备发生联系，还和总体空间内其他人存在社会性联系。低劣的作业场所设计会降低人机系统的作业效率，而作业空间设计者不考虑人与人之间的联系环节与作业者的社会要求，同样会影响作业者的效率、安全性与舒适感。

个人心理空间是指围绕一个人并按其心理尺寸要求的空间。如图 3-44 所示，通常把心理空间分为

4 个范围，即紧身区（亲密距离）、近身区（个人距离）、社交区（社交距离）、公共区（公共距离）。

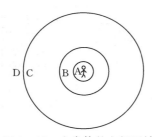

图 3-44　人身体的空间区域
A—紧身距离；B—近身距离；
C—社交距离；D—公共距离

表 3.15 为人际交往心理距离。紧身区是最靠近人体的区域，一般不容许别人侵入，特别是 150mm 以内的内层紧身区，更不允许侵入。近身区是同人进行友好交谈的距离。社交区是一般社交活动的心理空间范围。在办公室或家中接待客人一般保持在这一空间范围。社交区外为公共区，它超出个人间直接接触交往的空间范围。人际交往的距离除与个人心理有关外，还与亲密程度、性别、民族、季节和环境条件均有关系。

近身空间还具有方向性。当干扰者接近作业者时，若无视线的影响，为避免干扰者对作业者的心理压力，作业者的个人后方空间应大于前方；若存在正面视线交错时，则前方空间大于后方。试验表明，受人直视或从背后接近被试者所造成的不安感，大于可视而非直视条件下的接近。例如，当有人从正面接近某个体时，在较远处该个体即会感到不安；而如从其后部接近，在该个体已感知的情况下，感受到侵犯的距离稍短些，从侧面接近时，感到不安的距离会更短。

表 3.15	人 际 交 往 心 理 距 离		单位：mm
接 触 类 型	心 理 距 离	接 触 类 型	心 理 距 离
亲密距离	≤450	社交距离	1200～3500
个人距离	450～1200	公共距离	3500～9000

人们对正面要求较大，而侧面要求较少。因此，有必要通过工作场所的布局设计，使工作岗位具有足够的、相对独立的个人空间，并预先对外来参观人员的通行区域作出恰当的规划。有些坐椅设计的虽然考虑了人的舒适性和使用效率，但由于放置的位置和排列不当，总体使用效率并不高。例如长排放置的多人坐椅，中间不加分隔，即使落座者旁边有空位，人们通常也不愿意坐上去，如果加上扶手或隔开坐椅，就可以提高坐椅利用率。

个人空间的大小和形状的影响因素很多，如性别、环境、社会地位、地域等，在现代物质条件下难以得到完全的满足，经常由于人员堵塞，使人们工作时难以处于良好的心理状态，影响了工作效率。近期研究的解决办法就是给个体布置作业场所一定的自由，使其能按自己的意愿安排工作空间，建立自己的心理地域，避免与他人互相干扰。如隔间式办公场所的设计、玻璃门的设计等就是基于这一思想，既方便了工作，又满足了作业者心理空间需求。

📖本章学习要点

本章主要介绍人的生理特性中主要接受信息的视觉、听觉特性、关节活动范围、施力特性和动作反应的肢体特性，为第 6 章人机界面设计提供支撑依据，是学生必须掌握的重要知识点。通过本章学习应该掌握以下要点。

（1）了解人感知外部信息的器官和接受信息的过程，掌握人的感知特性。

（2）掌握视野、视区的概念，明确各自的有效范围以及人的视觉特性规律，构建合理的人与显示界面关系。掌握视觉观察元件尺寸的确定方法。

（3）了解人的听觉特性和听阈大致范围，为今后听觉显示器设计奠定基础。

（4）了解人体其他感觉器官特性。

（5）人体关节活动的形式和活动范围是今后判别人体动作舒适度的重要指标之一，必须熟练掌握人体关节舒适和最大活动范围，掌握人体脊椎特性，在今后设计、评价产品时合理运用。

（6）了解人体的施力特性和运动输出特性，为今后显示操作界面设计中动作反馈提供合理的依据。

（7）人体作业疲劳与施力特性和运动输出特性有何关系？

（8）了解个人心理空间有关知识。

思考题

（1）什么是视野？什么是视区？二者有何区别？视野、视区有效范围是多少？

（2）人看清楚物体的关键因素是什么？

（3）人的目光巡视特性有哪些？人的听觉特性有哪些？

（4）熟悉人体关节活动自由度和具体范围，试以一产品为例说明在设计中如何考虑人体关节自由度和活动范围的。

（5）人体操纵力包括哪些？坐姿和站姿时手臂操纵力有哪些特点？试分析设计一手操纵杆应该考虑哪些因素？为什么？

（6）肢体运动输出特性有哪些？试举例说明肢体的运动输出在产品设计是如何运用的？

（7）影响肢体运动准确性的因素有哪些？试以一产品为例，说明肢体运动准确性对设计的影响。

（8）试具体举例说明人的心理空间对设计的影响。

（9）如何结合人的感知特性、施力特性、运动特性进行产品设计？试举例说明。

（10）针对人体疲劳问题，查阅有关资料，从人机工程学的角度结合一个专题撰写一篇有关减少疲劳，提高工作效率的小论文（阐述引起疲劳的因素、疲劳的一般规律和降低疲劳的措施）。

（11）依据人机工程学原理计算如图 3-45 中教师在教室黑板上应写多高的字符才能保证坐在最后一排学生看清楚。

说明：最后一排距离黑板 11m，人在有局部照明的情况下看清物体的视角是 17.19′。

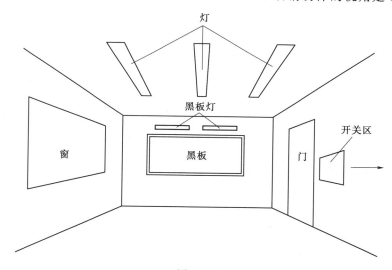

图 3-45

第4章 人体姿势分析

4.1 作业姿势研究

姿势和动作在人机工程学中处于中心位置。无论是在工作还是日常生活中，各种工作及工作场所迫使人们处于某种姿势或动作状态。在持续某一种姿势与动作和施加力量的时候，人体的肌肉、韧带及关节都要发挥作用。肌肉为持续某一种姿势与动作提供力量。另外，韧带起到一个辅助的作用，关节则帮助身体的各部位做出相应的动作。不正确的姿势和动作可能会对肌肉、韧带和关节造成局部机械压力，导致颈部、背部、肩部、手腕和其他部分的肌肉骨骼系统产生疾病。有些动作不仅对肌肉和关节有局部机械压力，而且还要耗费肌肉、心脏和肺部很多能量。

人体作业姿势决定作业岗位类型，决定作业空间的大小，决定产品相应的显示、操纵界面位置尺寸。作业时体位正确，可以减少静态疲劳，有利于提高工作效率和工作质量。因此，在作业空间设计时，应能保证在正常作业时，作业者具有舒适、方便和安全的姿势。

4.1.1 作业姿势与人体尺寸

1. 作业姿势描述

作业姿势在研究产品设计、作业空间等有着重要的作用。以人机工程学的观点来解释，姿势是人体各种准静态的生物力学性定位，即身体各部分的状态。人体姿势可以采用人体各部分关节点坐标、身体各段运动角度等几何参数来描述。通过身体姿势的角度分析，借鉴以往的研究资料就可以进行舒适性分析。

早在17世纪就有人采用绘图或照片的形式以及文字说明的方式进行作业姿势的研究。1974年自普里尔采用"姿势图"方式以来，出现了观察性法、仪器记录法、被测试者评价反馈法以及计算机仿真法。图4-1是16种不同姿势下脊柱形态，从图中可以看到人体处于侧卧姿势时的腰椎弯曲弧线是放松的，属于正常腰曲弧线（D姿势）。当人体舒适地侧卧时，躯干、大腿夹角和膝部角度约135°时，

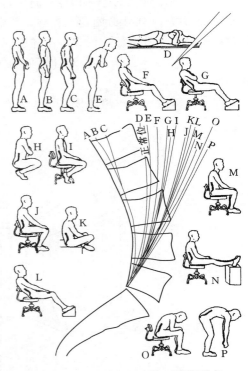

图4-1 16种不同姿势下脊柱形态

腰椎弯曲弧线处于正常位置。而在其他姿势下，人体的腰椎都承受一定压力。弯腰拾取物品时，腰椎压力最大。1991年获得挪威优秀设计奖作品——禅座（见图4-2），设计理念是为冥想者而设计，灵感来自深远、空无、极简、普度众生的禅宗思想。设计师以僧人坐禅的姿势勾画出禅座的轮廓，相互对称的两部分构成整个设计造型。

2. 常见作业姿势

产品设计应该在充分的设计调查基础上，设计人舒适作业姿势，再由作业姿势构建作业空间来得到产品相应的功能尺寸。在日常工作中常采取立姿、坐姿、跪姿、卧姿工作等状态，在各种作业姿势下作业范围是由人体尺寸决定的，这里介绍一些常见作业姿势下人体尺寸。

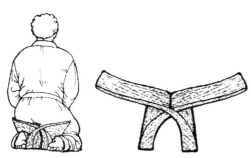

图4-2 1991年获得挪威优秀设计奖作品—禅座

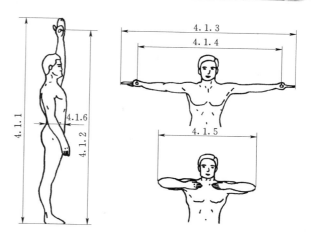

图4-3 立姿人体尺寸

（1）立姿。

立姿通常是指人站立时上体前屈角小于30°时所保持的姿势。GB/T 13547—1992给出的立姿人体尺寸有6项，其名称、意义及数据参看图4-3与附表B.2。

立姿作业的优点及缺点有以下几点。

1）立姿作业的优点。

可活动的空间增大；需经常改变体位的作业，手的力量增大，即人体能输出较大的操作力；减少作业空间，在没有座位的场所，以及显示器、控制器配置在墙壁上的情况，立姿较好。

2）立姿作业的缺点。

不易进行精确和细致的作业；不易转换操作；立姿时肌肉要作出更大的功来支持体重，容易引起疲劳；长期站立容易引起下肢静脉曲张等。对于需经常改变体位的作业；工作地的控制装置布置分散，需要手、足活动幅度较大的作业；在没有容膝空间的机台旁作业；用力较大的作业；单调的作业，应采用立姿。

（2）坐姿。

人体最合理的作业姿势就是坐姿。坐姿是指身躯伸直或稍向前倾角为10°～15°，上腿平放，下腿一般垂直地面或稍向前倾斜着地，身体处于舒适状态的体位。坐姿时，可免除人体的足踝、腰部、臀部和脊椎等关节部位受到静肌力，减少人体能耗，消除疲劳，坐姿态比站立更有利于血液循环，而且有利于保持身体的稳定。据统计，目前西方发达国家中坐着工作的人已大大超过站着工作的人，有关资料表明在那里人们的2/3工作时间是坐姿下完成。

坐姿、立姿作业的优点及缺点有以下几点。

1）坐姿作业的优点。

不易疲劳，持续工作时间长；身体稳定性好，操作精度高；手脚可以并用作业；脚蹬范围广，能正确操作。

2）坐姿作业的缺点。

活动范围小；长期坐着工作也带来了很多问题，如使人腹肌松弛、肥胖等。

对于精细而准确的作业、持续时间较长的作业、施力较小的作业、需要手和足并用的作业适合采用坐姿作业。GB/T 13547—1992给出的工作空间坐姿人体尺寸有5项，其名称、意义及数据参看图4-4与附表B.3。

（3）跪姿、俯卧姿和爬姿。

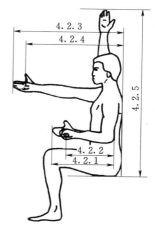

图4-4 坐姿人体尺寸

67

GB/T 13547—1992 给出的跪姿、俯卧姿、爬姿人体尺寸共 6 项，其名称、意义及数据参看图 4-5 与附表 B.4.3。

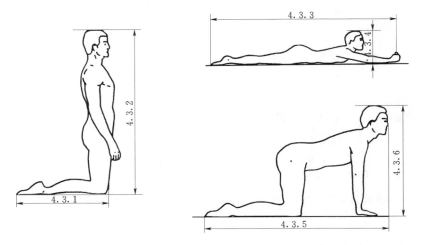

图 4-5 跪姿、俯卧姿、爬姿人体尺寸

（4）其他作业姿势。

除了坐姿、立姿等的作业外，还有许多特殊的要求限定了作业空间的大小，如环境、技术要求限定作业者的空间，或者一些维修工具的使用所要求的最小空间等。受限作业是指作业者被限定在一定的空间内进行操作。虽然这些空间狭小，但设计时还必须要满足作业者能正常作业。为此，要根据作业特点和人体尺寸设计其最小空间尺寸（见图 4-6）。

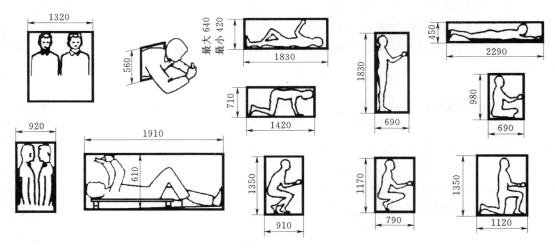

图 4-6 受限作业的空间尺寸（单位：mm）

4.1.2 坐姿下脊柱形态

图 4-7 给出人体的 6 种基本坐姿，在设计初期根据具体的工作性质和工作环境对坐姿进行设计，这也是工位设计的基础。

人体脊柱在直立时的正常生理弯曲状态的特征是：颈椎为略向前凸的弧形，胸曲为略向后凸的弧形（见图 4-7），这种脊柱弯曲形态下椎骨间的压力（即椎间盘承受的压力）是比较均匀、也比较小的正常状态。尤其值得注意的特征，是腰椎段为向前凸出的弧形，且曲度较大。

影响人体坐姿舒适度的生理因素——人体脊柱形态、体压、股骨、肩部、小腿与背肌等，其中影响程度最大的是人体脊柱形态。人只有坐在一个设计合理的座位上，才能确保正确的坐姿。

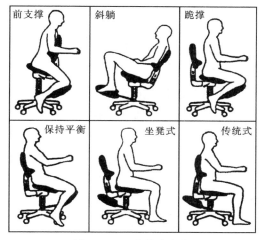

图 4-7　6种基本坐姿

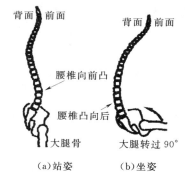

图 4-8　站姿、坐姿脊柱形态对比

坐姿引起的脊柱形态改变。图 4-8（a）还是示意地表示站立时的脊柱生理曲线，腰椎向前凸、且曲度较大。站立时大腿与脊柱都处于铅垂的方向，坐下后大腿骨连带着髋骨一起转过了 90°，如图 4-8（b）中逆时针箭头所指，于是嵌插在左右髋骨腔孔里的骶尾骨也发生了相应的转动。从而带动整个脊柱各个区段的曲度都发生一定变化，而其中以腰椎段的曲度变化最大：由向前凸趋于变直（从腰椎的局部区段看），甚至略向后凸。纳切森通过实验测试出在坐姿、立姿两种不同姿势下，人的第三根腰椎与第四根腰椎之间的压力。若站立时的压力为 100%，则直着坐时的压力为 140%，若弯着身子坐着的压力为 190%。

图 4-9 表示了 5 种靠背形式下坐姿脊柱形态对舒适性的不同影响。图中情况 A 靠背与椅面呈 90°角，脊柱形态变化使腰椎第三椎间盘压力明显增大；情况 B 靠背角度同情况 A，但在腰椎处有一支承，缓解了坐姿腰椎的形态变化，使腰椎第三椎间盘压力有所减小；情况 C 靠背有一定的后仰角度，部分上身体重由靠背分担，腰椎第三椎间盘压力小于情况 A；情况 D 靠背角度同情况 C，但腰椎处有腰靠支承，坐姿腰椎形态变化更小，所以腰椎间盘压力更小，是较理想的状态；情况 E 靠背角度仍同情况 C 和 D，但靠背支承不在腰部而是过于靠上，引起坐姿腰椎变化加剧，因此腰椎椎间盘压力又加大了。

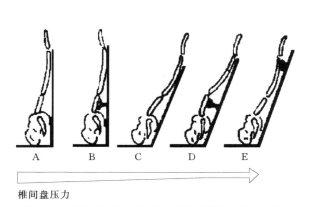

图 4-9　靠背仰角、支撑对第三根腰椎压力的影响

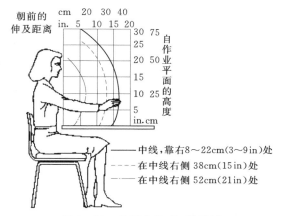

图 4-10　坐姿女性 P_5 伸及域

4.1.3　伸及域

1. 伸及域

伸及域位于作业者前方，作业者无须向前倾身或前伸就能伸及的一个三维空间范围（见图 4-10）。经常操作或触及的对象（操纵元件、工具等）应布置在伸及域内，且尽可能靠近作业者身体。正常作

业范围是指上臂自然下垂，以肘关节为中心，前臂作回旋运动时手指所触及的范围。经常使用的操纵元件应该布置在伸及域内。

2. 坐姿下手、脚操作区域

（1）巴恩斯和斯夸尔斯水平操作伸及区域。

巴恩斯以 P_{50} 男子为例进行分析伸及域。在分析正常作业区域时，假设上臂不伸展，且以肘部保持一固定点位置，前臂掠扫范围，最大操作区域是整个上肢从肩部向外伸展时掠扫范围（见图 4-11）。巴恩斯确定的正常区域是以肘部保持一固定点为前提的。

斯夸尔斯认为前臂由里侧向外侧作回转运动时，肘部位置发生一定的相随运动，手指伸及点组成的轨迹不是圆弧，是外摆线（见图 4-11）。

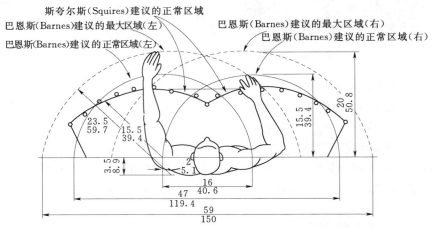

图 4-11　男子 P_{50} 在作业面上正常和最大伸及范围

（说明：图中上方数据单位是 in，下方数据单位是 cm）

（2）斯雷尔斯基的坐姿伸及域。

伊斯雷尔斯基测试了 P_5 男性在坐姿下右手最大伸及范围（见图 4-12 和附表 B.9），表中的数据是在着装较少情况下测试的，对于着装较多的实际操作需要数据修正，一般乘以 0.8；对于女性操作者乘以 0.9。

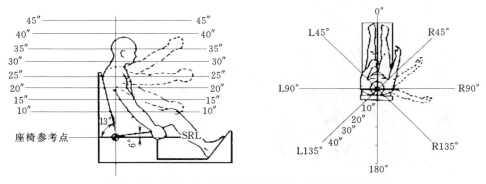

图 4-12　男子 P_5 在坐姿下右手最大伸及能力和范围

（3）科罗默的坐姿伸及域。

考虑正常操纵范围（整个手伸及区域）和舒适操作范围差异，科罗默通过实验测试给出了坐姿男性操作者手的正常和舒适操作范围（见图 4-13）以及脚的正常和舒适操作范围（见图 4-14）。

一般来说，座椅本身有前后、左右调节量，当座椅高度发生变化时，人的坐姿会发生很大差异。科罗默通过实验得出当座椅高度较低时，脚的伸及空间主要是前后；反之，则是上下方向。施力大小受到脚操作空间限制。

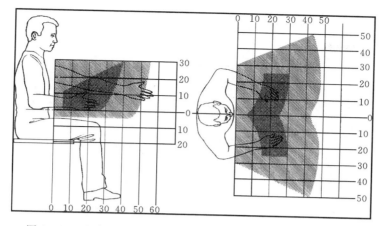

图 4-13　坐姿下男性手操作正常和舒适操作范围（单位：cm）

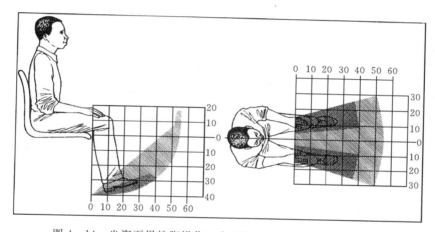

图 4-14　坐姿下男性脚操作正常和舒适操作范围（单位：cm）

3. 立姿下手操作区域

图 4-15 是立姿男性 P_5 单臂、双臂伸及范围，图中各种线型是相对正中矢状面一定距离的最大伸及域。从图中明显看到相对正中矢状面距离不同，最大伸及域则不同，双臂最大伸及域比单臂最大伸及域小。

以成年男子 P_{50} 为例（身高 1678mm），在不计鞋底厚度、标准姿势的条件下，测试出手臂操作范围（见图 4-16）。图中粗实线是最大握取范围，是以肩关节为中心，以肩关节到手掌心为半径确定的区域。肩关节到肘部区域是人体最舒适操作区域，同时也便于视力观察，采用剖面线绘制。由图 4-15 所示细实线是指尖触及范围，即

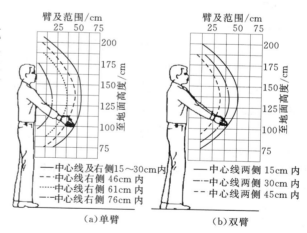

图 4-15　立姿男性 P_5 单臂、双臂最大伸及范围

最大伸及域。由于图中尺寸是在一定条件下测试，故在具体应用时应作适当修正。

4. CATIA 中伸及域

人体模型的上肢在三维空间伸展的位置，往往决定工作空间的设计以及工作空间内设备等物体的设置和设备结构的设计。CATIA 提供出上肢所能达到的所有空间位置域。

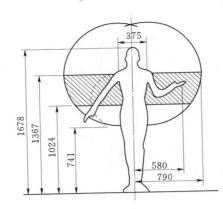
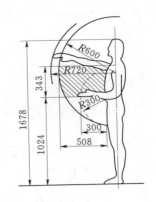

图 4-16　立姿下男性 P_{50} 手操作活动范围（单位：mm）

图 4-17　右手伸及域

将数字人调整到需要的位置和姿势，在工具栏中单击 Computes Reach Envelop（上肢伸及域）按钮，在人体模型的手或手指上单击，如选择右手，则右手所能达到的所有空间位置即右手的伸及域出现在工作区内（见图 4-17）。

在显示伸及域的状态下，如果对人体模型进行姿态的编辑，伸及域也随着人体模型部位的移动而移动。在伸及域上右击，在弹出的菜单中逐级选择 Right Reach Envelop object（右手伸及域）→Delete（删除），则伸及域被删除。

4.2　数字人体姿态编辑

CATIA 中 Human Posture Analysis（HPA，人体模型姿态分析）模块可以定性和定量地分析人的各种姿态。数字人的整个身体及各种姿态可以从各个方面被全面系统地反复检验和分析，并可以与已公布的舒适性数据库中的数据进行比较，确定相关人体的舒适度和可操作性。

通过分析可快速发现有问题的区域，进行姿态优化。HPA 允许设计人员根据自己的实际应用，建立起自己的舒适度和强度数据库设计，来满足不同的需要。具体操作步骤见图 4-18，本节将详细介绍如何进行人体模型姿态评估与优化。

创建人体模型或打开要编辑的人体模型文件。在菜单栏中逐次单击下拉菜单中的选项：Start（开始）→Ergonomics Design & Analysis（人机工程学设计与分析）→Human Posture Analysis（人体模型姿态分析）选项，单击要编辑的人体模型任意部位后，系统自动进入人体模型姿态分析界面。该界面只显示编辑的人体模型，其他隐藏。

4.2.1　姿态编辑

在已将人体模型插入画面状态下，单击工具栏中的 Posture Editor（姿态编辑）按钮，选中要编辑的部位，打开姿态编辑器的对话框（见图 4-19）。姿态编辑器的对话框分为 5 项：Segments（部位）、Degree of Freedom（自由度）、Value（数值）、Display（显示）、Predefined Postures（预定姿态）。

1. Segments（部位）

在 Segments（部位）项中可以设定预编辑的部位，也可以在人体模型上直接单击选择要编辑的部位。在列表中选择具有对称结构的部位时，在 Side（侧）项中，选择 Right（右）或 Left（左）。

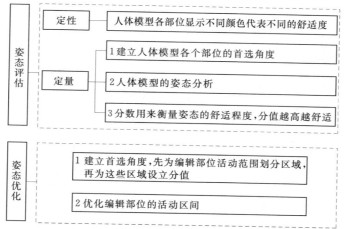

图 4-18 人体模型肢体评估与优化步骤

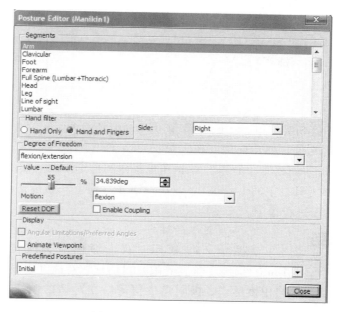

图 4-19 姿态编辑器对话框

2. Degree of Freedom（自由度）

人体模型的每一个部位都有自由度，部位不同，自由度数和自由度的运动形式也不同，一个部位最多有 3 个自由度。如果选中人体模型的右上臂，在 Degree of Freedom（自由度）项中显示了 3 个自由度：DOF1 flexion/extension（屈/伸）、DOF2 abduction/adduction（外展/内收）、DOF3 medial rotation/lateral rotation（内旋/外旋）。

3. Value（数值）

用户使用数值功能，可以精确确定人体模型某一部位转动的角度。

4. Display（显示）

· Angular Limitations（角度界限）按钮为每个自由度隐藏（默认状态）或显示角度界限（见图 4-20）。其中，绿色的箭头表示旋转角度的上极限，黄色箭头表示旋转角度的下限，蓝色的箭头表示该编辑部位的当前位置。图 4-20 因视角对上肢活动角度区域表达不够清楚，可选择画面为最佳视角观察（见图 4-21）。

· Animate Viewpoint（动画视角）选项能在某一自由度上放大显示所选择的部位，并能给该自由度提供最佳的视角（见图 4-21）。

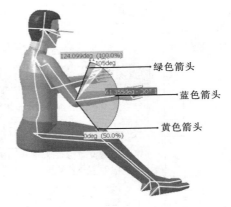

图 4-20　显示角度界限　　　　图 4-21　为所选择的右前臂提供最佳视角

5. Predefined Postures（预定姿态）

预定姿态项可以为人体模型预定姿态，在下拉菜单中有 5 种姿态可供选择（见图 4-22）：Initial（初始）、Stand（站姿）、Sit（坐姿）、Span（侧平举）、Kneel（跪姿）。

图 4-22　预定坐姿

4.2.2　角度界限

1. 自由度的选择

进入人体模型姿态分析界面后（下拉菜单 Human Posture Analysis），选择要编辑的部位，如左前臂，在工具栏点击 Edits the angular limitations and the preferred angles（编辑角度界限和首选角度） 按钮，左前臂会显示角度界限（见图 4-23）。选择工具栏中的 Locks the active DOF（锁定） 按钮，可以将编辑完毕的部位的一个自由度或多个自由度进行锁定。

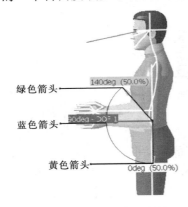

图 4-23　进入角度界限的
编辑状态

2. 角度界限的编辑

如图 4-23 所示，双击绿色箭头或黄色箭头，打开 Angular Limitations（角度界限）对话框，对话框中显示了所编辑部位的名称、自由度形式、极限角度值等。在对话框中按下 Activate manipulation（激活操作）按钮，可激活该对话框（见图 4-24），也可用鼠标拖动百分位滑动按钮来重设角度的上限、下限。

拾取 Set the angular limitations according to a percentage between 0 and 100（通过百分位数设置角度界限） 按钮可以同时对人体模型的一个或多个部位进行角度界限的设定。

如图 4-25 所示，选中预编辑的部位，可以按住 Ctrl 键不放，选择另外的部位进行多选。单击 按钮，打开设置角度界限的对话框，选择自由度并在 Percentage（百分位）项重新设定百分位数值，单击 OK 退出。编辑部位所在的自由度方向上，角度的上限、下限自动更新为同一百分位数。

4.2.3　首选角度编辑

在一定的 Degree of Freedom（DOF，即自由度）下，人体模型任何部位的活动范围都可以被划分为几个区域，这样系统就可对当前姿态进行整体和局部的合理评定。首选角度编辑器可使用户在各个 DOF 上划分区域。

1. 首选角度编辑器（Preferred Angles）

在工具栏点击 Edits the angular limitations and the preferred angles（编辑角度界限和首选角度）

74

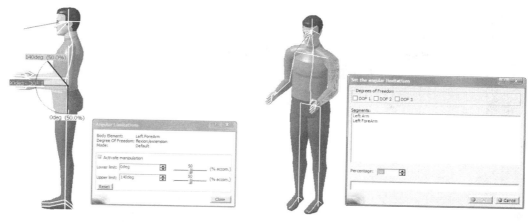

| 图 4-24　激活后的对话框 | 图 4-25　设置角度界限对话框 |

按钮，选中要编辑的部位（以左上臂为例），系统自动为该部位的编辑提供最佳视角，同时显示编辑部位的活动范围（见图 4-26）。右击上肢活动的灰色区域打开快捷菜单（见图 4-27），选择 Add（添加）项，可添加划分区域，并对添加的区域编辑特性。

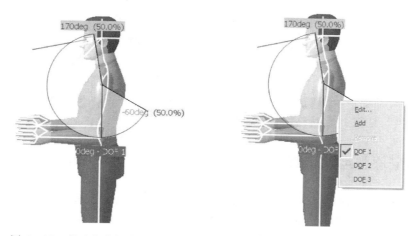

图 4-26　首选角度的待编辑状态　　　　　图 4-27　打开快捷菜单

当活动范围被划分为两个或两个以上的区域时，Remove（移除）项被激活，可根据需要移除划分的区域。选择 Edit（编辑）项，打开 Preferred angles（首选角度）对话框，可编辑所选择的红色包围的区域的特性（见图 4-28）。

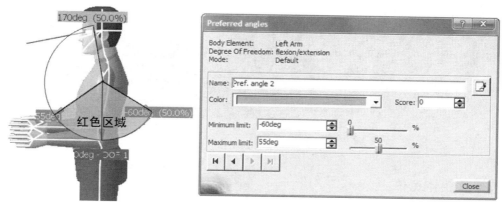

图 4-28　首选角度编辑

在首选角度编辑对话框中包括了以下内容。
- Body Element（部位）：激活部位的名称。
- Degree of Freedom（自由度）：激活的自由度。
- Name（名称）：可填入或默认编辑区域的名称。

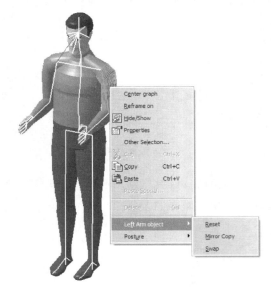

图 4 - 29　进入首选角度的高级操作

- Score（分值）：在该项中必须填入评定值，系统要根据不用部位不同区域的评定值来评估和优化人体模型的姿态。
- Color（颜色）：首选角度区域的颜色设定，在此可为不同的区域设定不同的颜色，便于用户进行姿态优化。
- Minimum/Maximum Limit（最小/最大界限）：编辑区域的极限设定。

2. 首选角度高级操作

在一个部位上右击，打开快捷菜单（见图 4 - 29），即可进入首选角度的高级操作：
- Reset（恢复）项：可使编辑部位（在其所有自由度的方向上）的首选角度恢复到默认状态。
- Mirror Copy（镜像拷贝）项：可使编辑部位（在其所有自由度的方向上）的首选角度参数被复制到对侧部位。注意：具有对称部位才能激活此项功能。

- Swap（交换）项：可使编辑部位（在其所有自由度的方向上）的首选角度的参数与对侧部位的首选角度参数对换。注意具有对称部位才能激活此项功能。

4.3　数字人体定位与运动仿真

作为成熟的 CAD/CAM 软件，CATIA 把人体测量学中的各种知识和理论直接嵌入程序内部，在实际的设计过程中，只需要将人体模型直接放入所考虑的机械设备或工程设计之中即可。对于不同的工况与工业设备，人的作业姿势也不尽相同。CATIA 可以快速、便捷地调整人体模型在不同的作业工况下的姿势姿态，以满足不同作业姿态下的空间尺寸测定和分析评价。图 4 - 30 是对飞机作业仿真评价，图 4 - 30（a）为作业工人安装机器设备，图 4 - 30（b）是整个作业空间布局分析。表 4.1 是 CATIA 人体模型的高级功能设置。

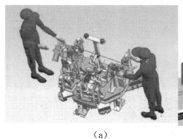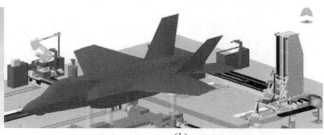

（a）　　　　　　　　　　　　　　　（b）

图 4 - 30　CATIA 作业仿真

4.3.1　人体及肢体定位
1. 人体定位

假设存在一个人体模型（参考点在右脚）站在地板的一角（见图 4 - 31），应用 Place Mode（放置功能），可以将人体模型放置到任意位置。

表 4.1　　　　　　　　　　　　　　**CATIA 中人体模型的高级功能设置**

CATIA 人体模型高级设置		功　　能
人体及肢体定位	人体定位	应用 Place Mode（放置功能），可以将人体模型放置到任意位置
	肢体定位	运用 Reach Modes（定位模式）工具栏可进行肢体定位。分为 Reach（position only）（位置定位）和 Reach（position & orientation）（位置及方向定位）两种方式
绑定与解除		绑定功能是建立人体模型肢体的某个部位与一个或几个目标之间的单向绑定关系
人体模型的约束	接触约束（Contact Constraint）	所选的两个接触点重合
	重合约束（Coincidence Constraint）	建立人体模型某部位与物体的线或面之间的约束
	锁定（Fix Constraint）	指锁定人体模型的某个部位在空间的当前位置和方向（有时仅锁定方向或位置），是约束的一种形式
	锁定于（Fix On Constraint）	指将人体模型的某个部位相对于空间的某个物体当前位置和方向锁定（有时仅锁定方向或位置），这是锁定约束的另外一种形式
干涉检验		在人机工程设计过程中，往往需要将人和机器设计在同一个空间，为了确定二者的相互位置，避免干涉，就需要进行检验
人体运动仿真		按轨迹运动是使人体模型的某个部位按照设定的轨迹运动

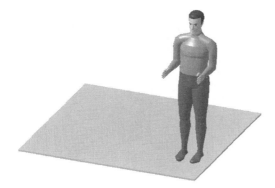

图 4-31　地板上的人体模型

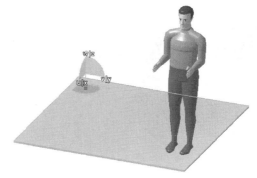

图 4-32　移动罗盘

在工具栏上单击 Place Mode（放置功能）按钮，使其高亮，将罗盘移动到需要的位置（见图 4-32）。

单击人体模型，将人体模型移动到罗盘所在的位置（见图 4-33）。拖动罗盘上的方向指示，可以对人体模型进行各个方向的移动或转动（见图 4-34）。再次单击按钮，人体模型放置完毕。

2. 肢体定位

在工作区域有一个工人和一台设备（见图 4-35），现想要把工人的右手置于设备的刹把处，选择 Reach Modes（定位模式）按钮，定位模式包括"位置定位"和"位置及方向定位"两种。

（1）Reach（position only）（位置定位）。

人体模型某个部位的最终定位仅取决于罗盘的 x 轴、y 轴或 z 轴时，则采用"位置定位"。

单击工具栏中的 Reach（position only）（位置定位）按钮，将罗盘移至刹把处（见图 4-36）。在需要移动的人体模型部位右手处单击，该部位自动移至刹把处（见图 4-37）。如果还需要对其他部位进行定位，可重复以上动作。再次单击按钮结束定位。

（2）Reach（position & orientation）（位置及方向定位）。

若人体模型的某个部位的最终定位仅取决于罗盘的所有三个坐标轴的方向，则采用"位置及方向定位"。

单击工具栏中的 Reach（position & orientation）（位置及方向定位）按钮，将罗盘移至刹把处（见图4-36），在需要移动的人体模型部位右手处单击，该部位自动移至刹把处（见图4-38）。

注意：两种定位模式主要在定位方向上是有差别的。

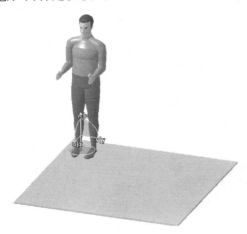

图4-33　人体模型移动至罗盘处

图4-34　转动人体模型

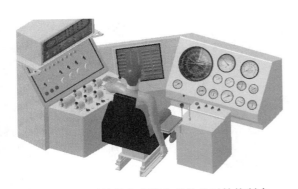

图4-35　司钻员和直流电动钻机司钻控制台

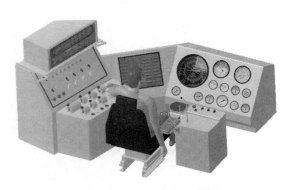

图4-36　移动罗盘至刹把

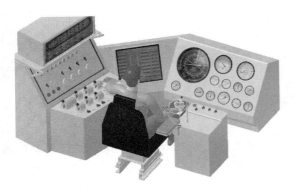

图4-37　位置定位

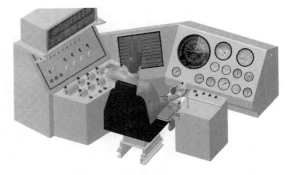

图4-38　位置及方向定位

4.3.2　绑定与解除

绑定功能是建立人体模型肢体的某个部位与一个或几个目标之间的单向绑定关系。人体是主体，目标是从体，所谓单向绑定是指目标只能随人体动，反之无效。人体部位与目标一旦绑定，则目标将随着人体部位一起移动（见图4-39和图4-40）。当需要人体某个部位与某个物体一起运动，或要求在设计空间位置时保持同一状态和位置，就要应用绑定功能。

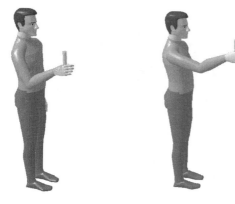

图 4 - 39　右手与圆棒绑定　　　图 4 - 40　伸展手臂　　　　图 4 - 41　绑定提示对话框

1. 绑定

在工具栏上单击 Attach/Detach（绑定/解除）按钮，选择要与人体模型某个部位绑定的物体，即在该物体上单击（以圆棒为例）。然后选中人体模型上需要与物体绑定的部位，本例中是人体模型的右手。随后弹出提示对话框（见图 4 - 41），提示圆棒将要与人体模型的右手绑定，单击对话框中的 OK 按钮，则绑定完成。当运用人体模型姿态的编辑功能对其编辑时，会发现两者将一起运动。如图 4 - 40 中人体模型伸展右臂，圆棒也随之移动。

2. 解除

如果需要解除绑定，再次单击 Attach/Detach（绑定/解除）按钮，然后在物体（圆棒）上单击，出现如图 4 - 42 所示的提示对话框，单击 Detach Object（解除绑定物体）按钮，会再次出现提示对话框（见图 4 - 43），提示解除成功，单击确定按钮，则绑定解除（见图 4 - 44）。在此情况下，对人体模型进行编辑，圆棒不再随手臂的运动而运动。

图 4 - 42　解除绑定　　　　图 4 - 43　提示对话框　　　　图 4 - 44　绑定解除提示对话框

4.3.3　人体模型的约束

约束是建立人体模型与被研究对象之间的关系，CATIA 中约束包括"点与点约束"和"线与面约束"。约束菜单需要加载才能使用，在下拉菜单 Tools（工具）→Customize（定制）菜单→Toolbars（工具条），出现图 4 - 45 左方菜单。拾取 New 出现 New Toolbars 对话框，按图中选项后画面弹出约束图表菜单。

1. 常规选项

在下拉菜单 Tools（工具）→Options（选项）菜单，然后在 Options（选项）对话框的左侧树状目录中选择 Ergonomics Design & Analysis（人机工程学设计与分析）→Human Builder（建立人体模型）条目（见图 4 - 46）。

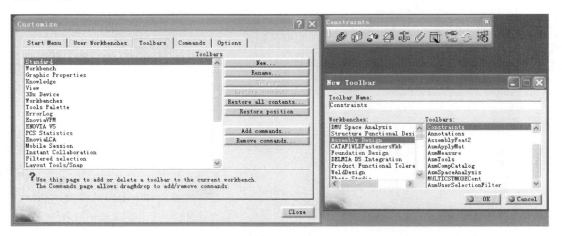

图 4 - 45   调入约束图标菜单

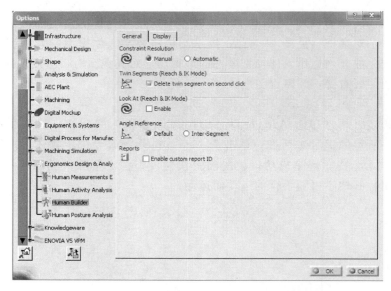

图 4 - 46   常规设置选项对话框

在 Constraint Resolution（约束的确定）栏提供了 Manual（手动）和 Automatic（自动）两种刷新方案。在默认情况下，图 4 - 47 中的 Constraints（约束）栏给出了约束的显示颜色。

如果需要改变，可以在下列某一项中的下拉颜色表中选择。

- Updated and Resolved（刷新和确认）：默认绿色，显示约束被确认。
- Updated and Not Resolved（刷新和不确认）：默认红色，显示约束未被确认。
- Not Updated（未刷新）：默认黑色，显示约束还未被刷新。
- Inactive（休眠）：默认黄色，显示约束不再是激活状态。
- Temporary（暂时）：默认橘红色，显示约束是暂时的。
- Normal vectors（法向向量）：默认绿色，显示约束的法向向量。

应用人体模型的约束功能，可以使人体模型在 IK 模式中，精确地达到用户要求的姿态。

2. 接触约束（Contact Constraint）

单击工具栏中的 Contact Constraint（接触约束）按钮，在人体模型上选中要与物体接触的一点（本例为左脚掌），在物体上选择一个接触点（本例为台阶上的一点），此时工作区域内显示出两点

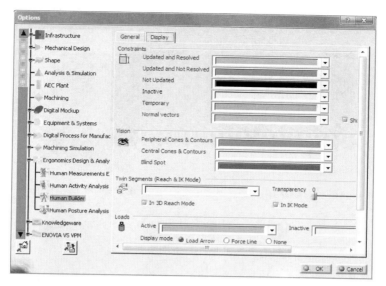

图 4-47　约束的显示颜色

间的距离（见图 4-48）。单击 Updates all Constraints and Manikin Representations（刷新所有约束和人体模型表述）⊘ 按钮，确认约束，则所选的两个接触点就会重合，接触约束完成（见图 4-49）。

图 4-48　选择接触点

图 4-49　接触约束

3. 重合约束（Coincidence Constraint）

重合约束是建立人体模型某部位与物体的线或面之间的约束。在建立约束时，假设物体的线是无限长的，面也是无限大的，当约束建立后，只要选中的人体模型的部位末端的法向与线或面的法向的方向一致，则认为是"重合"的。

单击工具栏中的 Coincidence Constraint（重合约束）⊘ 按钮，如图 4-50 所示，选择人体模型的某一部位（本例选择右手掌），然后选择物体上的一条边或者一个面（本例选择一个面）。单击 Updates all Constraints and Manikin Representations（刷新所有约束和人体模型表述）⊘ 按钮，确认约束，重合约束完成（见图 4-51）。

4. 锁定（Fix Constraint）

锁定是指锁定人体模型的某个部位在空间的当前位置和方向（有时仅锁定方向或位置），是约束的一种形式。

单击 Fix Constraint（锁定）🔒 按钮，如图 4-52（a）所示，选中锁定的部位（本例选择左手掌），在锁定约束确认之前，改变人体模型姿势，人体部位锁定点与空间锁定点有一黑线相连［见图 4-52（b）］。单击 Updates all Constraints and Manikin Representations（刷新所有约束和人体模型

81

表述）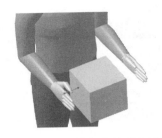 按钮，确认约束，锁定完成。确认约束后人体模型需要锁定的部位将回到起初锁定位置 [见图 4 - 52 （c）]。

图 4 - 50　选择被约束的两个元素　　　　图 4 - 51　重合约束

（a）选择锁定的部位　　　　　（b）锁定确认前　　　　　（c）锁定确认后

图 4 - 52　锁定

5. **锁定于物体（Fix On Constraint）**

锁定于物体是指将人体模型的某个部位相对于空间的某个物体于当前位置和方向锁定（有时仅锁定方向或位置），这是锁定约束的另外一种形式。

单击 Fix On Constraint（锁定于）⌐按钮 [见图 4 - 53 （a）]，选中锁定的部位（本例为右手掌），再选中与右手保持位置不变的物体，在锁定约束确认之前，移动人体模型，人体部位锁定点与空间锁定点间有一黑线相连 [见图 4 - 53 （b）]。单击 Updates all Constraints and Manikin Representations（刷新所有约束和人体模型表述） 按钮，确认约束，锁定完成。确认约束后人体模型需要锁定的部位将回到起初锁定位置 [见图 4 - 53 （c）]。

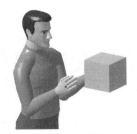　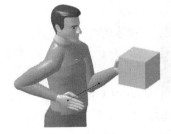　

（a）选择右手掌和盒子　　　　　（b）确认前　　　　　（c）确认后

图 4 - 53　锁定于物体

4.3.4　干涉检验

在人机工程设计过程中，往往需要将人和机器设计在同一个空间，为了确定二者的相互位置，避免干涉，就需要进行检验。CATIA 提供了 Clash Detection（干涉检验） 功能。在进行检验前首先要进行必要的设置。

在主菜单中逐次选中 Tools（工具）→Options（选项）菜单，弹出 Options（选项）对话框，在左侧的树状目录中选中 Digital Mockup（数字模型）→树状目录 DMU Fitting（DMU 配置），右侧展开，在 DMU Manipulation（DMU 处理）栏内的 Clash Feedback（干涉反馈）选项栏中激活 Clash Beep（干涉提示），如图 4-54 所示。

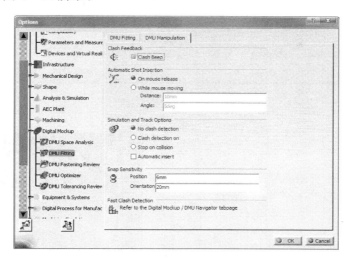

图 4-54　选项对话框

假设存在如图 4-55 所示的人体模型和设备，单击 Clash Detection（On）（打开干涉检验）按钮，移动人体模型使之与设备出现重合部分，则干涉部分出现高亮轮廓（见图 4-56）。如果要使图 4-56 中的人体模型和设备在设计中避免干涉，并且在相互接触时停止移动，可应用 Clash Detection（Stop）（终止干涉）功能。

单击按钮，拖动人体模型向设备靠近，当人体模型与设备接触时，人体就不会再往前移动。如果继续移动罗盘，则只显示干涉部分的高亮轮廓（见图 4-57）。

如果在干涉检验后，不需要再进行干涉检验了，单击 Clash Detection（Off）（关闭干涉检验）按钮，再拖动人体模型，干涉部分不再显示（见图 4-58）。

图 4-55　人体模型和设备　　图 4-56　干涉检验　　图 4-57　终止干涉　　图 4-58　关闭干涉检验

4.3.5　人体运动仿真

人体运动仿真是使人体模型的某个部位按照设定的轨迹运动，模拟仿真一些动作。下面以一个人用右手擦黑板仿真来说明使用过程，打开范例中人体运动仿真目录中 chb 文件，单击 Attach/Detach（绑定/解除）按钮，依次选择黑板擦和人体模型的右手。在弹出的 Attach/Detach（绑定/解除）提示栏中单击 OK 按钮，将黑板擦和右手绑定。

单击 Track（轨迹）按钮，随之弹出 Recorder（记录）工具栏（见图 4-59）、Manipulation（操作）工具栏（见图 4-60）、Player（播放器）工具栏（见图 4-61）和 Track（轨迹）对话框（见图 4-62）。

图 4-59 记录工具栏　　　　　　图 4-60 操作工具栏

图 4-61 播放器工具栏

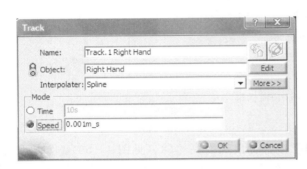

图 4-62 轨迹对话框

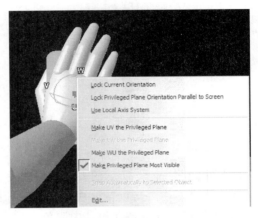

图 4-63 菜单选择

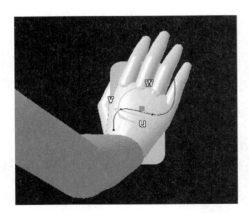

图 4-64 运动轨迹

在轨迹对话框中的 Object（目标）栏中选中需要移动的人体模型部位（本例选择右手），在 Interpolated 中选择移动的形式 [本例选择 Spline（曲线）]。在 Mode 栏可以设置运动的 Time（时间）和 Speed（速度）。

在右手的罗盘处点击鼠标右键，如图 4-63 在弹出的菜单中选择 Make Privileged Plane Most Visible（使特殊平面视野最佳）。双击 Record（记录）按钮，使该按钮高亮。将光标置于罗盘内部（不应点击中间红点），按住鼠标左键拖动罗盘，右手和黑板擦将随之运动，移动的轨迹将成为仿真运动的轨迹。单击 Record（记录）按钮，操作播放器，即可播放如图 4-64 所示被记忆的仿真运动轨迹。

4.4　作业姿势与施力

不同的任务均可能需要作全身运动，往往需要同时向外施力，这种运动可能会引起较高的局部机械压力，在一定时间后可能会导致身体酸痛。运动还会使人感觉肌肉、心脏和肺部活动压力。

图 4-65 是两种收割姿势，图 4-65（a）是我国传统收割方式——脸朝黄土背朝天，弯腰超过90°，左手抓住庄稼，右手挥动镰刀割断庄稼秆，这种作业姿势最累的是弯腰，属于静态施力。时间一长就得直腰休息一下。图 4-65（b）是我国少数民族和国外的收割方式，手把足够长，直身向前左右挥舞镰刀，铲断的庄稼秆便整齐依次向一侧倒下，大大减小劳动强度，并提高工效。由此可见，作业姿势与施力以及施力效率有关，在这里我们就抬起、搬运、拉和推等作业姿势的合理性进行讨论。

(a)弯腰收割   (b)直立推铲

图4-65 两种收割姿势对比

4.4.1 抬起物品

尽管有机械化和自动化的设备，仍然有许多工作经常需要用到人力抬，而满足一定的人机工程学要求的人力抬起姿势才是可以接受的。美国国家职业安全与健康研究所（National Institute for Occupational Safety and Health，NIOSH）研究表明，在某种环境优化条件下，一个人可能提升最大物体的重量不超过23kg。然而，抬起条件实际上几乎不可能是最优的，在这种情况下最大允许重量就要大大减少。如果要在身体前面远离身体的地方提起搬运物，在垂直方向上移动距离较大时，重量不应超过几公斤。

1. 建立正确的抬起动作

有时一个人多多少少能够自由地选择抬起的动作。在这样的情况下，之前的训练将确保在抬起活动时采取最好的、可能的姿势。另一方面，不应该过高地估计信息和训练的益处。在实践中，由于工作地点的限制，改良地抬起技术通常是不可行的。

经过训练和不断地重复后，根深蒂固的习惯和动作才能改变。具体可以从下面几个方面对人进行训练，以建立良好的习惯。

（1）评定搬运物和确定它的运动路线，考虑寻求其他人的帮助或者使用抬起工具。

（2）在没有任何其他额外帮助而搬运物又必须被抬起的地方，直接站在搬运物的前面，确信脚站在了稳定的位置，令搬运物尽可能地靠近自己的身体，用双手抓紧重物，一定要用整只手而不是仅用几根手指。

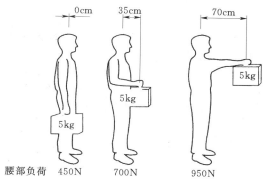

图4-66 腰部负荷与手到身体的距离

（3）当抬起时，保持搬运物尽可能近地靠近身体，以免增加腰部负荷（见图4-66）。

直着身体平稳的移动，避免扭转躯干。当抬起负载时必须避免扭转身体，可以通过托起搬运物或者挪动脚步来代替扭转身体（见图4-67）。

2. 抬起重物

抬起重物时减轻背部压力是很重要的。图4-68所示的重物大约20kg，图4-68（a）所示的向前弯腰的动作，将图4-68（b）所示动作增加30%的后背压力。这说明弯腰抬起搬运物并且在负载和腰部之间有一段较大的水平距离，比后背直着并且水平距离较小时危险得多。

图4-69是两种抬重姿势对比，图4-69（a）中弯腰状态下，整个脊柱受力属于弯曲变形，椎间盘内侧（腹侧）压力远远大于外侧（背侧）压力，抬重时需要脊柱外侧肌腱收缩力完成，这种抬重状态很容易受伤。

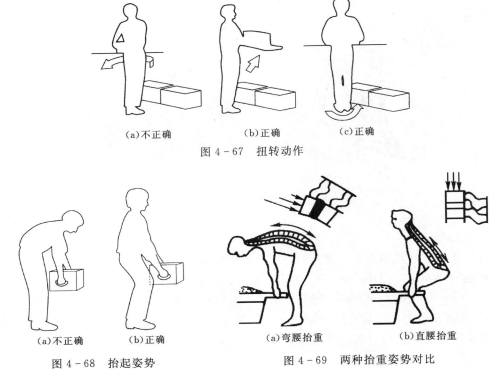

(a)不正确　　(b)正确　　(c)正确

图 4 - 67　扭转动作

(a)不正确　　(b)正确

图 4 - 68　抬起姿势

(a)弯腰抬重　　(b)直腰抬重

图 4 - 69　两种抬重姿势对比

图 4 - 69（b）状态下脊柱属于轴向受压，椎间盘压力基本均衡，主要靠腿力、胳膊、手力抬起重物，不容易使腰部受伤。因此，在设计时可以增高手柄高度或使抬箱位于一定高度都可改善工效。表 4.2 给出施力点适宜高度建议值。

表 4.2　中等身材成年男子施力点适宜高度

说明	双手提起重物	用手扳动杠杆	向下施加压力	手摇摇柄手轮	向下锤打	水平方向锤打	水平方向拉拽	向下拉拽
图示	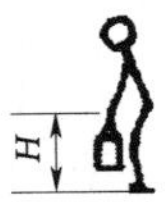		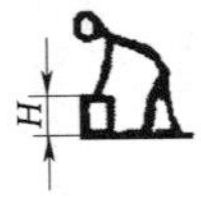	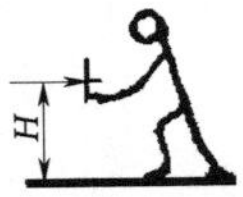				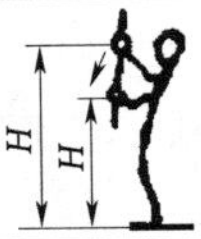
适宜高度 H/mm	500~600	≈750	400~700	800~900	400~800	900~1000	850~950	1200~1700

如果搬运物太重，不能由一个人抬起时，应该由几个人配合完成。合作者必须有相近的高度、力量，并且必须能够很好地合作（见图 4 - 70）。其中之一是必须协调抬起活动，这将避免意外情况的发生。

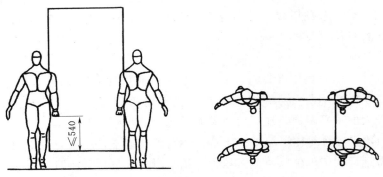

≤540

图 4 - 70　多人搬运重物（单位：mm）

有大量的设备和工具帮助人不必用手完成搬运，可以使用搬运工具例如杠杆、升降台、滚动输送器、输送带、装有脚轮的小车和移动升降台。图4-71给出了几个实例，图4-71（a）为工厂车间使用的简易起重机，图4-71（b）为抬重物用的平行升降台，图4-71（c）为移动病人专用升降机，图4-71（d）为利用特定装置抬起石块。

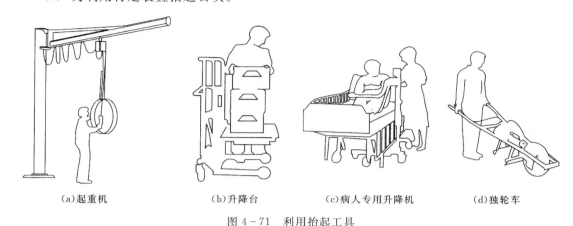

（a）起重机 　　（b）升降台 　　（c）病人专用升降机 　　（d）独轮车

图4-71　利用抬起工具

3. 被抬起物品形状应便于抓抱

（1）被搬运物的外形与尺寸应与人体尺寸相匹配。

搬运物的尺寸必须尽可能小以便能够靠近身体。如果搬运物必须从地板上抬起，必须确保搬运物能够在两膝盖之间移动。搬运物不应该有任何锋利的边角，触摸起来也不能太热或太冷。对于特殊的搬运物，例如危险液体的容器或者医院病人，在抬起时应该额外注意，例如采取特殊安全预防措施和设计抬起操作。如果一个人抬起一个事先重量未知的物体，理想的方法是事先给重物贴上标签指示重量和提出警告。

（2）被搬运物应设计合适的把手。

搬运物应该有两个合适的把手以便双手能够抓紧和抬起，应该避免用手指抓紧搬运物［见图4-72（a）］，因为这样使不上劲。手柄布置的位置应该在抬起时搬运物不会扭曲。

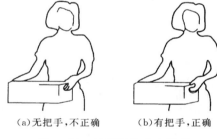

（a）无把手，不正确 　　（b）有把手，正确

图4-72　被搬运物应有把手

4. 单个搬运物的重量应适当

必须谨慎地选择搬运物的重量（例如，包装的单位重量）。一方面，在正常情况下不应该超越国家职业安全与健康研究所的推荐值；另一方面，搬运物的重量也不能太轻，否则就会增加抬起的次数。如果单一搬运物太轻，就可能出现多个搬运物同时举起的情况，这也是危险的。

4.4.2　运送物品

抬起重物后，有时必须用手搬运。通常，搬着重物行走是既受机械压力又需要用力。搬着重物的结果就是肌肉会承受持续的机械压力，这特别会影响胳膊和背部的肌肉，移动整个身体和重物都会消耗能量，运送搬运物要考虑抬起重量和搬运物的重量，几种搬运方式能耗对比见表4.3。

为了减少机械压力和能量消耗，搬运物必须与身体保持尽可能地靠近。所以小的、紧凑的搬运物比大的更好。使用诸如背包和轭状物的工具有可能使搬运物离身体更近。搬运物应该有设计合理的、没有锋利棱角的把手，作为选择，可以使用吊钩这样的工具。

一个人抬起高的搬运物时，必然会屈臂以避免重物碰到自己的腿，这将导致手臂、肩膀和后背肌肉额外的疲劳。所以，必须限制搬运物高度上的尺寸（见图4-73）。

若必须搬运高的搬运物，应在物品下部设计把手，同时，限定物体的高度尺寸，不能遮住搬运者的眼睛（见图4-74）。

表 4.3   几种搬运方式能耗对比（负重 30kg，行走 1000m）

搬运方式	一前一后跨肩负荷	头顶	背包在背	背包带套挂前额	用手拽住背包	扁担挑	双手提
图示							
能量消耗 /kJ	23.5	24	26	27	29	30	34
相对值	100	102	111	115	123	128	145

注 另有文献指出用扁担肩挑行走时能具有较好的节奏性，因而有利于减少能耗，缓解疲劳。

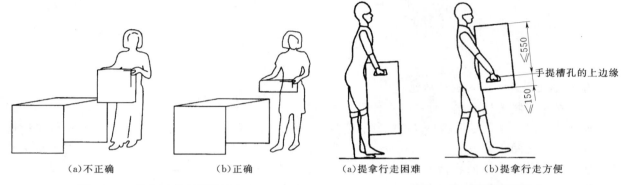

（a）不正确   （b）正确   （a）提拿行走困难   （b）提拿行走方便

图 4-73 避免运送高的搬运物   图 4-74 两种搬运形式

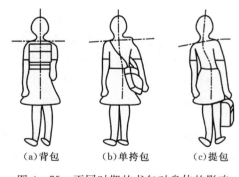

（a）背包   （b）单挎包   （c）提包

图 4-75 不同时期的书包对身体的影响

当只用一只手搬运重物时，身体将承受一个不平衡的力。书包、手提箱和购物包都是典型的例子（见图 4-75）。为避免用一只手搬运重物，其解决的方法是搬运两个稍轻的重物（每只手一个）或者使用背包。

4.4.3 拉和推送物品

推拉动作主要由手臂、肩膀和背部施力完成。当推时，身体应该向前倾，而拉时则应该向后仰。地面和鞋之间必须有足够大的摩擦力以便实现推拉，也必须有足够大的空间允许腿保持如图 4-76 所示的姿势。在推拉时，脚踝最后部和手的水平距离必须至少到 120cm。正确的推拉姿势是利用自己身体的重量。

推拉物品时最好利用小车完成工作，小车的设计必须注意下面几个问题。

1. 限制推和拉的力

当推拉一小车使其运动时，施加的力不应该超过 200N，以防止背部产生较大的机械压力。如果推车保持运动超过 1min，可允许的推力或拉力降到 100N（见图 4-76）。

2. 有足够的容脚空间

当拉时，小车的下面也必须有足够的空间用来放置手正下方的前脚（见图 4-76）。

3. 在小车上安装把手

小车应该装有合适的把手以便双手能够充足的施力。用于推拉的把手的尺寸如图 4-77 所示。把手必须是圆筒状的。竖直的把手的理想高度在 90～120cm，因为当保持正确的推拉姿势时双手能够处在合适的高度。

图 4-76 推拉小车时利用身体的重量

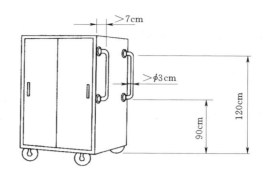

图 4-77 小车把手推荐值

4. 小车应该安装旋转车轮

在硬地表面使用的小车必须安装大的、硬的车轮，因为它能限制由于地面不平引起的阻力。应该安装两个旋转车轮以实现较好的机动性，车轮应该安置在被推拉的一边，也就是说安装把手的地方。安装 4 个旋转车轮是不明智的，因为这样要连续不断的掌控方向。装满货物的小车高度不应该超过 130cm，以便大多数人在推拉时能够查看货物。

5. 确保地面坚硬和平整

如果可能的话，避免抬起小车越过任何凸起的地方，例如路边。如果不可避免，小车应该安装水平把手，并且抬起的重量不应该超过前面抬起物品时限制的重量。在实践中，小车总重量（包括载重）达到 700kg 或更多时不应该用手来推拉。允许的重量取决于小车的类型、地板种类、车轮等。另外也可以选择使用各种类型的机动化小车。

4.5 作业姿势的研究方法

针对工位姿势的研究方法主要分为姿势观察法、仪器测试法和主观评价反馈法。

1. 姿势观察法

比较有价值的研究方法有 RULA 法（上肢快速评估法）、Priel 法（普里尔法）、姿势靶标定位法（科勒特法）、Gil 法（吉尔法）、OWAS 法、REBA 法（全身快速评估法）、NIOSH 提升分析。

（1）RULA 法（上肢快速评估法）。

PULA 法是观察作业周期内最频繁使用关节，观察在作业中关节处于极限角度时的身体和上肢的姿势，依据关节当前角度对各关节打分，得到最终分数为评价值。实施 RULA 方法以此找出分数最低项，降低该动作级别（见表 4.4），以降低肌骨失常症的危险。

表 4.4　　　　　　　　　　人 体 动 作 级 别

级别	动作部位和特点	操作工作举例
1	手指动作	键盘操作、织毛衣
2	手指和手腕动作	茶叶等级分检、小产品的测量、装配
3	手指、手腕和前臂的动作	服装流水线上的缝纫、小件检测、包装、车辆和工程机械的驾驶和操纵、采茶
4	手指、手腕、前臂和上臂的动作	中小产品装箱、非重型钳工修配、卫生清扫
5	手指、手腕、前臂、上臂和肩部的动作	大中产品装箱与搬运、建筑工地劳动

注　"动作部位"指完成主要操作功能的人体部位，不包括起配合作用的辅助动作部位。

导致上肢不适的因素很多，除了作业姿势因素（整个身体姿势、手腕姿势、手臂姿势等），还受到关节使用频率、上肢施力大小、在整个作业周期内姿势变动情况等因素影响。

（2）Priel 法（普里尔法）。

Priel 法是研究人员通过观察分析，将作业姿势绘制成草图，在 3 个正交参考面体系中分析对比 14 个肢体段工作位置（双手、双前臂、双上臂、双大腿、双小腿、双脚、颈部、头部位置），找出活动最频繁的肢体段与其活动范围。该方法不适于记录动态活动。

（3）姿势靶标定位法（科勒特法）。

姿势靶标定位法是针对高度重复性工作进行分析，以 4 个同心圆描述头部、颈部、上下肢在作业周期中位置，相对于标准姿势变化量记录得到作业人体活动范围。

（4）Gil 法（吉尔法）。

Gil 法是以 15°为增量记录矢状面上躯干、大腿、小腿、上臂之间角度，分析姿势对舒适度的影响。

（5）OWAS 法。

OWAS 法是芬兰 Ovako 钢铁公司与芬兰职业健康研究所对钢铁公司各个岗位工人的作业姿势进行研究，提出 OWAS 方法记录整个身体姿势、躯干姿势、上肢姿势、下肢姿势，可以定性描述身体姿势状态，帮助识别不良作业姿势（见图 4-78）。

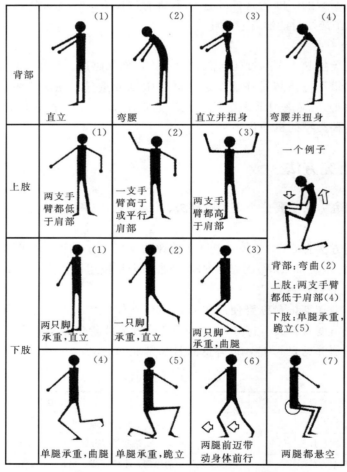

图 4-78　OWAS 法中定义的各种姿势

（6）REBA 法（全身快速评估法）。

REBA 法是在矢状面上对不同姿势下躯干、颈部、上臂、前臂、腕部、腿部标记相应分值，同时考虑各种姿势下身体负荷，最后得到某一特定姿势下"PEBA"分值，以确定不同姿势的合理程度。

2. NIOSH 提升分析法

NIOSH (National Institute for Occupational Safety and Health) 是美国国家职业安全和健康协会的简称。NIOSH 提升分析法主要针对工人双手搬起重物作业，以避免或减轻工人背部损伤进行研究，给出"提升方程计算式"对工人举升重物能力进行评估，提升方程的输出结果为许用负载极限 RWL 和 LI (LI 是被举升物体重量与许用负载极限之比)。RWL 值适用于男性和 90% 女性工人的负载极限。在理想状况下，若所有的风险系数均为 1.0，则 RWL 值通常指定为 23 kg。LI 是对被分析的提升任务有关的体力强度的相对估计。设计人员根据确定风险系数的值来计算提升分析的 RWL 值，使得设计人员在设计一项任务时确保被举升重物在工人能够承重的范围之内。

3. 仪器测试法

早期记录姿势主要通过笔纸，现在可以借助计算机和人机实验仪器动态捕捉姿势进行分析研究，结合计算机、光学扫描系统、声波电磁系统、脑电事件相关电位 (EEG/ERP) 分析系统，可以用来研究各种姿势对舒适度影响。

4. 主观评价反馈法

舒适度研究除了采用脑电事件相关电位 (EEG/ERP) 分析系统，还可以采用被测试者反馈各种姿势舒适度的主观评价方法，具体采用提问法、问卷法等。

本章学习要点

本章从人体作业姿势入手，探讨确定人的伸及域和最大伸及范围的方法，并以 CATIA 中人机分析模块为工具，结合第 3 章人体关节活动范围形象介绍作业姿势的评价、分析方法。最后探讨常见作业姿势与施力的关系和特点。

说明：本章是为便于读者今后将人机工程学理论知识适用于人体姿态、运动分析中，选择 CATIA 中人机分析模块作为工具对人肢体定位、作业姿势以及对人体运动进行仿真，目的是掌握一种方法将学习的理论用于实践，对将来使用其他工具进行分析起到引导作用。

通过本章学习应该掌握以下要点。

（1）简述常见作业姿势的特点及使用场合。

（2）重点掌握从人的伸及域和最大伸及范围确定方法。

（3）熟练掌握 CATIA 中数字人体姿势编辑方法。

（4）了解 CATIA 中人体定位与运动仿真的方法。

（5）掌握作业姿势与肢体施力的关系、施力特性以及限制因素，理解人体作业姿势与产品设计的关系。

（6）能熟练运用 CATIA 中人机分析模块为工具，针对具体实际问题进行作业姿势分析的方法。

思考题

（1）试以图 7-16 中布劳耶设计的躺椅为例，图示说明人体姿势与产品设计的关系。

（2）如何选择作业姿势并确定作业区域的大小，试选择操作一产品为例说明。

（3）从作业姿势的角度考虑，影响工效的因素有哪些？

（4）查阅资料，总结肢体合理施力的方法有哪些？如何解决工作姿势不良问题？

（5）自己任选择一产品，试分析人在使用产品时的姿态，并使用 CATIA 软件对作业姿势进行分析。

（6）查阅有关作业姿势的文献，试举例说明如何以作业姿势为线索设计产品的形态。

第5章 人体工位设计

若在设计之初以系统设计理念，及早考虑人机因素影响，就可以及时排除因设计导致作业者不良姿势的可能性。通过前面的分析可以看出产品的形态其实在很大程度上是由用户使用方式和状态决定的，产品设计应该根据用户设计调查和人机工程学理论知识先设计使用方式和使用状态，其次再以人体尺寸为参照物确定作业空间、抓握空间等，而得到的除去操作空间的部分就是对应产品的形态，产品的功能尺寸也就得到了。由此可见，产品的形态与工作空间有关。图5-1（a）是一坐、立姿作业工人印刷电路板的作业姿势，图5-2（b）是在总格空间划出作业空间后留下阴影部分就是控制台面的形态和尺寸了。

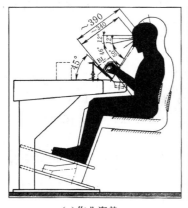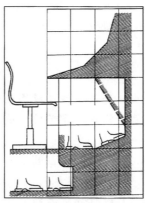

（a）作业姿势　　　　（b）工作台面形态

图5-1　作业姿势与产品形态

图5-2　石油钻机司钻员作业空间

工作空间是人操作机器时所需要的活动空间，加上机器、设备、工具、用具、被加工物件所占有空间的总和（见图5-2）。工作空间设计包括：作业场所设计、工位设计以及座椅设计。工位（工作岗位）是保证单个作业者获得省力、高效和舒适的作业空间、作业机具和作业环境。工位设计包括作业区域布局设计、作业台面设计，本章主要介绍作业台面设计。

5.1　工位姿势选择

在人体工位设计之前应该设计或选择工位姿势。众所周知，在作业时长期保持一个姿势会导致肌肉和关节疼痛，而工位姿势的选择要考虑工作本身特点。常见的工位姿势有坐姿、站姿、坐立交替姿势和其他特殊作业姿势等。坐立交替的作业姿势有利于人的健康和减轻局部肌肉疲劳，是优先采用的工位姿势。

图5-3是一款计算机用户可以根据自身特点方便调解高度、伸及域的专业操作计算机座椅，配上可以升降的计算机托架，用户可以方便调节工位姿势（坐姿、立姿、坐立交替姿），缓解局部肌肉疲劳，提高工作效率。

图5-4给出工位姿势选择的流程。根据工作类型是否需要移动选择站姿或其他工作姿势，再根据工作本身轻重选择是否配置高脚凳，最后根据需要容脚空间大小和站立次数决定坐姿还是坐立交替姿势。

图 5-3 适于坐立姿交替作业的工作椅　　　图 5-4 人体工位姿势选择

在上述基本原则的基础上,对于长时间工作、集中精力思考、精细工作;手脚同时需要参加工作或经常需要完成前伸超过高于工作面 41cm 以上工作;或高于工作面 15cm 的重复操作的工作,尽量设计为坐姿工作。坐姿工位一般适于操纵范围和操纵力不大,精细的或需稳定连续进行的工作。对于计算机操作人员、控制管理人员等多数采用坐姿作业。

立姿作业适于在较大作业场所频繁走动,操纵范围和操纵力大,非连续的短时间工作。例如工厂装配工人、航空客运部门工作人员多采用立姿作业。

因工作任务的性质要求操作者在作业过程中采用不同的工位姿势来完成,例如,既要求坐姿的稳定体位以提高操作的精确度,又要求体位易于改变的作业方式,可以采用坐姿、立姿交替作业岗位。

5.2 工位尺寸设计

工位尺寸应该满足作业者进行各种操纵器件所需要的必要活动范围,结合人在不同姿势下活动范围,GB/T 16251—1996 给出了工作空间设计的一般原则,具体原则如下。

(1) 操作高度适合于操作者的身体尺寸及工作类型,座位、工作面(工作台)保证躯干自然直立的身体姿势,身体重量得到适当支撑,两肘置于身体两侧,前臂呈水平状。

(2) 座位调节到适合于人的解剖、生理特点。

(3) 身体、头、手臂、手、腿、脚有足够的活动空间。

(4) 操纵装置设置在肌体功能易达或可及的空间,显示装置按功能重要性和使用频度布置在最佳或有效视区内。

(5) 把手和手柄适合于手功能的解剖学特性。

一般来说,对于坐姿工作人员每个人至少要保证 12m³ 以上的空间,不以坐姿为主的作业人员要有 15m³ 以上的空间,以重体力作业者至少要保证 18m³ 以上的空间才能正常作业。这里给出的是前人分析总结的结果,随着人们生活质量的不断提高,人体自身尺寸会发生变化,因此,用户进行工位设计时最好参考第 2 章人体尺寸分析得到相关尺寸,最后以本章介绍的推荐值进行校核。

5.2.1 确定工位尺寸

通常按照作业姿势或作业性质确定工位尺寸。常见的工位分为坐姿岗位、立姿岗位、坐立姿交替岗位。另一种分类是按照作业性质将作业分为Ⅰ类（使用视力为主的手工精细作业）、Ⅱ类（使用臂力为主，对视力要求一般的作业）和Ⅲ类（兼顾视力和臂力的作业）。

1. 按工位姿势确定

选择合理人体尺寸百分位数，依据作业姿势绘制作业图，计算出坐姿、立姿、坐立姿时工位基本尺寸（见图 5-5～图 5-7 以及表 5.1）。

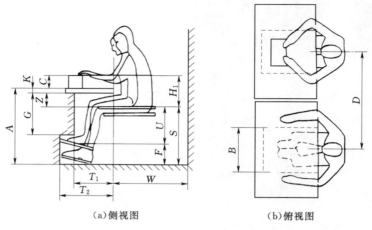

（a）侧视图　　　　　　　　　　（b）俯视图

图 5-5　坐姿作业

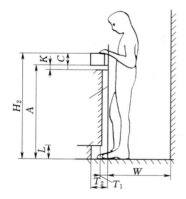

图 5-6　立姿作业

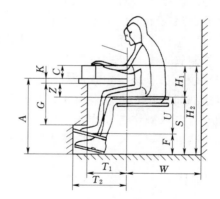

图 5-7　坐立姿交替作业

表 5.1　　　　　　　　　　　　**工位尺寸建议值**　　　　　　　　　　单位：mm

尺 寸 符 号	坐 姿 岗 位	立 姿 岗 位	坐立姿岗位交替
横向活动间距 D	≥1000		
向后活动间距 W	≥1000		
腿部空间进深 T_1	≥300	≥80	≥300
脚空间进深 T_2	≥530	≥150	≥530
坐姿腿空间高度 G	≤340	—	≤340
立姿脚空间高度 L	—	≥120	—
腿部空间宽度 B	≥480	—	480≤B≤800
			700≤B≤800

2. 按作业性质确定

作业性质是正确确定作业台面高度的基本依据。对于精密作业，需要使用视力为主，工作对象离人的头部应该近些；对于轻体力作业，作业台面高度设计在立姿肘部左右；对于重体力作业，需要挥动手臂，甚至借助腰力，作业台面高度应低于立姿肘部位置处。参考图 5-8～图 5-10 和表 5.2 给出考虑作业性质时工作岗位尺寸参考值。

表 5.2 考虑作业性质工位尺寸建议值 单位：mm

类别	举例	坐姿岗位相对高度 H_1				立姿岗位相对高度 H_2			
		P_5		P_{95}		P_5		P_{95}	
		女（W）	男（M）	女（W）	男（M）	女（W）	男（M）	女（W）	男（M）
I	调整作业 检验工作 精密元件装配	400	450	500	550	1050	1150	1200	1300
II	分检作业 包装作业 体力消耗大的 重大工件组装	250		350		850	950	1000	1050
III	布线作业 体力消耗小的 小零件组装	300	350	400	450	950	1050	1100	1200

图 5-8 是精密作业、轻体力活和重体力活的作业台面高度，精密作业台面高于立姿肘部 10cm，重体力活低于立姿肘部 10cm。

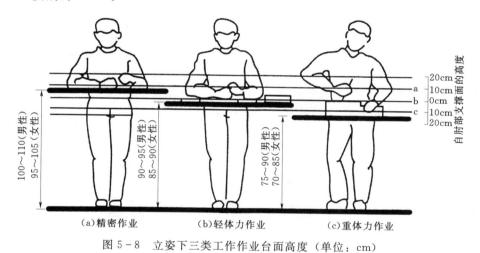

图 5-8 立姿下三类工作作业台面高度（单位：cm）

作业台面高度直接影响台面上显示、操作元件布置的位置，表 5.3 是立姿下常见显示、操作元件高度推荐值。

表 5.3 立姿作业台面高度推荐值

高度/mm	工 作 类 型	操 作 特 性
0～500	脚踏板、脚踏钮、杠杆 总开关等不经常操作的手控操纵器	适宜于脚动操作 很不适宜于手动操作
500～700	常用的手控制器、显示器、工作台面等	肘部与肩部之间，兼顾眼手
500～900	一般工作台面、控制台面 轻型手轮、手柄，不重要的操纵器、显示器	脚操作不方便，手操作不太方便 也不特别困难
900～1600	操纵装置、显示装置 操纵控制台面、精细作业平台	立姿下手、眼最佳操作高度 对手操作，900～1400mm 更佳
1600～1800	一般显示装置，不重要的操纵装置	手操作不便，视觉接受尚可
>1800	总体状态显示与控制装置、报警装置等	操作不便，但在稍远处容易看到

人眼的高度应该与显示仪表、控制器的位置相适应。配置不当会引起作业者视觉疲劳，导致作业效率降低，无法保证安全和工作可靠性。立姿眼高是指地面到眼睛的距离，一般在 1470～1750mm；坐姿眼高是

指座位面到眼睛的距离，一般在 660～790mm。图 5-9 是眼高为基准给出的作业台面尺寸推荐值。

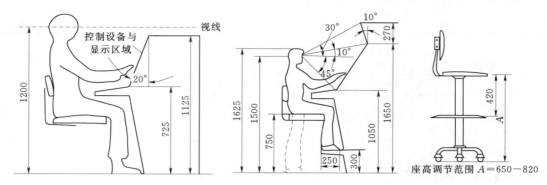

图 5-9 推荐坐姿、坐立姿作业台面高度（单位：mm）

在实际应用中常采用"拇指准则"确定作业台面高度，即在立姿作业下，作业台面高度相对于肘部所在平面高度低 5～10cm（见图 5-10）；在坐姿作业下，作业台面与肘部所在平面等高。考虑视觉因素影响，最佳操作区域应该在肘部和肩部之间。

5.2.2 作业台面的深度

前面给出的作业空间基本尺寸推荐值是指人最大的伸及范围，在实际布局设计时，作业台面深度要考虑人的生理特征，即作业台面深度不仅要考虑手伸及区域，还要考虑视觉因素，图中最大作业区是以人肩关节为圆心，前臂和上臂伸直情况下的最大作业区域，最佳操作区域是视觉舒适区和舒适操作区域的交集（见图 5-11）。巴恩斯和斯夸尔斯分别水平操作伸及区域，由于操作者可能是大个头，也可能是小个头，所以在设计作业台面深度时还应该考虑具体的满足度，确

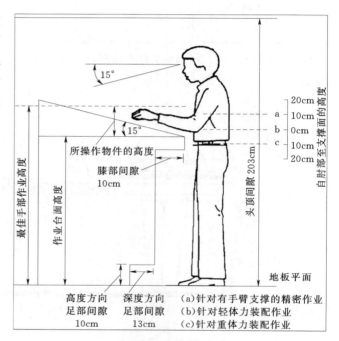

图 5-10 推荐立姿下作业台面高度

定出舒适操作范围和最大伸及域就可以确定作业台面深度。由于作业面存在高度问题，实际最大作业面小于该值。

图 5-11 中阴影部分是操作者手眼能较好协调配合的区域，适合安置重要、频繁使用的操纵器。由此可以推出环绕型控制台可提高利用的工作空间（见图 5-12），一般设置中心面板宽 610mm，并带有两个宽 305mm 的辅助面板。辅助面板一边一个，与中心面板成 135°夹角。在其他形式的控制台中，中心面板的最大宽度为 915mm，辅助面板与中心面板成 120°夹角。

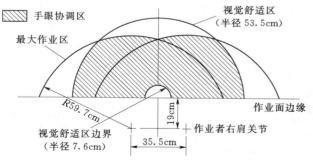

图 5-11 P_{50} 女子在坐姿下手眼协调区域

例题 1 以汽车驾驶员座椅设计为例，试确定操控台面合理范围。

解：考虑到汽车驾驶员男、女性别以及身材不同，汽车座椅应该为可调节的。在设计时应满足小个

头女性在最前、上位置操作，大个头男性在最后、下位置操作要求，需要分别计算出男、女驾驶员的舒适操作范围和最大伸及范围（见图5-13）。从原则上讲大、小个头操作者各自舒适操作范围和最大伸及域的并集为操控台面深度尺寸，考虑大个头驾驶员在最后位置操作时可以前伸，作业台面离人体最远处应以大个头驾驶员的最大伸及范围确定，最近处应以小个头驾驶员舒适操作位置确定出座椅前、后、上、下调节量。

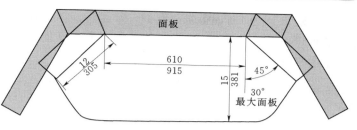

图5-12　环形控制台
（单位：mm，分子表示最小值，分母表示最大值）

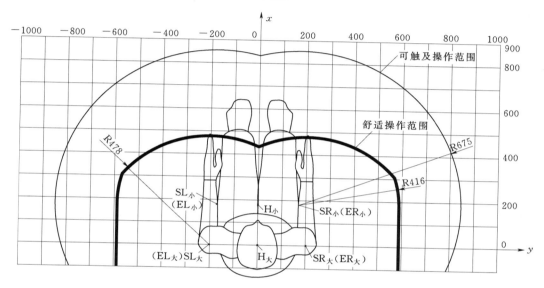

图5-13　P_{90}男子坐姿操作范围（单位：mm）
（图中是粗实线为舒适作业区域，细实线为最大作业区域）

5.2.3　其他尺寸

图5-14给出了一些适于坐立姿交替作业示例相关尺寸。综合前人研究成果，在设计用于阅读的作业台面应倾斜15°；在用于写作的台面最好处于水平位置（见图5-8）。伊思门与布里奇尔研究发现，采用倾斜的作业台面能改善作业者身体姿势，躯干的运动变化少，颈部弯曲减少，从而减轻作业疲劳和不适。

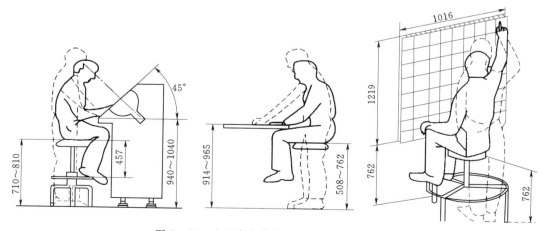

图5-14　坐立姿交替作业示例（单位：mm）

设计坐姿工位时考虑提供可调节、带腰靠、背靠的工作椅，特别要注意作业者的腿部、膝部、脚部的空间间隙（见图5-14）。表5.4给出坐姿下容膝空间的推荐尺寸值，表5.5给出立姿作业活动余隙尺寸推荐值。

表5.4　坐姿下容膝空间尺寸　　　　单位：mm

尺寸部位	最小尺寸	最大尺寸
容膝孔宽度	510	1000
容膝孔高度	640	680
容膝孔深度	460	660
大腿空隙	200	240
容腿孔深度	660	1000

表5.5　立姿作业活动余隙尺寸推荐值　　　　单位：mm

余隙类型	最小值	推荐值
站立用空间（工作台至身后墙壁的距离）	760	910
身体通过的宽度	510	810
身体通过的深度（侧身通过的前后间距）	330	380
行走空间宽度	305	380
容膝空间	200	
容脚空间	150×150	
过头顶余隙	2030	2100

除了受限作业空间外，还一些作业环境过于狭小，人员根本无法进入，只能允许人的上肢和一些维修工具、机器零件进入。这种用于设备维修的空间尺寸主要由上下肢、零件和维修工具的尺寸和活动余隙决定（见图5-15）。

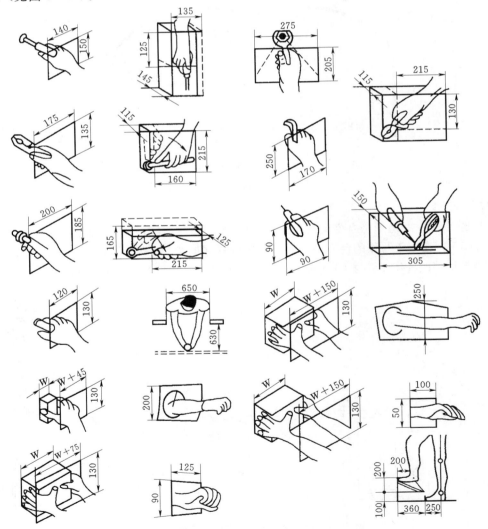

图5-15　限定的维修空间（单位：mm）

为了便于操作者有足够的活动空间，在机器设备与设施布局时留有足够的空间（见表5.6）。

表 5.6 机器设备与设施布局尺寸推荐值 单位：mm

间　距	设　备　类　型		
	小型	中型	大型
加工设备间距	≥0.7	≥1	≥2
设备与墙、柱间距	≥0.7	≥0.8	≥0.9
操作空间	≥0.6	≥0.7	≥1.1

例题 2 设计半自动粉末包装机的功能尺寸 A、B、C、D、E、F、G，让使用者具有合理的工作空间、操作姿势，以缓解疲劳，提高工效。同时，在满足要求的前提下，使本机器的高度尺寸尽量小。

说明：图 5-16 中包装机用于淀粉、白糖、奶粉、精盐、味精等粉状物或颗粒状物的分装。操作者一般为女工，坐姿作业。连续操作 1～2h 后休息 15min 左右。

一般操作过程如下：薄膜包装袋放置在操作工优势手一侧，位于伸手可及范围内；一次抓取一小叠（10 个左右），拿到料斗正下方的灌装工位，双手持袋，用手指捻开包装袋口，见图 5-16 所示的作业姿势；用脚踩踏一次踏钮开关，机器即按事先调好的灌装量泻料入袋。装料完毕，操作工松手，包装袋落入滑槽内自动封口，并滑入置于主机一侧的料箱内。用手指捻开下一个包装袋袋口，再次踩踏踏钮开关……如此循环作业。

解： 本题属于作业空间中工位设计，如前所述，工位设计首先是合理操作姿势设计。考虑用户是女工，且有高低之分，重复作业时间较长，其合理设计姿势应是坐姿。为了正确计算尺寸，需要认真绘制人操作状态图

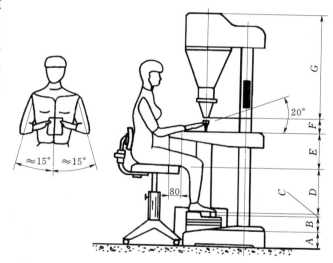

图 5-16 包装机设计

（见图 5-16），在此基础上分析相关人机尺寸，这也是一般的人机分析方法，希望读者掌握。

本作业既非精细作业，也非重负荷作业，操作简单，肢体位置基本固定，但要求操作速度快，而连续工作时间较长。因此，工作姿势的关键要求是：腰椎有支靠，取腰背微微弯曲的自然放松坐姿；手腕保持顺直状态，并让操作时的前臂获得适当的支托。为此，在工作台的前沿设计了一个宽为 80mm 的 20° 斜面。此斜面既可让前臂得到支托，以免除举臂的疲劳，增大接触面积，避免直角台面棱边对前臂形成高压强的点、线接触，又能引导前臂上抬约 20° 的方向，使手腕顺直地举着包装袋在料斗下方承接包装物（避免尺侧偏或桡侧偏）。

包装工作需要眼睛配合，属于精细工作，工位高度应在肘部上方，有资料经过测试研究表明：坐姿下前臂在身体前方操作时，以上臂外展 6°～25° 操作较为高效舒适（见图 5-16），本题中假设作业者上臂各外展 15° 的操作姿势。

分析包装机从地面到包装机料斗顶部高度

$$H = A + B + C + D + E + F + G$$

其中不变尺寸：

A——设备底座厚度

C——鞋厚

G——料斗高度

可以变化尺寸：

B——踏钮垫片厚度；

D——椅面高度；

E——椅面台面高度差；

F——操作高度。

由于包装机设计属于一般产品设计，考虑到必须满足大、小个头女工操作最大号口袋时舒适，尺寸属于 I 型产品尺寸设计，因此，确定满足度为 90%（大个头女工取 P_{95}，小个头女工取 P_5），对可以变化尺寸根据大、小个头女工操作要求来确定具体尺寸。

课题要求在满足要求的前提下，使本机器的高度尺寸尽量小。

踏钮垫片厚度 B 可以设计为最小，以 B_{min} 表示。

考虑作业踩踏需要，椅面高度 D 按大个头女工坐姿小腿加足高（包括衣、鞋修正）比较合适，即椅面高度 D 应该满足大个头女工坐姿需要，取 $D=D_{max}=D_{95}$（D 值等于图 2-12（c）中人体尺寸国标中小腿加足高 3.2，考虑穿衣、鞋修正量）；对于小个头女工可以调节座椅高度达到舒适踩踏位置，此时需要增加踏钮厚度进行调节。

椅面台面高度差 E 应该满足大个头女性坐姿容腿空间的需要，取 $E=E_{max}=E_{95}$（E 值考虑穿衣修正量）。

包装袋选择大号，$F=F_{ma}$，最终得到包装机最小高度

$$H_{min}=A+B_{min}+C+D_{95}+E_{95}+F_{max}+G$$

在实际操作中，可以先调整包装袋大小，再调整座椅高低，最后调节脚踏钮厚度。本例只是介绍设计思路，故具体数值没有计算，读者有兴趣可以自己参照计算。

总之，作业空间是人机工程学重要的研究内容，不仅关系到作业者的健康、舒适，对提高整个作业效率起到至关重要的作用。在具体设计时应该注意以下几点。

（1）满足最大身材操作者间隙需要。如容腿空间、过道高度和宽度、设备周围之间的间隙等。

（2）满足最小身材操作者伸及需要。如小个头操作者能够得着操纵元件（手、脚控制元件）。

（3）便于维修，满足维修人员必要的活动空间。

（4）考虑操作者身材、衣鞋影响，满足必要的调节量。

5.3 工位评价

好的作业姿势可以提高作业效率，而不当的姿势若持续一定时间会引起疲劳、不适、疼痛甚至伤害，造成肌骨失常症。作业姿势的舒适性是一个主观感受和客观因素（人机系统）的综合，赫兰德等对舒适与不舒适的影响因素和影响程度进行分析，提出引起不舒适感的因素分为疲劳、痛楚、生理循环、环境因素 4 个大类别共计 22 个具体因素。引起舒适感因素分为感受、轻松、安康、松弛和环境因素 5 个大类别共计 21 个具体因素。当然作业舒适度除了受作业姿势影响外，还受到作业力大小、作业时间、动作频率、作业环境等因素影响，所有影响因素对舒适性影响程度是不同的，在同一环境和作业姿势下感受程度也是不同的。本节主要讨论姿势对舒适度的影响。

5.3.1 工位评价的原则

针对作业空间或工位进行评价有助于及时发现问题，避免设计出现不合理的问题。下面主要针对坐姿工位和立姿工位给出人机评价基本原则。

1. 坐姿工位评价

（1）座椅能否容易调节。

①座椅高度：380～560mm；②座面宽度：≈460mm；③座面深度：380～410mm；④座面倾角：

±10°；⑤是否有靠背腰靠；⑥靠背尺寸≥200mm²×300mm²。

（2）操作者是否处于合理坐姿。

①是否有足够下肢空间；②座椅调节到腘窝高度；③躯干与大腿夹角：＞90°；④靠背腰靠是否在作业者腰身位置。

（3）工位台面是否可调节。

①工位台面是否处于上臂自然下垂的肘部稍下位置；②对于重体力粗活，台面低于自然放松肘部50～100mm；③对于精细或需要视力检测工作，台面高于自然放松肘部50～100mm；④足够容腿的空间。

（4）坐姿作业是否需要交替站立或走动。

2. 立姿工位评价

（1）工作台面是否可调节。

①工位台面是否处于上臂自然下垂的肘部稍下位置；②对于重体力粗活，台面低于自然放松肘部100～200mm；③对于精细或需要视力检测工作，台面高于自然放松肘部100～200mm（或带斜面台面）；④足够容腿空间。

（2）是否有足够容腿、容足空间。

（3）是否有坐立姿两用凳。

（4）立姿作业是否需要交替采用坐姿。

5.3.2 虚拟仿真法评价工位姿势

虚拟仿真法是利用人机工程分析软件提供的数字化人体模型，结合生理学、运动学等人机工程学的实验数据、原则，在虚拟环境中模拟人的操作而进行的人机工程评价方法。它可以进行可视度评价、可及度评价、力和扭矩评价、脊柱受力分析、舒适评价、疲劳分析、举力评价、能量消耗与恢复评价、噪声评价、姿势预测、决策时间标准、静态施力评价等。采用虚拟仿真评价法可以避免绝大多数的设计错误，在设计阶段解决产品、环境的宜人性设计问题，缩短了新产品试制和生产周期，提高了产品的市场竞争力。

1. 全身姿态评估

参考4.2.3进入人体模型的姿态分析模块后，依据表3.7中合理的人体各部位变化角度建立数字人体模型的首选角度，而后对各部位的舒适角度进行划分，操作步骤如下：

（1）建立人体模型的头部、上臂、前臂、胸、腰等部位的首选角度。

如图5-17所示，建立人体各部位舒适、不舒适的活动角度范围后，在工具栏上单击▨按钮，打开Postural Score Analysis（姿态评估分析）对话框（见图5-18）。在姿态评估分析对话框中，Selected Result（所选择部位的评定值）：显示了之前所设定的人体模型的5个部位的得分。分数用来衡量姿态的舒适程度，分值越高越舒适。

姿态评估分析对话框包括了以下内容。

• DOF（自由度）项：该列表可提供选择5种形式自由度方向上的评定方式（见图5-19），其中All DOF（average）（所有自由度的均值）为默认项。

• Display（显示）项：系统提供了2种姿态分析的显示模式，一种是List（列表式），如图5-18所示；另一种是Chart（图表式），如图5-19所示。

• Hand filter（筛选）项：选择Whole Hand（手）是把所有的手指作为一体来查看其均值；选择Separate Fingers（每个手指）是查看每个手指的分值。

• All DOFs Result（所有自由度的评定值）：指整个人体模型在所有自由度上的评定百分值。

• Current DOF Result（当前自由度的评定值）：指整个人体模型在当前自由度上的平均评定百分值。

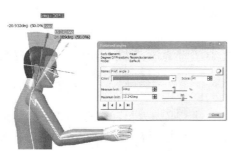

（a）设定头部首选角度

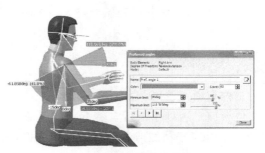

（b）设定上臂首选角度

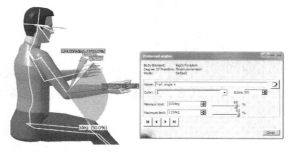

（c）设定前臂首选角度

（d）设定胸部首选角度

（e）设定腰部首选角度

图 5-17　对人体多个部位设定首选角度

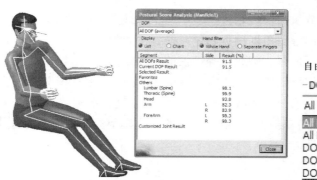

图 5-18　姿态评估分析对话框

（2）设置各部位颜色。

颜色用于显示身体中舒适、次舒适、不舒适部位，是前面角度图示化。右击树状目录中的 Manikin（人体模型），在快捷菜单中选择 Properties（属性）项。

打开 Properties（属性）对话框中的 Manikin（人体模型）选项卡中的 Coloring（颜色）项（见图 5-20）。

Show Colors（显示颜色）选项。

· None 表示人体模型编辑部位处于任何区域都不显示与其对应的颜色；

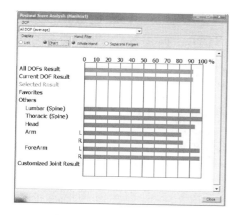

图 5-19　按图表式显示

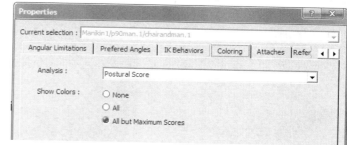

图 5-20　部位颜色的设定

- All 表示编辑部位处于不同的区域显示不同的颜色；
- All but Maximum Scores 表示编辑部位除了不显示位于分值最高的区域颜色外，会显示在其他区域的颜色。

（3）最佳姿态。

在工具栏中单击 Finds the posture which maximizes the postural score（最佳姿态） 按钮，人体模型的姿态会处于最佳位置（见图 5-21），人体模型的各个部位处于首选角度分值最高的区域（见图 5-22）。

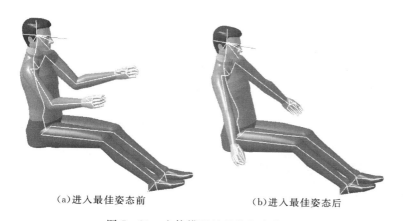

（a）进入最佳姿态前　　　　　（b）进入最佳姿态后

图 5-21　人体模型的最佳姿态优化

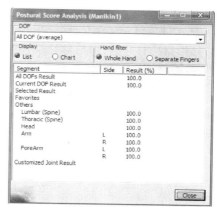

图 5-22　最佳姿态时姿态评估结果

（4）姿态优化。

姿态优化的目的是根据人体运动学，使所编辑部位的角度界限与人体该部位的最佳运动范围（即姿态评估分值最高的范围）相一致。

以右上臂为例，具体操作步骤如下。

1）建立首选角度，先为编辑部位活动范围划分区域，再为这些区域设立分值（见图 5-23）。在 DOF1 上，设蓝色区域为 90 分，黄色区域为 80 分，红色区域为 60 分，蓝色区域分值最高为最优角度。

2）优化编辑部位的活动区间。选择右上臂，在工具栏上单击 Optimize the angular limitations according to the best preferred angles（优化角度界限） 按钮，弹出优化角度界限对话框（见图 5-24）。选择自由度，点击 OK，则系统自动将右上臂运动的角度界限优化为分值最高的蓝色区域（见图 5-25）。

2. 数字人的 RULA 分析

CATIA 中快速上肢评价 RULA（Rapid Upper Limb Assessment）功能是分析在一定负荷下，

上肢运动的某个姿态是否可以被接受，并给出该状态下有关人因工程的评价。拾取 CATIA 下拉菜单"工具项"，选择"定制"，点击"新建"，进入人体姿势分析 HAA，再选取"SWKE"项，进入RULA。

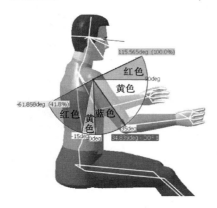

图 5-23　建立首选角度

图 5-24　优化角度界限对话框

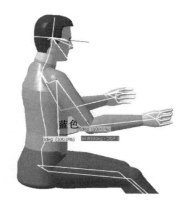

图 5-25　优化编辑部位的
活动区间

（1）一般模式。

假设人体现处于图 5-26 的姿态，在树状目录中选中人体模型，然后在工具栏中单击 RULA Analysis（RULA 分析） 按钮，弹出 RULA Analysis（RULA 分析）对话框（见图 5-27）。

RULA 分析对话框中有三栏，反映了分析条件和分析结果：

1）Side（侧）栏中有两个选项。Left（左侧）表示分析左上肢；Right（右侧）表示分析右上肢。

2）Parameters（参数）栏给出了一些参量设定选择：

·Posture（姿态）项有 3 个选项。Static（静态）、Intermittent（断续）和 Repeated（重复）。

·Repeat Frequency（重复频率）栏有两个选项。<4 Times/min（每分钟小于 4 次）和>4 Times/min（每分钟大于 4 次）。

·Arm supported/Person leaning（手臂支撑/人体倾斜）。

·Arms are working across midline（手臂穿过中线）。

图 5-26　人体姿态

图 5-27　RULA 分析对话框

- Check balance（检查平衡）。
- Load（负荷）。可以选择手臂的负荷量，单位是 kg。

3）Sore（得分）栏内的 Final Sore（最终得分）显示经过人机工程分析后的最后得分，同时有一个彩条直观地显示得分情况。

- 1～2 分（绿色）：表示如果不是长期持续或重复此姿势，则该姿势是可以接受的。对话框提示 Acceptable（可接受的）。
- 3～4 分（黄色）：表示需要进一步研究，该姿态可能需要改变。对话框提示 Investigate further（需要进一步研究）。
- 5～6 分（橙色）：表示要尽快研究和改变姿势。对话框提示 Investigate further and change soon（需要进一步研究和尽快改变姿势）。
- 7 分（红色）：表示要立即研究并改变姿势。对话框提示 Investigation and change immediately（立即并改变姿势）。

（2）高级模式。

高级模式是在一般模式的基础上，增加了一些主观的分值，这些分值一般模式下都是默认的，而在高级模式里，可以人为地进行设定。

如图 5 - 27 所示的 RULA 分析对话框中，单击 >> 按钮，对话框显示为图 5 - 28 所示的模式。在图中右页面 RULA 分析对话框中 Details（详细资料）栏内增加了一些选项，每个选项有 3 个选择：Auto（自动）、Yes（是）和 No（否）。自动选项是系统自动根据姿态给定的是或否，另外 2 个选择可以由用户自己选定。

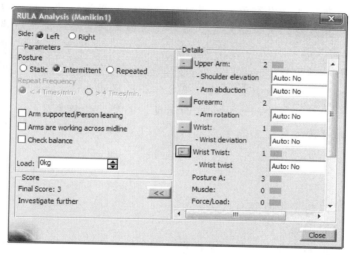

图 5 - 28　RULA 分析的高级模式

- Shoulder elevation（提高肩部）：用户根据情况选择肩部是否需要提高。
- Arm abduction（手臂外扩）：用户根据情况选择手臂是否需要外扩。
- Arm rotation（手臂旋转）：用户根据情况选择手臂是否需要旋转。
- Wrist deviation（手腕偏移）：用户根据情况选择手腕是否需要偏移。
- Wrist twist（手腕扭曲）：用户根据情况选择手腕是否需要扭曲。
- Neck twist（颈部扭曲）：用户根据情况选择颈部是否需要扭曲。
- Neck side-bending（颈部侧曲）：用户根据情况选择颈部是否需要侧曲。
- Trunk twist（躯干扭曲）：用户根据情况选择躯干是否需要扭曲。
- Trunk side-bending（躯干侧曲）：用户根据情况选择躯干是否需要侧曲。

现对一男子搬运重物动作进行 RULA 分析。图 5 - 29 中 P_{50} 男子搬运 10kg 重物，搬运动作属于断续作业，作业姿势前倾，在图 5 - 29 左上方 RULA 对话框中选择 Posture 和 Load 选项，计算出此动作的 RULA 评价分数为 4，说明搬运工作需要进一步研究，如重物的重量超重了或者改变搬运姿势。

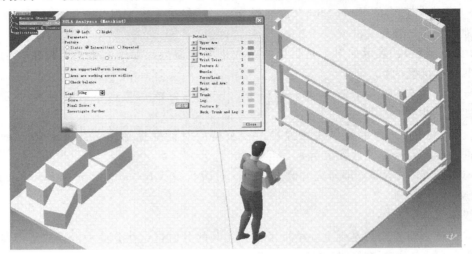

图 5 - 29　搬运重物 RULA 分析

本章学习要点

作业空间设计包括作业场所设计、工位设计以及座椅设计，是人机工程学重要的组成部分。本章重点探讨有关工位设计问题，本着以人为本的设计理念，从人作业姿势以及人的伸及域和最大伸及范围入手，构建作业空间和相应的作业台面尺寸。同时，给出工位姿势评价的原则和方法，最后介绍以 CATIA 中人机分析模块为工具进行工位姿势的分析评价方法。通过本章学习应该掌握以下要点。

（1）了解工位设计的一般原则。

（2）重点掌握从人的伸及域和最大伸及范围确定作业区域的方法。

（3）掌握构建作业台面功能尺寸的方法（台面深度、高度、倾斜角度）。

（4）了解工位姿势的评价方法，重点掌握采用 CATIA 中人机分析模块评价工位姿势的方法。

思考题

（1）什么是工位？工位与工作空间有何关系？

（2）工位设计的一般原则是什么？

（3）作业姿势是如何影响作业空间的？试选择一定的方法分析生活和工作空间的人体姿势。

（4）如何确定工位的作业空间？

（5）图中是某型号圆盘锯床，试对其工位和作业姿势作出评价。

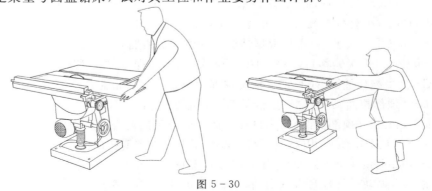

图 5 - 30

（6）查找有关姿势评价方法方面资料，试对一个作业采用 RULA 方法加以评价。

（7）结合以日常生活或实验室作业任务，设计作业台面，采用虚拟仿真法对作业姿势进行分析评价。

（8）如图 5-31 所示，请从工作姿势、工作高度、使用工具等方面进行人机评价。

图 5-31　古代炼金图

（9）结合图 5-32，试对电钻设计作出评价。

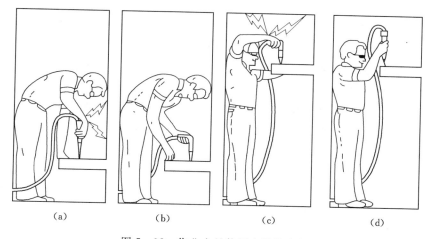

（a）　　　　　（b）　　　　　（c）　　　　　（d）

图 5-32　作业人员使用电钻的姿势

第6章 人机界面设计

Alan Cooper 先生指出 "最好的界面是没有界面，仍然能满足用户的目标"。有很多产品在不知不觉中极大地改变了我们的生活，设计最精巧的人机界面装置能够让人根本感觉不到是它赋予了人巨大的力量，此时人与机器的界线彻底消除，融为一体。扩音器、按键式电话、方向盘、磁卡、交通指挥灯、遥控器、阴极射线管、液晶显示器、鼠标/图形用户界面、条形码扫描器这 10 种产品被认为是 20 世纪最伟大的人机界面装置。

人机界面（Human Mchine Interface，HMI），HMI 是人与机器、工具之间传递和交换信息的媒介，包括硬件界面和软件界面，是用户使用机器、工具的综合操作环境。人机界面综合心理学、人机工程学、语言学、计算机技术，研究如何满足人的认知需要以及用户与机器、工具之间相互传递信息，以便提高工作效率。人机界面设计的优劣直接影响操作者的作业效能和系统的运行，设计过程如图 6-1 所示。

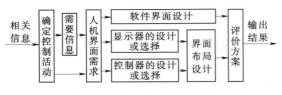

图 6-1 人机界面设计过程

早期的人机界面是与人直接接触、有形的部分，即所谓显示装置是指专门用来向人传达机器或设备的性能参数、运转状态、工作指令以及其他信息的装置。人通过显示装置获得信息后，通过运动系统将大脑分析决策结果传递给机器或设备，从而使其按照人的预定目标工作。操纵装置是指人用于将信息传递给机器或设备，使之执行控制功能，实现调节、改变机器或设备的运行状态的装置。人机界面设计的评价方法主要有以下几种：经验性评价方法、数学分析类评价方法、试验评价方法、虚拟仿真评价方法。随着计算机技术、人机交互技术的发展，特别是图形技术和图形用户界面技术的出现，使得计算机操作能够以比较直观、用易理解的形式进行，促使人们对人和计算机交流的界面进行研究，如语音控制、脑波（Brainwaves）控制、头动控制（如战斗机飞行员使用的头盔，就是利用头部的动作来进行操作的）、照相机的眼控对焦、脑波控制等。考虑到本教材主要针对本科生，硬件人机界面设计（主要以显示操纵界面设计为主）是主要介绍内容，软件人机界面研究属于当今人机工程学发展趋势，其内容在第 9 章介绍。

6.1 显示装置设计

人依据显示装置所传示的机器运行状态、参数、要求，才能进行有效的操纵、使用。作为重要的显示装置，《工作系统设计的人类工效学原则》（GB/T 16251—1996）给出了 "信号与显示器设计的一般人机学原则"，具体内容如下。

（1）信号与显示器的种类和数量符合信息特性。

（2）显示器空间配置应保持清晰、迅速提供信息。

（3）信号与显示器的种类和设计应保证清晰易辨。

（4）信号显示与变化速率和方向应与主信息源变化速率和方向一致。

（5）在以观察监视为主的长时间工作中，通过信号和显示器设计和配置避免超负荷或负荷不足。

显示装置通常按照感觉器官和显示形式分类。按人接受信息的感觉器官可分为视觉显示装置、听觉显示装置、触觉显示装置，其中视觉显示用得最广泛，听觉显示次之，触觉显示只在特殊场合用于辅助显示。按显示的形式可分为仪表显示、信号显示（信号灯、听觉信号、触觉信号）、荧光屏显示等。

视觉显示的主要优点是：能传示数字、文字、图形符号，甚至曲线图表、公式等复杂的和科技方面的信息，传示的信息便于延时保留和储存，受环境的干扰相对较小。

听觉显示的主要优点是：即时性、警示性强，能向所有方向传示信息且不易受到阻隔，但听觉信息与环境之间的相互干扰较大。

6.1.1 单个仪表的设计

单个仪表设计包括自身形状设计、结构设计、大小尺寸、色彩设计等内容。显示仪表根据具体功能要求不同，一般分为刻度指针式仪表和数字式显示仪表（见图6-2），两种仪表性能对比见表6.1。

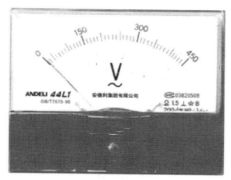
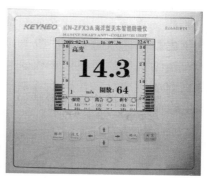

（a）电压表   （b）石油钻机用防碰天车仪表

图6-2 刻度指针式仪表和数字式仪表

表6.1   刻度指针式仪表和数字式仪表性能对比

对比内容	刻度指针式仪表	数字式仪表
信息	1. 读数不够快捷准确； 2. 显示形象化、直观，能反映显示值在全量程范围内所处的位置； 3. 能形象地显示动态信息的变化趋势	1. 认读简单、迅速、准确； 2. 不能反映显示值在全量程范围内所处的位置； 3. 反映动态信息的变化趋势不直观
跟踪调节	1. 难以完成很精确的调节； 2. 跟踪调节较为得心应手	1. 能进行精确地调节控制； 2. 跟踪调节困难
其他	1. 易受冲击和振动的影响； 2. 占用面积较大，要求必须照明条件	一般占用面积小，常不需另设照明

1. 仪表盘形状

常用的刻度指针式仪表盘形状有圆形、半圆形、直线形和扇形等（见图6-3），性能对比见表6.2。

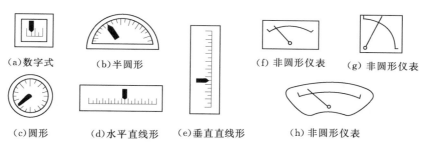

（a）数字式   （b）半圆形   （f）非圆形仪表   （g）非圆形仪表

（c）圆形   （d）水平直线形 （e）垂直直线形   （h）非圆形仪表

图6-3 刻度指针式仪表盘形状

表 6.2 各类刻度指针式仪表性能对比

类型 \ 对比	优 点	缺 点
数字式	读数准确、快捷	不便跟踪、调节
圆形	视线扫描路径短、认读快	不便识别起始、终止点
半圆形	认读方便，起始、终止点不易混淆	显示数据有限
直线形	便于跟踪显示高低、长短等信息	认读慢、误读率高

误读率是仪表设计的一个重要因素，通过对上述各类型仪表测试，误读率见图 6-4。通过实验测试发现开窗式数字式仪表误读率最低，垂直式直线仪表误读率最高。但是在实际应用中，人们喜欢仪表信息显示与实际工况有一定的联系，例如石油钻机上的防碰天车仪表就是采用直线垂直式仪表，进行定性跟踪观察游车与井架上方天车的距离［图 6-2（b）］。

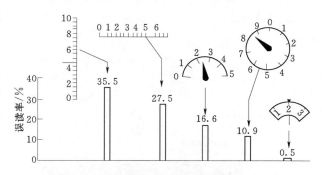

图 6-4 各类刻度指针式仪表误读率测试结果

2. 仪表盘尺寸

仪表盘尺寸太大、太小都会影响到认读率。

根据视角与视距的关系，人清晰辨认物体的能力与视距和视角有关，测试研究表明，刻度盘外轮廓对应的视角，一般取 $\alpha = 2.5° \sim 5°$。按式（3-2）可以得到刻度盘外轮廓 D 与观察视距 L 的关系：

$$D = (L/23) \sim (L/11) \qquad (6-1)$$

在仪表盘设计时，应注意仪表外缘的宽窄，外缘的宽窄、颜色等因素会影响仪表认读，其颜色太艳或太浅，会影响认读率。刻度盘最小尺寸、视距和刻度数量关系见表 6.3。

表 6.3 仪表盘最小尺寸、视距和刻度数量关系

刻度标记的数量	刻度盘的最小直径 /mm		刻度标记的数量	刻度盘的最小直径 /mm	
	视距为 500	视距为 900		视距为 500	视距为 900
38	26	26	150	55	98
50	26	33	200	73	130
70	26	46	300	110	196
100	37	65			

格雷日尔（W. F. Grether）等人研究表明，一般当刻度盘直径为 30～70mm 时，认读准确性没有本质区别，但是当刻度盘直径小于 17.5mm 以下时，若要保证认读率，就必须大大降低认读速度。怀特（W. J. White）研究表明，最优直径是 44mm。

3. 仪表盘数码与字符

影响仪表盘数码和字符的因素有数码和字符的尺寸、笔画、字体类型、主体色和背景色等。这里主要讨论仪表盘数码和字符的尺寸大小。测试研究表明，刻度盘上数码和字符尺寸对应的视角，一般取 $\alpha = 10' \sim 30'$。按式（3-2）可以得到刻度盘上数码与字符大小 H 与观察视距 L 的关系：

$$H = (L/350) \sim (L/110) \qquad (6-2)$$

通常在中等光照条件下，$D = L/250$。表 6.4 列出一般在设计中使用的参考数据。

表 6.4   仪表盘字符高度与视距

视距/m	字高/mm	视距/m	字高/mm
0.5 以内	2.3	1.8～3.6	17.3
0.5～0.9	4.3	3.6～6.0	28.7
0.9～1.8	8.6		

4. 仪表盘刻度与刻度线

刻度盘上刻度线间的距离称为刻度。刻度大小的设计应该使人眼能够分辨出来，刻度过小，分辨困难；刻度过大，会使认读率下降。刻度线长度取决于观察视距，测试研究表明，刻度盘上刻度间距对应的视角，一般取 $\alpha = 5' \sim 11'$。按式（3-2）可以得到刻度盘间距 H_K 与观察视距 L 的关系：

$$H_K = (L/700) \sim (L/300)$$ (6-3)

刻度分为长刻度、中等刻度和短刻度（见表 6.5），刻度线宽度一般在刻度间距的 1/8～1/3 范围选取。实验证明若按照短线、中线、长线顺序逐级加粗，有利于正确认读。

表 6.5   仪表盘刻度线长度与视距

视距/m	刻度线长度/mm		
	长刻度线	中刻度线	短刻度线
0.5 以内	5.5	4.1	2.3
0.5～0.9	10.0	7.1	4.3
0.9～1.8	20.0	14.0	8.6
1.8～3.6	40.0	28.0	17.0
3.6～6.0	67.0	48.0	29.0

按照人的视觉特性规律，刻度递增方向应该与人的视线运动方向一致，即从左到右、从上到下、顺时针旋转方向。刻度值只能标注在长刻度线上（见图 6-5）。仪表盘刻度标值必须取整数，每一刻度对应一个单位值，对应值应该为 2、5、10、100、1000……倍。

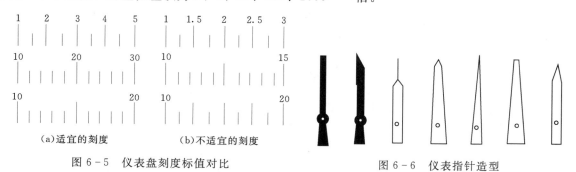

图 6-5 仪表盘刻度标值对比   图 6-6 仪表指针造型

5. 仪表盘指针与盘面

仪表盘指针的造型设计必须具有鲜明的指向性（见图 6-6），指针头部的宽窄最好与刻度线宽窄一致。指针的长度在不遮挡数码和刻度线间保留间隙的前提下，尽量长些；短指针的长度要与长指针有所区别。

在设计表盘指针位置时要求指针旋转平面应该与刻度盘面处于同一平面，以保证正确认读（见图6-7）。指针的色彩与仪表盘盘面底色应形成鲜明的对比，通过配色实验得出易于辨认的配色方案见表 6.6，可以作为仪表盘色彩配置参考。

111

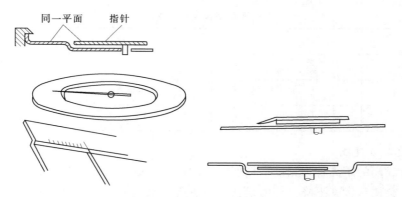

图 6-7　仪表盘指针与刻度线应在同一平面上

表 6.6　　　　　　　　　　　仪表盘色彩搭配与认读

易 于 辨 认 的 配 色									
顺序	1	2	2	4	4	6	7	7	9	9
背景色	黑	黄	黑	紫	紫	蓝	绿	白	黄	黄
主体色	黄	黑	白	黄	白	白	白	黑	绿	蓝
难 于 辨 认 的 颜 色									
顺序	1	2	3	4	4	6	6	8	8	8
背景色	黄	白	红	红	黑	紫	灰	红	绿	黑
主体色	白	黄	绿	蓝	紫	黑	绿	紫	红	蓝

6. 仪表盘字符数码立位

字符数码立位是指仪表盘字符或数码的朝向（上或下），与仪表盘结构和指针的相对运动有关。

图 6-8 中（a）和（b）表盘结构固定、指针旋转。图 6-8（a）中数码垂直方向布置（正向立位），便于认读；图 6-8（b）中数码沿圆心方向布置，认读困难。图 6-8 中（c）和（d）表盘结构旋转、指针固定，仪表盘上数码都是沿圆心立位，但是图 6-8（c）中仪表盘旋转到标记时，数码是垂直方向正向立位，便于认读；图 6-8（d）中数码在盘旋转到标记时，数码是垂直方向反向立位，认读很容易发生错误。例如 60 容易被误读为 09。

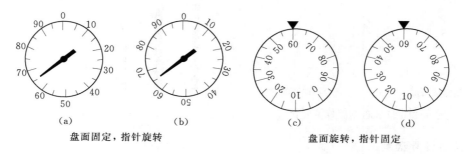

图 6-8　仪表盘数码立位

6.1.2　信号灯设计

信号是运载消息的工具，是消息的载体。信号显示装置是将所测取的信号变换成便于人观察的显示信息的装置。显示信号有视觉信号、听觉信号、触觉信号 3 种类型，各自特点和应用场合见表 6.7。

表 6.7   **3 种信号特点与应用场合**

信号 ＼ 特点	组　成	优　缺　点	应　用　场　合
视觉信号	一般由稳光或闪光的信号灯构成视觉信号	1. 刺激持久、明确、醒目。闪光信号灯的刺激强度更高； 2. 易于维护管理和实现自动控制	不适于传达复杂信息和信息量大的信息
听觉信号	有铃、蜂鸣器、哨笛、信号枪、喇叭语言等形式	1. 即时性、警示性强于视觉信号； 2. 能传达复杂的、大信息量的信息； 3. 需要配以人员守护管理	适于远距离信息显示，特别是报警、提示
触觉信号	一般是利用提供触觉的物体表面轮廓、表面粗糙度的触觉差异传达信息	仅用触觉可识别表面轮廓差异，太多触觉信号会引起操作混乱	触觉信号只是近身传递信息的辅助性方法

针对具体问题，设计时需查阅参照相关的技术资料，注意到信号的亮度、颜色、闪频、编码等问题。

1. 信号灯与背景的亮度及亮度比

为保证信号灯必要的醒目性，信号灯与背景的亮度比一般应该大于 2。但过亮的信号灯又会对人产生"眩光"刺激，所以，设置信号灯时应把背景控制在较低的亮度水平下。

2. 信号灯的亮度与视距

信号灯的亮度无疑应取决于视距要求，即要求在多远的距离上能看得清楚。但与此相关的因素却比较多，例如：①室内、室外，白天、黑夜等环境因素；②室外信号灯的可见度和醒目性受气候情况的影响很大，其中交通信号灯、航标灯必须保证在恶劣气象条件下一定视距外的清晰可辨；③信号传示的险情级别、警戒级别高，则要求信号灯亮度高和可达距离远；④信号灯的亮度还与它的大小、颜色有关。

3. 信号灯的颜色

信号灯的颜色与图形符号颜色的使用规则基本相同，例如：红色表示警戒、禁止、停顿，或标示危险状态的先兆与发生的可能；黄色表示提请注意；蓝色表示指令；绿色表示安全或正常；白色无特定含义等。表 6.8 是《人类工效学险情和非险情声光信号体系》（GB 1251.3—1996）给出的险情信号颜色分类表，设计中应遵照执行。

表 6.8   **险 情 信 号 颜 色**

颜色	含　义	目　标		备　注
		注意	表示	
红色	危险异常状态	警报 停止 禁令	危险状态 紧急适用 故障	红色闪光应当用于紧急撤离
黄色	注意	注意 干预	注意的情况 状态改变 运转控制	
蓝色	表示强制行为	反应、防护 或特别注意	按照有关的规定或提前安排的安全措施	用于不能明确由红、黄或绿所包含的目的
绿色	安全 正常状态	恢复正常 继续进行	正常状态 安全使用	用于供电装置的监视（正常）

4. 稳光与闪光信号的闪频

与稳光信号灯相比，闪光信号灯可提高信号的察觉性，造成紧迫的感觉，因此更适宜于作为一般警示，险情警示以及紧急警告等用途。对于一般警示，例如路障警示等，可用 1Hz 以下的较低闪频。常用闪光信号的闪频为 0.67～1.57Hz；紧急险情、重大险情，以及需要快速加以处理的情况下，应提高闪光信号的闪频，并与声信号结合使用，例如消防车、急救车所使用的信号。人的视觉感受光刺激以后，会在视网膜上有一段暂短的存留时间，称为"视觉暂留"，因此闪光信号的闪频过高（例如 10Hz 以上），就不能形成闪光效果，也就没有意义了。闪光信号闪亮的和熄灭的时间间隔应该大致相等。

5. 信号灯的形状、组合和编码

把信号灯与图形符号相结合或多个信号灯的组合，可显示较为复杂的信息内容，现在已被日益广泛地应用。例如飞机着陆信号系统，就是在机场跑道两侧各安置一组（一个阵列）信号灯，向飞行员显示其着陆过程的状态是否适宜。图 6-9 所示 3 种信号灯组合，形象地显示出 3 种状态：图 6-9 (a) 所示的"上"形阵列，表示飞机下降航迹过低；若飞机出现危险的俯冲，"上"形阵列进一步改变为闪光的红色；图 6-9 (b) 所示的"下"形阵列，表示飞机下降的航迹过高；而当出现"十"形阵列时，才表示飞机下降航迹正确、合适。通过信号灯颜色、形状、位置的变换组合，来更有效地增加其信息量，称为信号编码。

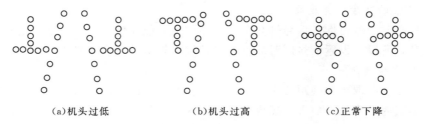

(a)机头过低　　　　　　　(b)机头过高　　　　　　　(c)正常下降

图 6-9　飞机着陆时信号显示

6.2　操纵装置设计

作为与人直接接触的操纵器，通过人直接或间接动作控制机器的运行状态，完成功能，其设计是否得当关系到整个系统能否正常安全运行。人在接收信息经大脑判断后，通过人的肢体动作直接作用于控制器或传感器向机器传递信息（见图 6-10）。

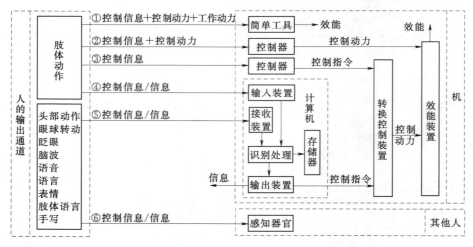

图 6-10　人的操控过程

虽然在日常生活和工作中一般是选用操纵器，但是对于专业设计人员来说也存在设计操纵器的问题，因此，本章从操纵器本身设计和布局这 2 个方面对操纵器进行探讨。

6.2.1 操纵器的选用

1. 操纵器类型

操纵器分类方法很多，按照操控方式分为手控操纵器（旋钮、按钮、手柄、操纵杆等），脚动操纵器（踏板、踏钮等），声控操纵器；按照操控运动轨迹分为旋转式操纵器（旋钮、手轮、钥匙等），移动式操纵器（操纵杆、手柄等），按压式操纵器（按钮、按键、键盘等）；按照操控功能分为开关式操纵器、转换式操纵器、调节式操纵器、紧急停车操作。常见操纵器类型见图 6-11，其功能和功能对比见表 6.9。

表 6.9 常用操纵器功能对比

使用情况 ＼ 操纵器	按钮	旋钮	踏钮	旋转选择开关	扳钮开关	手摇把	操纵杆	手轮	脚踏板
开关控制	适合		适合		适合				
分级控制（3～24 个挡位）				适合	最多 3 挡				
粗调节		适合					适合	适合	适合
细调节		适合							
快调节					适合	适合			
需要的空间	小	小—中	中—大	中	小	中—大	中—大	大	大
要求的操纵力	小	小	小—中	小—中	小	小—大	小—大	大	大
编码的有效性	好	好	差	好	中	中	好	中	差
视觉辨别位置	可以	好	差	好	可以	差	好	可以	差
触觉辨别位置	差	可以	差	好	好	差	可以	可以	可以
一排类似操纵器的检查	差	好	差	好	好	差	好	差	差
一排类似操纵器的操作	好	差	差	差	好	差	好	差	差
在组合式操纵器中的有效性	好	好	差	中	好	差	好	好	差

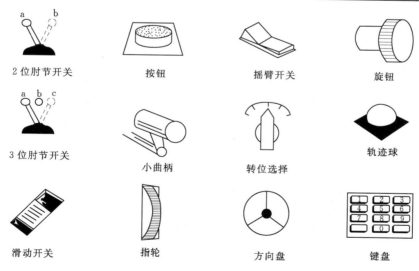

图 6-11 常见操纵器类型

2. 操纵器的选用原则

《操纵器一般人类工效学要求》（GB/T 14775—1993）给出的操纵器选用原则：

（1）手控操纵器适用于精细、快速调节，也可用于分级和连续调节。

1）手轮适用于细微调节和平稳调节，当手轮一次连续转动角度大于 120°时应选用带柄手轮。

2）曲柄适用于费力、移动幅度大而精度要求不高的调节。

3）操纵杆适用于在活动范围有限的场所进行多级快速调节。

4）按键式、按钮式开关适用于快速控制线路的接通与断开。

5）扳钮开关适用于 2 种或 3 种状态的调节。

6）旋钮适用于用力小且变化细微的连续调节或 3 种状态以上的分级调节。

（2）脚控操纵器适用于动作简单、快速、需用较大操纵力的调节。

脚控操纵器一般在坐姿有靠背的条件下选用。在实际选择操作器时，根据操作器自身功能特点，综合考虑使用工况的环境、空间、使用要求等，初步选择工作效率高的操纵器，再结合经济效益因素筛选，具体选择时见表 6.10。

表 6.10　　　　　　　　　　　　　　不同工况下操纵器选择建议

工　作　情　况		建议使用的操纵装置
操纵力较小的情况	2 个分开的装置	按钮、踏钮、拨动开关、摇动开关
	4 个分开的装置	按钮、拨动开关、旋钮选择开关
	4～24 个分开的装置	同心多层旋钮、键盘、拨动开关、旋钮选择开关
	25 个以上分开的装置	键盘
	小区域的连续装置	旋钮
	较大区域的连续装置	曲柄
操纵力较大的情况	2 个分开的装置	扳手、杠杆、大按钮、踏钮
	3～24 个分开的装置	扳手、杠杆
	小区域的连续装置	手轮、踏板、杠杆
	大区域的连续装置	大曲柄

6.2.2　操纵器的设计原则

单个操纵器设计要根据人自身手脚的生理特点、操作姿势和施力等因素综合考虑。无论是坐姿还是立姿，无论是手臂的力量还是腿脚的力量，都与人施力时的身体姿势、施力的位置（高低位置、前后位置、左右位置）、施力的方向指向有关。

1. 操纵器形状与式样

（1）手控操纵器上手的握持部位应为端部圆滑的圆柱、圆锥、卵形、椭球等便于抓握的形状，横截面为圆形或椭圆，表面不得有尖角、锐棱、缺口，以求得持握牢靠、方便、无不适感（见图 6-11）。

图 6-12　脚控操纵器
（单位：mm）

（2）脚控操纵器不应使踝关节在操作时过分弯曲，脚踏板与地面的最佳倾角约为 30°，操作时脚掌宜与小腿接近垂直，踝关节的活动范围不大于 25°（见图 6-12）。

（3）操纵器的式样应便于使用，便于施力。例如操纵阻力较大的旋钮，其周边不宜为光滑的表面，而应制成棱形波纹或压制滚花。

（4）有定位或保险装置的操纵器，其终点位置应有标记或专门的止动限位机构。分级调节的操纵器还应有中间各挡位置的标记，以及各挡位置的定位、自锁、连锁机构，以免工作中的意外触动或振动产生误操作。

（5）操纵器的形状最好能对它的功能有所隐喻、有所暗示，以利于辨认和记忆。

2. 结合操纵姿势和人体尺寸设计操纵器

在使用操纵器时，不同的操作姿势，其肢体操纵力差别较大。在操纵器设计中按照操作舒适的姿势设计，可以达到工作效率最高。

（1）合理的施力体位。

所谓施力体位指施力时的姿势、位置、指向等综合因素。设计及安置操纵器时应使操纵力便于适应合理的施力体位（见图6-13）。

（2）操纵器尺寸与人体尺寸相适应。

操纵器尺寸与人体尺寸的适应性主要指在操纵器设计上，人的手脚握持、触压、抓捏、抠挖部位的尺寸，应与人的手脚尺寸相适应。其次操纵器的操作行程，例如按钮、按键的按压距离，旋钮、转向盘、手轮的转动角度，扳钮开关、操纵杆的线位移和角位移等，应与人的关节活动范围、肢体活动范围相适应（见图6-14）。

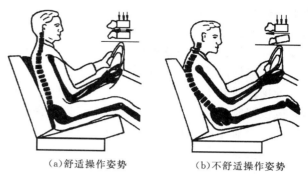

(a)舒适操作姿势　　　　(b)不舒适操作姿势

图6-13　舒适与不舒适的操作姿势

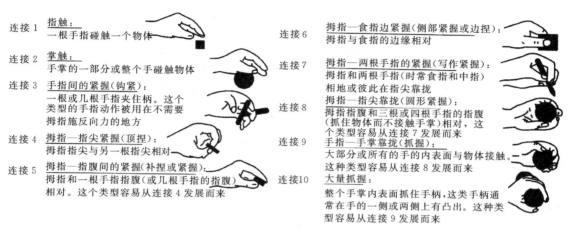

图6-14　手常见抓握方式

如图6-15（a）所示双手扶轮缘的手轮（转向盘、转向把），手握部位的轮缘直径优选值为25～30mm，其依据是人手部尺寸中的"手长"。这种手轮一次手握连续转动的角度一般宜在90°以内，最大不得超过120°，其依据则是关节活动范围或肢体活动范围，对图6-15（b）所示的操纵杆来说，手握部位的球形杆端球径常取值为32～50mm，其依据是人手抓握多大的物体较为舒适并能较自如地施力。而操纵杆的适宜"动态尺寸"是：对于长度150～250mm的短操纵杆，在人体左右方向的转动角度不宜大于45°，前后方向的转动角度不宜大于30°；对于长度500～700mm的长操纵杆，转动角度适宜值为10°～15°，其依据便是人的肢体活动范围。

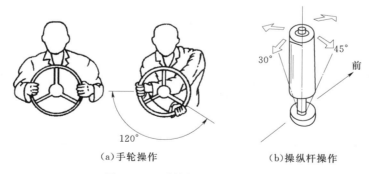

(a)手轮操作　　　　　　(b)操纵杆操作

图6-15　手轮与扳钮运动范围

（3）避免静态施力。

人体施力都是通过肌肉收缩实现的，工作中肌肉能交替地收缩和放松，肌肉便可在适时的血液循环中维持基本正常的新陈代谢。所谓静态施力指若肌肉在固定的收缩状态下持续用力［见图 6-16（a）］。静态施力中肌肉的血液循环与代谢过程受阻，时间稍长，就感觉酸累，继而该部分肌肉及相连的肢体发生抖动，施力便不能继续下去了。

（4）提供操纵依托支点。

若操纵器需要在振动、冲击、颠簸等特殊条件下进行精细调节或连续调节，为保证操作平稳准确，应该使肢体有关部位作为依托支点进行操纵施力，以缓解操作疲劳［见图 6-16（b）］。例如采取肘部作为前臂和手关节运动时的依托支点，前臂作为手关节运动时的依托支点，手腕作为手指运动时的依托支点，脚后跟作为踝关节运动时的依托支点。

（a）静态施力 （b）以肩作为支撑

图 6-16 静态施力与动态施力

3. 操纵器的操纵力

操纵器的操纵力关系到操作者是否容易感到疲劳。其设计的人机学因素主要包括人的肌力体能适宜性、操纵准确度要求、操纵施力体位与操纵依托支点等方面。

（1）操纵力与肌力体能的适宜性。

通常在一个常规班次（3～4h）的工作中若操纵频次较高，操纵器的操纵力应不大于最大肌力的 1/2；若操纵频次较低，操纵力允许大一些。从而获得较高的操纵工效，使操作者不致明显地感到疲劳。

（2）操纵力与操纵准确度。

工作中能否准确地对操纵器进行操纵、跟踪、调节，与操纵力大小有关，还与"位移与操纵力特性"有关。

从有利于轻松地操纵和有利于提高操纵速度来说，操纵器设计通常要追求较小的操纵力（见表6.11）。但操纵力过小（即操纵器过于"灵敏"）会有以下 3 方面的问题：①容易引发误触动事故；②对操作的信息反馈量太弱，使操纵者不知是否确已完成操作；③不容易精确地跟踪、调节与控制。由于以上原因，对各种操纵器设定了最小操纵阻力的参考数据（见表 6.11）。

表 6.11 　　　　　　　　　　　　各种操纵器最小操纵阻力

操纵器类型	最小操纵阻力/N	操纵器类型	最小操纵阻力/N
手推按钮	2.8	曲柄	由大小决定：9～22
脚踏按钮	脚不停留在操纵器上：9.8	手轮	22
	脚停留在操纵器上：44	杠杆	9
脚踏板	脚不停留在操纵器上：17.8	扳钮开关	2.8
	脚停留在操纵器上：44.5	旋转选择开关	3.3

6.2.3 常用操纵器的设计

1. 按压式操纵器

常见的小型按压式操纵器是按钮，多个连续排列在一起使用的按钮又特称为按键。按钮只有两种工作状态，如"接通"或"断开"，"启动"或"停车"等。其工作方式则有单工位和双工位两种类型。若被按下处于接通状态，按压解除后即自动复位为断开状态（也可以是相反：按下为断开，解除按压后自动复位为接通）者，称为单工位按钮。若被按压到一种状态，按压解除后自动继续保持该状态，需经再一次按压才转换为另一种状态者，称为双工位按钮。按钮和按键尺寸规定见图 6 - 17 和附表 C.2。

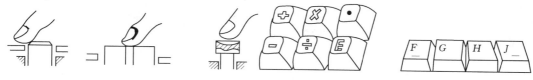

图 6 - 17　按钮造型

2. 转动式操纵器

常用的手动转动式操纵器有旋钮（有、无指示作用）、手轮、带把手轮（摇把）等。

（1）旋钮。

旋钮一般分为旋转 360°以上、360°以下以及定向指示 3 种类型（见图 6 - 18）。旋钮设计应该便于人捏握转动，施加操作力矩，其尺寸参考附表 C.3 和图 6 - 19。

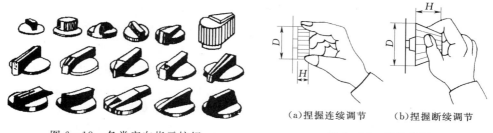

图 6 - 18　各类定向指示按钮

图 6 - 19　常见旋钮

（a）捏握连续调节　（b）捏握断续调节

图 6 - 20 是一个多层旋钮设计案例。图 6 - 20（a）是正确的设计尺寸；图 6 - 20（b）是容易产生干扰和错误的设计尺寸，图中已明示出现错误的原因，这里不再阐述。

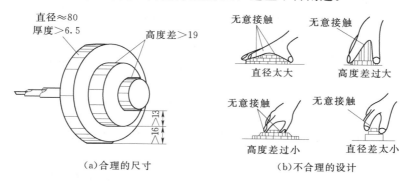

直径≈80
厚度>6.5
高度差>19

无意接触　无意接触
直径太大　高度差过大

无意接触　无意接触
高度差过小　直径差太小

（a）合理的尺寸　（b）不合理的设计

图 6 - 20　多层旋钮尺寸设计（单位：mm）

（2）手轮。

手轮分为手轮（转向盘）和带柄首轮（摇把）。设计中的考虑因素有尺寸大小、操作力矩、操作速度、操作体位与姿势等。相应尺寸参考图 6 - 21 和附表 C.4。

3. 移动、扳动式操纵器

常用的手动移动、扳动式操纵器有操纵杆、扳钮开关、手闸和指拨滑块等，下面以操纵杆和扳钮开关设计为例进行介绍。

（1）操纵杆。

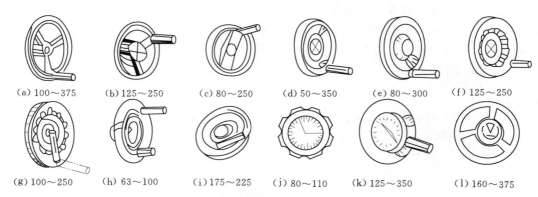

图 6-21　各种类型手轮造型及适用尺寸（单位：mm）

（a）100～375　（b）125～250　（c）80～250　（d）50～350　（e）80～300　（f）125～250
（g）100～250　（h）63～100　（i）175～225　（j）80～110　（k）125～350　（l）160～375

操纵杆一般不适宜用作连续控制或精细调节，而常用于几个工作位置的转换操纵，例如石油钻机工作刹车和绞车给速均采用操纵杆。其优点是可取得较大的杠杆比，用于需要克服大阻力的操纵。

操纵杆的操纵力设计要考虑其操作频率，即每个工作班次内操作多少次。用前臂和手操作的操纵杆，一般操纵力在 20～60N 的范围内，例如汽车变速杆的操纵力常为 30～50N。若每个班次中操作次数达到 1000 次，则操纵力应不超过 15N。

操纵杆的长度取决于杠杆比要求和操作频率要求。为了克服大阻力而需要大杠杆比时，操纵杆只能加长。需要高操作频率时，操纵杆只能缩短。例如操纵杆长度分别为 100mm、250mm、580mm 时，每分钟的最高操作次数分别只能达到 26 次、18 次和 14 次。

操作操纵杆时只用手臂而不移动身躯，操纵杆的操作行程和扳动角度即应由此而确定。一般 500～600mm 长操纵杆的行程为 300～350mm，转动角度 30°～60°为宜。以短操纵杆为例：短操纵杆可以设在座椅扶手前边，前臂可放在扶手上，只靠转动手腕进行坐姿操作，比较轻松（见图 6-22）。在这样的工作条件下，操纵杆适宜的转动角度，应该略小于手腕转动的易达角度（见图 6-23）。

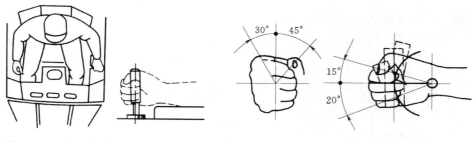

图 6-22　在坐姿状态下短操纵杆操作　　图 6-23　手腕舒适转动范围

立姿下在肩部高度操作最为有力，坐姿下则在腰肘部的高度施力最为有力［见图 6-24（a）］；而当操纵力较小时，在上臂自然下垂的位置斜向操作更为轻松［见图 6-24（b）］。

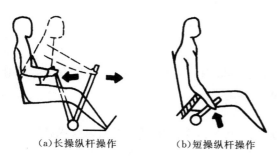

（a）长操纵杆操作　　（b）短操纵杆操作

图 6-24　坐姿下操纵杆的位置

在操纵对象和操纵内容较多较复杂的情况下，若能利用端头的空间位置设计多功能操纵杆，对于提高操纵效能是很有效的。图 6-25 是飞机上的复合操纵杆，在手握整个操纵杆端头时，还可用拇指、食指操作多个按钮，进行灵活的多功能操作。

（2）扳钮开关。

扳钮开关是常见的小型扳动式操纵器，通常用拇指和食指捏住它的柄部扳动操作，或配合腕关节的微动进行操作，操纵力和转动角度应与这样的操作动作相适宜。图6-26为两工位扳钮开关的一般形式，其基本尺寸为：顶端直径（d＝3～8mm者，对应扳钮长度l＝12～25mm；顶端直径d＞8mm者，对应扳钮长度l＝25～50mm；需戴手套操作者，其最小长度为35mm。扳钮开关的操纵力应随其长度的加长而增加，适宜的力值范围为2～6.2N（以上数据依据GB/T 14775—1993）。

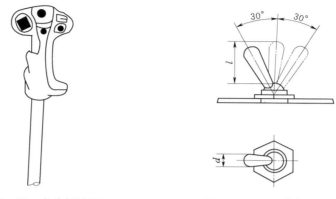

图6-25 多功能手柄　　　　　图6-26 两工位扳钮开关

4. 脚控操纵器

脚控操纵器用在下列两种情况下：①操纵工作量大，只用手动操作不足以完成操纵任务；②操纵力比较大，例如操纵力超过50N且需连续操作，或虽为间歇操作但操纵力更大。但是较为精确的操作总是脚控操作难以完成的。除非不得已，凡脚控操纵器均宜采用坐姿操作，常见脚操纵方式特性见表6.12。

表 6.12　　　　　　　　　　　　脚 操 纵 方 式

操纵方式	示　意　图	操纵特性
整个脚踏		操纵力较大（大于50N），操纵频率较低，适用于紧急制动器的踏板
脚掌踏		操纵力在50N左右，操纵频率较高，适用于启动、机床刹车的脚踏板
脚掌或脚跟踏		操纵力小于50 N，操纵迅速，适用于动作频繁的踏钮

6.3　显示与操控界面布局设计

人机界面布局设计是指根据一定的指标或者标准，将界面上的显示或操纵装置合理地摆放在一个空间范围内，使其尽量符合人机工程学的要求，以求设计的人机界面能够发挥最大功效。传统的人工布局受到主观因素的影响和需考虑的客观因素也很多，一般很难达到满意的效果。随着计算机技术的发展，很多人机界面的布局问题可以通过建立数学模型，借助计算机对数学模型进行搜索优化（遗传算法、专家系统、人工神经网络技术等），最终实现智能布局设计。考虑到本书适用范围，这里只是介绍人工布局的一些原则和方法。

图 6-27 是我国自主研发的钻井深度达 12000m 石油钻机的司钻控制台面,从图中可以看出有很多显示元件和控制元件,它们之间既有重要程度之分,也有相互关联,还要考虑不同工况下司钻员操作顺序等因素。对于界面布局设计必须考虑到人的正常视野、视线、视觉特性规律,还要考虑人的伸及域、舒适操作范围、显示与操纵元件相关联系等,以便提高工作效率。

图 6-27 国产 120 石油钻机司钻操纵台

6.3.1 显示仪表布局的设计

显示仪表布局应该首先了解仪表各自的功能以及各仪表之间的关联程度,其次依据重要性、观测顺序与频度,以及与对应的操纵元件进行功能分区,最后对应中心视区、有效视区等进行仪表布置。在具体布置时应该在考虑仪表本身重要性和观测频度的基础上尽量紧凑,但是一定注意到仪表本身结构尺寸限制和仪表之间互不干涉需要的基本安装距离要求。而从人自身观察习惯以及快速辨认的角度考虑应遵循以下原则进行仪表布局。

(1) 仪表所在平面尽量垂直于人的正常视线。

由于人的正常视线一般在水平线以下 25°～30°,仪表所在平面布置在垂直于正常视线位置,可以使人舒适方便认读,避免光线反射带来的认读错误。

图 6-28(a)是视距 710mm 下的人的直接视野,小汽车的仪表盘布置位置就是基于这个原则设计的,见图 6-28(b)。由人的视觉特性可知,人清晰辨别物体的主要因素是视角,其次是视距。

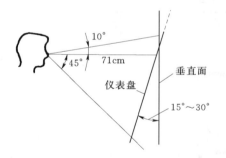

(a) 人在正常坐姿和适宜的视距下仪表盘位置　　(b) 小汽车仪表盘位置

图 6-28 显示仪表所在平面与人的视线垂直

(2) 根据显示仪表的重要性、观测频度、仪表之间关联程度,将其合理、紧凑地布置在不同区域。

图 6-29 是视距 800mm 情况下测试认读显示区域与认读效果实验结果。其中,图 6-29(a)中的 0 点是人双眼正对中心位置,带剖面线Ⅰ区域是最佳认读区,周围环绕区域是一般认读区;图 6-29(b)是 2 个区域认读时间,可以看出Ⅰ区域认读时间很小,进入Ⅱ区域认读时间明显增加。

(3) 考虑人的视觉特性,依据设备操作流程,按照观察顺序从左到右、从上到下,按顺时针方向旋转来布置仪表。

(4) 按照仪表的功能进行"功能分区",将功能相关仪表布置在一起。

图 6-30 是美国 SAEJ209 号推荐的工程机械仪表功能分区布置的一个示例:在行驶时需要关注的是与发动机有关的那部分仪表,像发动机燃油表、发动机水温表等被布置在左半部;到达施工现场后需要关注的是与施工动力有关的仪表,如显示起吊电动机、液压系统等工作系统运行状态的仪表被

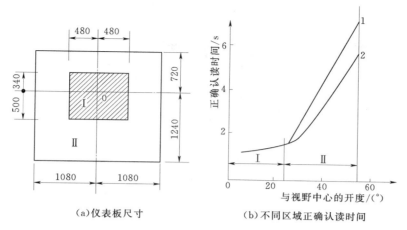

（a）仪表板尺寸　　　　　　　　　（b）不同区域正确认读时间

图 6-29　显示认读范围区域与认读效果之间关系（单位：mm）
Ⅰ—最佳认读区；Ⅱ—一般认读区

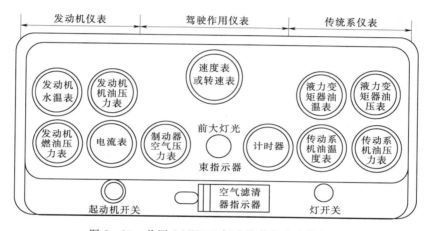

图 6-30　美国 SAEJ209 标准推荐仪表功能分区

布置在右半部，这种布局方式称为"功能分区"，目的是提高作业效率，减少误操作。

（5）表示仪表正常状态的零位指针一般设置在 12 点、9 点和 6 点的方位上，便于认读；当仪表较多时，添加辅助线表示零位。图 6-31（c）中很容易发现每个仪表组中不正常的仪表。

如果需要显示的仪表较多，同时空间允许，布置仪表板平面可以设计为弧形或折形，但是要保证等视距（见图 6-32）。

由于人的观察视野局限，而需要布置的仪表较多，因此，在具体布置时应该在考虑仪表本身重要性和观测频度的基础上尽量紧凑，但是一定注意到仪表本身尺寸限制需要的基本安装距离要求。

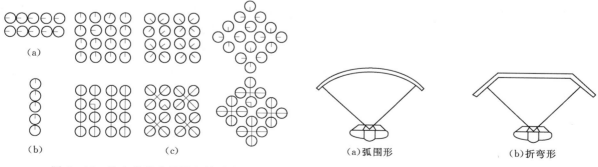

图 6-31　检查类仪表零线和辅助线　　　　　图 6-32　显示面板形状

123

由于不同工作性质需要采用不同的视距，人的视野范围不同，一般根据工作性质确定的仪表布置范围整理成推荐值见表6.13。

表 6.13 　　　　　　　　　　　　　　　　工 作 性 质 与 视 距

工作要求	工作举例	视距离（眼至视对象）/mm	固定视野直径/mm	备　注
最精密的工作	安装最小部件（表、电子元件）	120～250	200～400	完全坐着、部分地依靠视觉辅助手段（放大镜、显微镜）
精密的工作	安装收音机、电视机	250～350（多为300～320）	400～600	坐或站
中等粗活	在印刷机、钻井机、机床等旁边工作	500 以下	800 以下	坐或站
粗活	粗磨、包装等	500～1500	800～2500	多为站
远看	黑板、开汽车等	1500 以上	2500 以上	坐或站

6.3.2　操纵器布局的设计

布置操纵器不仅要与人体尺寸相匹配，还要考虑作业姿势与施力对作业者的影响。

1. 操纵器应布置在人的手、脚灵便自如的区域

操纵器应优先布置在人的手和脚活动便捷、辨别敏锐、反应快、肢力较大的位置。若操纵器很多，则以其功能重要程度和使用频度的递减，从优先区域逐渐扩大布置的范围。

（1）手控操纵器布局设计。

手动操作的手柄、按键、旋钮、扳钮等操纵器，均应按 JB/Z 308 的规定，布置在操作者上肢活动范围的可达区域内。如操纵器数量多，则优先把重要的和较常用的布置在易达区域内，使用更频繁的布置在最佳区域内，然后再扩大范围布置其余操纵器（见表6.14）。

表 6.14 　　　　　　　　　　　　　　　　手动操纵器布置原则

操纵器的类型	躯体和手臂活动特征	布 置 的 区 域
使用频繁	躯体不动，上臂微动，主要由前臂活动操作	以上臂自然下垂状态的肘部附近为中心，活动前臂时手的操作区域
重要、较常用	躯体不动，上臂小动，主要由前臂活动操作	在上臂小幅度活动的条件下，活动前臂时手的操作区域
一般	躯体不动，由上臂和前臂活动操作	以躯干不动的肩部为中心，活动上臂和前臂时手的操作区域
不重要、不常用	需要躯干活动	躯干活动中手能达到的存在区域

单手操作的操纵器应布置在操作手这一侧，双手操作的操纵器应布置在操作者正中矢状面附近。

手轮布置高度建议值见图 6-33（a）；以前臂运动转动的带柄手轮，转动平面与前臂宜成10°～90°的夹角［见图 6-33（b）］，而直臂以手腕运动转动的带柄手轮，转动平面与前臂宜成10°～45°的夹角，此时，手轮轴线与作业者冠状面成60°的夹角［见图 6-33（b）］。

布置操纵杆时，宜使操作者在操纵时上臂与前臂形成90°～135°的夹角，以利于在推、拉方向施力（见图 6-34）。一些学者经过研究发现在坐姿下前臂在身体前方操作时，以上臂外展6°～25°操作较为高效舒适（见图 6-35）；外展超过30°，工效将降低。

测试表明：离地面1000～1100mm的手轮有利于操作者施加较大的转矩；在肩部高度推拉手柄的力量最大（见图 6-36）。

下面以汽车驾驶员操作手轮（方向盘）为例说明方向盘布置的位置。图 6-37 是驾驶小型车辆，

转向盘的转矩小，主要用前臂操作即可，因此可以采取舒适的后仰坐姿，转向盘布置平面接近于铅垂方向。

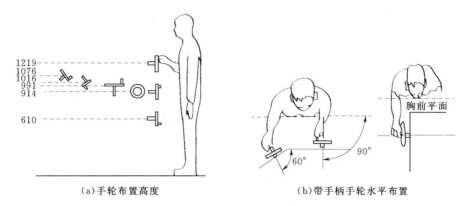

（a）手轮布置高度　　　　　　　（b）带手柄手轮水平布置

图 6-33　单手操作手轮的适宜位置

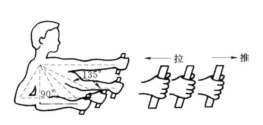

图 6-34　单手操作操纵杆适宜位置

图 6-35　坐姿前臂舒适操作位置

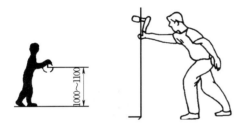

图 6-36　操作手轮有利的体位

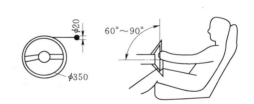

图 6-37　小型车辆操作体位

图 6-38 是驾驶一般中型车辆，转向盘的转矩略大一些，需要用到肩部和上臂的部分力量参与操作，因此不宜采用较大角度的后仰坐姿，方向盘平面布置在与水平面在 30°左右较为合适。图 6-39 是驾驶大型车辆，转向盘的转矩大，除肩部、上臂以外，有时还要用到腰部的力量参与操作，因此不能采取后仰坐姿，方向盘平面应接近在水平面方向，所在位置应比较低。

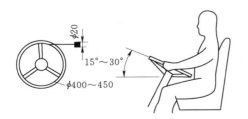

图 6-38　一般车辆操作体位（单位：mm）

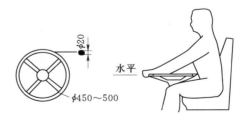

图 6-39　大型车辆操作体位（单位：mm）

（2）脚控操纵器布局设计。

在坐姿下操作的脚控操纵器应布置在操作者正中矢状面操作脚的一侧，偏离正中矢状面在 75～

125mm 的范围内。例如汽车油门踏板安置的位置离正中矢状面 100～180mm 的范围内为宜，对应大小腿偏离矢状面的角度为 10°～15°〔见图 6-40（a）〕。在低坐姿下若需要大力蹬踩，夹角应加大，可达 160°〔见图 6-40（b）〕。调高座椅后，一般应使大腿与小腿间的夹角为 105°～110°，以便于用力〔见图 6-40（c）〕。

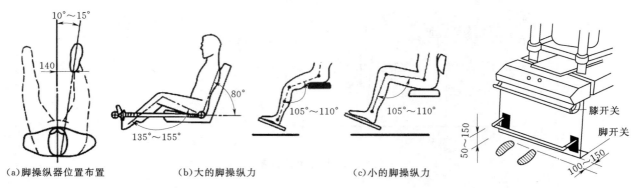

图 6-40　不同脚操纵力与人体姿势（单位：mm）

图 6-41　双脚操作的脚踏板
开关（单位：mm）

不操作时双脚应有足够自由活动的空间。如操作者需要左、右脚轮替操作，或在站立位置稍有移动的情况下也能操作，可采用杠杆式的脚踏开关（见图 6-41）。为了避免误触动，这种脚踏杠杆距地面的高度和对安置立面地伸出距离均以不超过 150mm 为宜，且踩踏到底时应与地面相抵。

例题 1　以图 6-42 说明中等身材操作者在坐姿下显示操作区域布局。

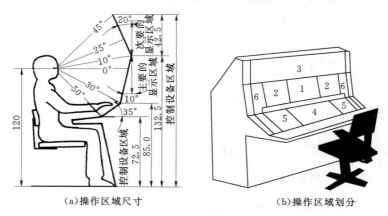

（a）操作区域尺寸　　　　　　　　　（b）操作区域划分

图 6-42　坐姿操作控制台区域（单位：cm）

解：首先确定合理坐姿，考虑坐姿操作者可能是男性或女性，故坐姿眼高按照平均尺寸设计并考虑穿鞋修正量，选取 120cm。参考第 6 章介绍作业空间设计可以确定出伸及域，在此基础上按照人的视觉特性和人的操作区域确定出各部分尺寸〔见图 6-42（a）〕。图 6-42（b）是对应 6-42（a）的横向区域，根据人的特性大致分为 6 个区域。区域 1 是正对着人的最佳认读区域，必须放置最重要的与常用的显示元件；考虑人在观察区域 2 时需要转动眼球或微动头部，放置一般显示元件；区域 3 需要人抬头看，因此区域 3 放置不常用的显示器或操纵元件，如警报器或总开关等；区域 4 处于人前臂舒适活动区域并兼顾视觉，必须布置常用或频繁使用的操作元件；区域 5 需要微动头部或眼球，因此放置一般操作元件；区域 6 距离操作者较远，放置不常用的操作元件，考虑操作者惯用手因素特点可以布置在左侧或右侧的区域 6 中。

2. 按功能分区布置，按操作顺序排列

把功能相关的一组操纵器集中布置在一起，各组区域间用较显眼轮廓界限加以区分。图 6-43 是交流变频钻机司钻右侧控制台面上操纵元件布局,从图中可以看出,操作频繁的工作刹车被布置在右手舒适操作位置上;对于重要但不常用的急停元件(紧急刹车、变频急停、发电机急停)被布置在控制台前方,以保证随时看得到,而不被误操作触及到;驻车制动属于刹车类,故与几个急停控制元件放在一个区域;对于常用的控制转盘元件(转盘惯刹、转盘转向、转盘给速、转盘扭矩限制)放置在靠近工作刹车的同一区域内;控制1号、2号、3号泥浆泵调速元件按照从左到右顺序放置在同一区域内;对于不常用控制元件放置在距离司钻稍远的同一区域。

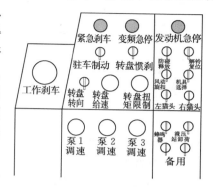

图 6-43 钻机司钻右侧控制台

多个操纵器如有较固定的操作顺序,考虑人自身操作习惯,应依照操作顺序排列操纵器,排列的方向宜与肢体活动的自然优势方向一致。横向排列时按从左到右的顺序,竖向排列时按从上到下的顺序,按顺时针的顺序进行环状排列。图6-43中若遇到紧急情况,按照操纵顺序,应先按下紧急刹车,其次按下变频急停,最后按下发电机急停。因此,在布局上从左向右排列,符合人的操作习惯。

3. 避免误操作与操作干扰

(1)各操纵器间保持足够距离。

为了避免互相干扰,避免操作中连带误触动,同一平面上相邻布置的操纵器间应保持足够距离,具体值如图6-44和表6.15所示。对于脚操纵器之间也应该保持安全距离,例如,车辆刹车踏板与加速踏板内侧至少应保留100~150mm的间距。另外,要考虑操纵元件在布局平面下方的结构间距来确定两元件之间的间距,否则,在工程上无法安装操纵元件。

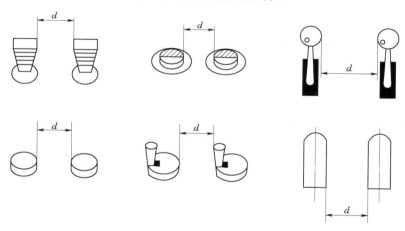

图 6-44 常见操纵器布局时内侧间距

表 6.15   **常见操纵器布局时内侧间距**   单位:mm

操纵器形式	操 纵 方 式	间隔距离 d	
		最小	推荐
扳钮开关	单(食)指操作	20	50
	单指依次连续操作	12	25
	各个手指都操作	15	20
按钮	单(食)指操作	12	50
	单指依次连续操作	6	25
	各个手指都用	12	12
旋钮	单手操作	25	50
	双手同时操作	75	125

127

续表

操纵器形式	操 纵 方 式	间隔距离 d	
		最小	推荐
手轮 曲柄 操纵杆	双手同时操作 单手随意操作	75 50	125 100
踏板	单脚随意操作 单脚依次连续操作	100 50	150 100

（2）操纵器不安置在胸腹高度的近身水平面上。

近身胸腹高度的水平面上安置的按钮、旋钮等操纵器，容易在操作中不经意地被肘部误触动，造成事故，应该避免［图 6-42（a）中 72.5cm 以下区域］。如需要在此位置安置操纵器，应将安置平面倾斜一定的角度，如图 6-42（b）中标示"4""5"的区域。

（3）总电源、紧急制动等特殊开关应特殊处置。

总电源开关、紧急制动、报警等特殊操纵器应与普通操纵器分开，标志明显醒目，尺寸不得太小，并安置在无障碍区域，能很快触及［见图 6-42（b）中区域 3］。

（4）不妨碍、不干扰视线。

操纵器及其对应的显示器虽宜于相邻安置，但需避免操作时手或手臂遮挡了观察显示器的视线；所以对于在身体右侧用右手操作的操纵器，对应的显示器不宜安置在紧靠操纵器的右侧，以免操作的手遮挡住观察显示器的视线；对于身体左侧的操纵器，则对应的显示器不宜安置在紧靠操纵器的左侧。

6.3.3　操作元件与显示元件互动协调

为什么教室的灯和对应的开关找不到，每次都是采取试错法开灯，这是因为作为工程师更多的是面对物与物的分析，完成其功能（使灯点亮）。但是若忽略人的习惯和认知很可能会出现设计带来的严重事故。

1971 年就出现了水压机操作的严重事故，该水压机的操作方法为下压操纵杆使压头升起，抬起操纵杆使压头下压。这种主从互动模式和操作支点在中间的杠杆相同（见图 6-45）。经过培训的操作者能在平稳安定中正常地操作，但在一次因突发情况需要紧急停止压头下压时，操作者却慌忙地加速上抬操纵杆，使压头更重地向下压去，以致酿成惨重事故。

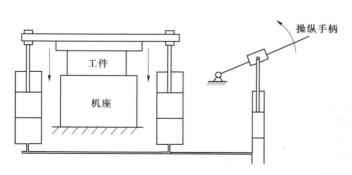

图 6-45　某水压机工作原理图

问题出在操控主从协调关系处理不当。具体原因为了让压头停止下压立即回升，人的本能反应是立即向上提起（操纵杆）；紧急情况下，这种反应常常超越培训得来的认知或技能，下意识地发生，而水压机的设计恰恰违背了这种操控主从协调关系，事故的种子早已埋在错误的设计之中，将不可避免地发生。

主从互动关系协调正确，符合人的习惯和认知，产品使用起来才能安心、自然顺心，不出差错，这也是"以人为本"理念的体现。在人机界面设计操控主从协调的一般原则如下。

（1）操控主、从运动方向的一致性。

若操控主、从双方在同一平面、平行（或接近平行）平面上，操控主从协调的基本原则是双方运动方向一致。

1）操控主、从运动方向一致性的基本形式。

若要求被操纵对象向右运动，应使操作方向也向右，其他向左、向上、向下、向前、向后等操作均相同。若要求被操纵对象顺时针转动，应使操作也顺时针转动；要求逆时针转动时也一样。

图 6-46（a）所示操纵器和显示器处在接近平行的两个平面上，正确的设计应该是：顺时针转动操纵器，调节的效果是显示器也顺时针转动，如图中旋钮 1 处和仪表 1 处的箭头所对应表示。或两者均为逆时针转动，如图中旋钮 3 处和仪表 3 处的虚线箭头所对应表示。

（a）同为顺时针或逆时针转动 　　　　（b）相切点同方向运动

图 6-46　操纵主、从运动方向一致

2）操控主、从运动方向一致性的其他形式。

若操纵器和显示器都是旋转运动，且两者离得很近，如图 6-46（b）所示。这种条件下，"两者运动方向一致"将体现为两者临近（相切）那个点都向同一方向运动。在图 6-46（b）左边的图上，操纵器和显示器临近（相切）那个点的运动方向一致，都是向上运动，则操控主从互动关系是协调的，符合人的潜在认知意识。但此情况下操纵器为顺时针转动、而显示器却是逆时针转动。同样，图 6-46（b）右边的图上，两者相切那个点都一致向右运动，操控主从互动是协调的，但两者的转向却不相同。

3）以旋转运动操纵直线运动时，应使操纵器上靠近被操纵对象那个点与被操纵的运动方向一致。

图 6-47 的左、中、右 3 种情况相类似，都是用旋运动的旋钮操纵直线运动的显示器，现以其中右图为例进行说明。右图中旋钮上靠近显示器的点在最上面，顺时针转旋钮时该点向右运动，应该对应显示器指针也向右移动，操控主从关系就是协调的，如图中一对实线箭头所示。反之，旋钮逆时针转动就应该使显示器指针向左移动，如图中一对虚线箭头所示。

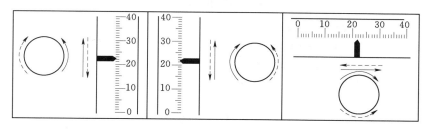

图 6-47　操纵器上靠近被操纵器对象的点与被操纵对象运动方向一致

（2）操控主从在不同平面时的互动协调。

实验显示操控主从在不同平面时互动协调方向（见图 6-48）。

（3）操纵方向与某些功能要求的协调关系。

操纵的功能要求有开通和关闭、增多和减少、提高和降低、开车和制动等，对于操纵方向与这些功能要求的协调关系，人机工程学者进行过研究，表 6.16 和图 6-49 给出了一些研究结果供参考。

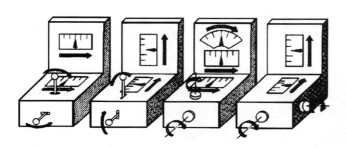

图 6-48 在不同平面上主、从运动方向一致

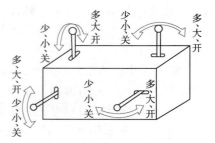

图 6-49 操纵方向与功能协调

表 6.16　　操纵方向与功能的协调关系（参考 GB/T 14777—1993 几何定向及运动方向）

操纵器的运动方向	受控对象物的变化状况		
	位　置	状　态	动　作
向右、向上、离开操作者、顺时针旋转	向右、向右转、向上、顶部、向前	明、暖、噪、快、增、加速、效果增强（如亮度、速度、动力、压力、温度、电压、电流、频率、照度等）	合闸、接通、启动、开始、捆紧、开灯、点火、充入、推
向左、向下、接近操作者、逆时针旋转	向左、向左转、向下、底部、向后	暗、冷、静、慢、减、减速、效果减弱（如亮度、速度、动力、压力、温度、电压、电流、频率、照度等）	拉闸、切断、停止、终止、松开、关灯、熄火、排出、拉

（4）操控主从在空间的相似对应或顺序对应原则。

若同时存在多个操纵器和多个被操纵对象，在空间布置时使两者具有相似且一一对应的关系，主从协调关系为最佳。如果做不到这个程度，则提高两者的顺序对应性，可以改善主从协调关系。如果还做不到，可用图形符号、文字或指引线等进行标识，以改善主从协调关系（见图 6-50）。

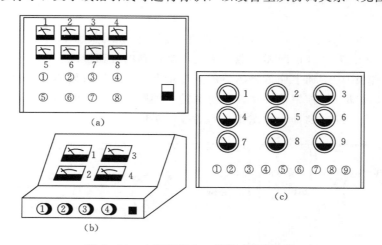

图 6-50　空间操纵主、从运动协调一致

　　例题 2　人机学的创始人之一恰帕尼斯（Chapanis）等人做过一项测试研究：以煤气灶的 4 个旋钮开关，操纵煤气灶眼的通气打火。

　　解：变换煤气灶 4 个灶眼的位置和 4 个旋钮开关的顺序，形成 4 种主、从对应关系。对每一种煤气灶都进行 1200 次打火操作，测试所得 4 种配置下的出错率依次为 0%、6%、10% 和 11%，已分别标注在图上［见图 6-51（a）］。很明显，顺序对应关系好的，出错率就低。进一步的测试还表明，在顺序对应不太好的情况下，采用图文、引线等方法指示对应关系可降低出错率，如把图 6-51（b）中对应的旋钮与灶眼用指引线连接起来。

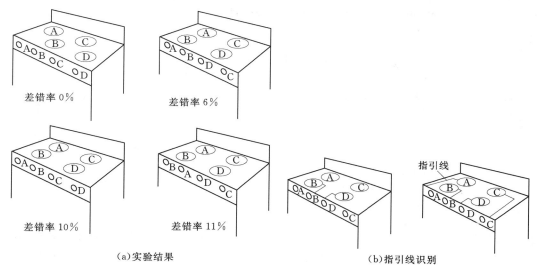

（a）实验结果　　　　　　　　　　（b）指引线识别

图 6-51　煤气灶开关与灶眼对应实验

5. 遵循右旋螺纹运动的规则

通常将右旋转动（即顺时针旋转）操作与开启、接通、增加、上升（向上）、增强效果等功能结合为协调的配对（见图 6-52）。

总之，对于控制与显示元件协调性设计，应该注意到以下几个方面。

（1）概念协调性。

控制与显示在概念上要保持统一，同时与人的期望相一致。

（2）空间协调性。

显示与操控在空间位置上的关系与人的期望的一致性。

（3）运动协调性。

符合人对显示界面与操控界面的运动方向习惯定式。

（4）量比协调性。

在人机界面设计中，通过操控界面对产品进行定量调节或连续控制，操控量通过显示界面反映出来，两者的量比变化要保持一定的协调关系。

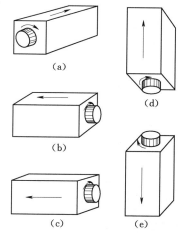

图 6-52　按照右手螺旋法则
确定操纵主、从关系

例题 3　图 6-53 是一个未经人机工程设计的磨床仪表盘，图 6-53 中 d、i、e 是显示元件，f、g、j、h 是控制元件，这些元件的功能以及相互关系见图 6-54。

解：对于人机界面设计问题必须首先通过全面的设计调查，了解设计元件的作用和相互关系，并且表达出来。对于这一工作在本题中以功能树的形式给出了，作为一个设计者这一步一定要认真地做好，其结果直接影响人机界面设计的最终结果。

通过对图 6-54 功能树的分析，可以看到整个仪表板有三大功能 A、B、C，A 显示磨头进给、后退等信息；B 控制整个磨削过程；C 是通过尺寸来调试刀具位置。这些元件大的功能分为显示参数元件和控制参数元件，控制参数元件又分为控制过程以及控制尺寸。显示功能 A 与电压表 d、指示灯 e 和数字显示 i 元件有关系；控制功能 B 与启动 f、切削过程 g 和调试 h 元件有关；控制尺寸功能 C 与数字显示 i 和输入键盘 j 有关。

按照功能分区原则将整个面板分为三个大的功能区，具体划分方案见图6-55，考虑到元件多少和划分视觉效果得到最终划分方案（图6-55右侧）。

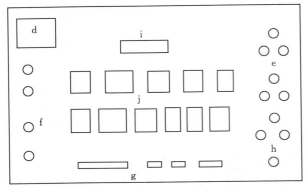

图6-53 原仪表板设计

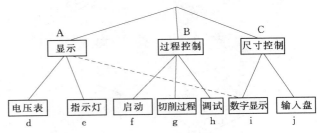

图6-54 显示、操纵元件对应功能树

考虑键盘操作需要视觉，因此，将C功能区设置在左上方；A功能设置在右上方；B功能设置在左下方，数字显示元件i放置在左上方，便于观察。右下方多余部分正好放置生产厂家的标志K。最终结果见图6-56。

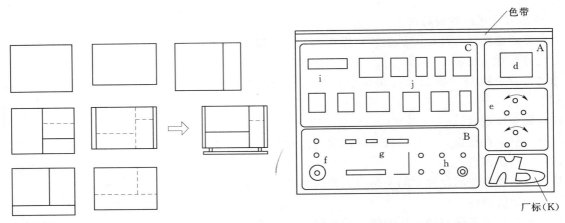

图6-55 仪表板分区方案 图6-56 仪表板最后设计方案

最后，为了验证最终设计方案是否符合设计要求，做出最终方案的功能完形树（见图6-57）。从图中可见完形树主要功能与原设计要求的功能树一致，只是多了厂标（K），说明满足设计要求。若在校对功能完形树与功能树不一致时，需要重新设计。

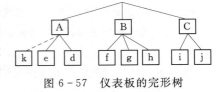

图6-57 仪表板的完形树

通过上述案例设计分析，总结出显示与操纵界面设计的一般方法和步骤（见图6-58）。首先根据设计调查了解显示、操纵元件的功能和相互关系，绘制功能树。其次进行功能区域划分，同时考虑元件重要性、使用频率、元件尺寸大小依据布局原则进行布局设计，最后绘制界面完形树。若完形树与功能树一致，表示设计合理，否则需要进行重新布局。

6.3.4 操纵器的识别编码

对一类事物进行编码，就是使其中每一事物具有特征或给予特定代号，以相互区别，避免混淆。针对信号布局一般是采用特定信号系统表示或符合定义规则的信号其他设定值（即编码）。对于操纵器常用的编码方式有形状编码、大小编码、色彩编码、操作方法编码、位置编码、符号编码等。

1. 形状编码

使不同功能的操纵器具有各自不同、鲜明的形状特征，便于识别，避免混淆。操纵器的形状编码还应注意：形状最好能对它的功能有所隐喻、有所暗示，以利于辨认和记忆；尽量使操作者在照明不良的条件下也能够分辨，或者在戴薄手套时还能靠触觉进行辨别。

图 6-59 是美国空军飞机上操纵器的部分形状编码示例。用于飞机驾驶舱内各种操纵杆的杆头形状，互相区别明显，即使戴着薄手套，也能凭触觉辨别它们。不同的杆头形状与它的功能还有内在联系。例如"着陆轮"是轮子形状的；飞机即将着陆时为了很快减速，原机翼、机尾上的有些板块要翘起来以增加空气阻力，"着陆板"便具有相应的形状寓意。

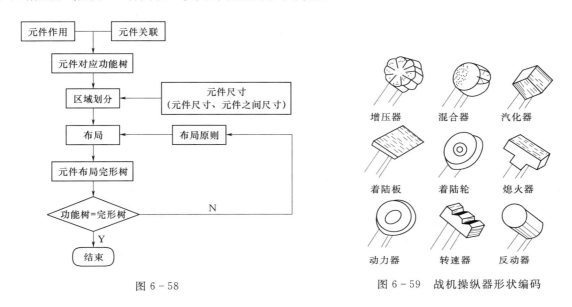

图 6-58　　　　　　　　　　　图 6-59　战机操纵器形状编码

2. 大小编码

大小编码，也称为尺寸编码，通过操纵器大小的差异来使之互相易于区别。由于操纵器的大小需与手脚等人体尺寸相适应，其尺寸大小的变动范围是有限的。另一方面，测试表明，大控制器要比小一级操纵器的尺寸大 20% 以上，才能让人较快地感知其差别，起到有效编码的作用，所以大小编码能分的挡级有限，例如旋钮，一般只能作大、中、小 3 个挡级的尺寸编码。

3. 色彩编码

由于只有在较好的照明条件下色彩编码才能有效，所以操纵器的色彩编码一般不单独使用，通常是同形状编码、大小编码结合起来，增强其分辨识别功能。人眼虽能辨别很多的色彩，但因操纵器编码需要考虑在较紧张的工作中完成快速分辨，所以一般只用红、黄、蓝、绿及黑、白等有限几种色彩。

操纵器色彩编码还需遵循有关技术标准的规定和已被广泛认可的色彩表义习惯，例如停止、关断操纵器用红色；启动、接通操纵器用绿色、白色、灰色或黑色；启、停两用操纵器用黑色、白色或灰色，而忌用红色和绿色；复位操纵器宜用蓝色、黑色或白色。

4. 位置编码

把操纵器安置在拉开足够距离的不同位置，以避免混淆。最好不用眼睛看就能伸手或举脚操作而不会错位。例如拖拉机、汽车上的离合器踏板、制动器踏板和加速踏板因位置不同，不用眼看就能操作。

5. 操作方法编码

用不同的操作方法（按压、旋转、扳动、推拉等）、操作方向和阻力大小等因素的变化进行编码，通过手感、脚感加以识别。

6. 字符编码

以文字、符号在操纵器的近旁作出简明标示的编码方法。这种方法的优点是编码量可以达到很大，是其他编码方法无法比拟的。例如键盘上那么多键，标上字母和数字后都能分得清清楚楚，在电话机、家用电器、科教仪器仪表上都已广泛采用。但这种方法也有缺点：一是要求较高的照明条件；二是在紧迫的操作中不太适用，因为用眼睛聚焦观看字符是需要一定时间的。

例题 4　对便携式蒸汽浴罩设计评价。

解：图 6-60 是一便携式蒸汽浴罩设计，通过折叠便于旅行携带。该产品由 5 个操纵元件（水温度调节钮、蒸汽调节钮、淋浴键、蒸汽键、加热键）和一个电源指示灯组成。其控制按键位于底座上面，采用颜色编码，单人在使用时无法看到按键的颜色，在使用时出现的问题是用户很难看到底座一侧的控制元件，很难正确操纵。

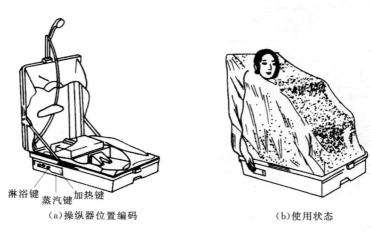

淋浴键　蒸汽键　加热键

(a)操纵器位置编码　　　　　　　　　(b)使用状态

图 6-60　便携式蒸汽浴罩设计

正确的设计应是让用户轻松控制并且不易出错，因此，改为形状编码、大小编码、位置编码，为了了解用户控制淋浴器的状态，最好设计声音反馈操作的操作信息。

本章学习要点

产品设计从人使用的角度来看是人机界面的设计，显示、操纵装置是传统的界面设计的组成部分，也是重要的人体特性与尺寸应用的环节。作为本科生应结合"以人为本"的设计理念，在确定人的作业姿势以后，以人体尺寸为基准，确定相应的观察视距和操纵范围，由合理的观察视角确定出相应仪表的尺寸；由伸及域和操纵范围确定作业区域。在此基础上依据人的感知特性和运动特性对仪表、操纵器进行布局设计。

通过本章学习应该掌握以下要点：

(1) 了解显示装置的分类方法，明确刻度指针式仪表、数字式显示仪表各自特点和应用场合。

(2) 理解"信号与显示器设计和操纵器设计的一般人机学原则"，以指导设计。

(3) 熟悉掌握单个显示仪表、单个操纵器设计的人机因素（大小、方位等）。

(4) 了解信号显示的种类和设计原则。

(5) 掌握操纵器的选用与设计原则，了解操纵器与操作精度的关系。

(6) 掌握单个操纵器的适用范围，了解单个操纵器的形状、尺寸要求以及合适的安放范围。

(7) 重点掌握多个显示仪表和操作器布局设计原则和方法，并能熟练运用。

(8) 了解操纵器不同编码的特点和适用范围。

思考题

（1）什么是人机界面？人机界面设计的内容与依据是什么？

（2）仪表装置设计需要考虑哪些人机学要素？设计时主要以什么为依据？试评价一款仪表。

（3）显示仪表布置原则是什么？

（4）什么是"功能分区"？举例说明其作用。

（5）信号显示有哪些类型？各用于何处？红、黄、蓝、绿各表示何意思？

（6）设计表达警示、警告信号，需采用何种信号灯？

（7）如何使用信号传达信息？

（8）操纵器的布置原则是什么？

（9）操纵器设计应该考虑人的哪些因素？

（10）长操纵杆、短操纵杆在设计时，哪个要求转动的角度小？为什么？根据阻力如何选取长、短操纵杆？

（11）在设计时，操纵杆的操纵力为什么不能过大、过小，否则会引起什么问题？

（12）通常在设计操纵阻力有哪四类？

（13）人最适宜手操作的区域在哪里？

（14）什么是施力体位？什么是静态施力？

（15）实施操纵力时，人体的哪些部位需要提供支撑？

（16）为什么在界面设计时要考虑操作元件与显示元件互动协调？有哪些措施？

（17）试分析地铁自动售票机或银行自动取款机的显示操作界面，从界面认知、布局设计和工位设计的角度分析其优缺点。

（18）如图6-61所示为某数控机床控制台，试分析各元件之间的关系，绘制按键功能树，并在给定范围内重新布局设计。

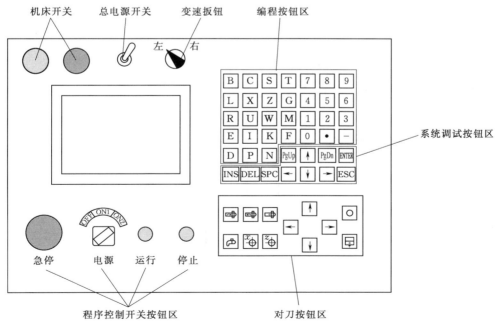

图 6-61

(19) 图6-62所示为某教室多媒体控制台，试分析各元件之间的关系，绘制课前准备按键和上课按键两大类功能树，并在给定范围内重新布局设计。

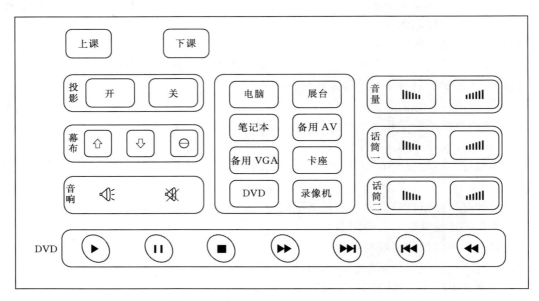

图6-62

(20) 图6-63所示为某教室的照明灯分为黑板用和学生用，因开关与被控制灯之间缺少关联、协调，经常使人操作失误。请以人机学原理和图文并茂方式布局设计开关位置，使开关键与被控制灯建立明确的指示性。

说明：5个开关键分别控制5个灯，灯的位置固定，请设计开关区内的开关键，不允许将开关分解，自己编号并进行设计说明。

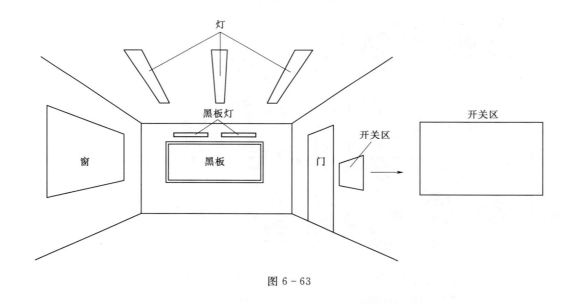

图6-63

(21) 图6-64所示某银行自动取款机显示-操作界面进行人机评价。

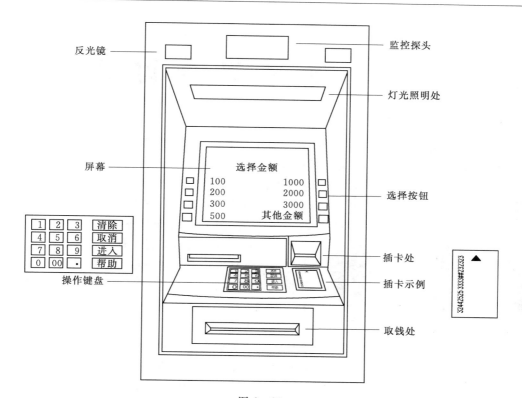

图 6 - 64

第7章 专题设计讨论

"工欲善其事，必先利其器"比喻要做好一件事，准备工作非常重要。产品作为人的使用工具，其设计的好坏直接关系到使用效果。随着社会发展以及科技进步，人们的生活水平越来越高，产品越来越丰富。人们经常要与作为工具的各种产品打交道，人们已经不满足使用功能和造型美观了，更注重使用的舒适性、宜人性。图7-1是上海于2011年新建火车站售票窗口，可以看到售票窗口偏低，使得旅客在"弯腰撅臀"的极不正常姿势下买票，可想旅客心中的怨气。铁路部门回答窗口建造是按照国标进行，但是我国在改革开放30年中，生活发生了质的变化，人们的身高、寿命普遍提高，而按照很多年前的老标准设计势必出现图中的情景。为什么国外的机器设备、工具操作使用省力、轻巧、舒适？为什么国外的家具不仅造型美观，而且使用体验也很舒适？

图7-1 2011年上海新建火车站售票窗口

为什么一些手机界面设计正好符合你的需要？而有的手机界面很难找到你需要的信息？这是在设计时是否充分考虑了人的生理、心理、需求等人机问题。目前不少国家已经将人机工程学指标作为国家标准予以制定，产品设计必须符合人机标准。我国在这方面起步较晚，在国家制定的《生产设备安全卫生设计总则》中，只规定有关机械设备的若干人机原则条款。相信在不久的将来，我国在解决人机问题方面会做得越来越好。本章是在前面学习有关作业姿势、工作空间、界面设计的基础上，以案例专题的方式讨论产品设计中的人机问题。

7.1 手持式工具设计

人类大约在三万五千年前就将石头作为利刃加在棍棒上，这是人类工具史上一个重要里程碑。工具使得人类扩展了生理能力范围，提高了作业效率。

1. 手持工具设计的一般准则

在手持工具设计中应该注意操作产品时使手腕顺直，同时，避免手臂较长时间握持工具。在此，给出手持工具设计的一般准则。

（1）手持工具的大小、形状、表面状况应与人手的尺寸和解剖条件适应。

（2）使用时能保持手腕顺直；避免掌心受压过大；尽量由手部的大小鱼际肌、虎口等部位分担压力。

（3）避免食指反复的弯曲扳动操作；避免或减少肌肉的"静态施力"。使用手工具时的姿势、体位应自然、舒适，符合手和手臂的施力特性。

（4）工具使用中不能让同一束肌肉既进行精确控制，又出很大的力量；负担准确控制的肌肉和负担出力较大的肌肉应该互相分开。

（5）注意照顾女性、左手优势者等群体的特性和需要。

2. 手握姿势设计

按照施加力进行分类，可分为与作用力方向一致、与作用力成一定角度或施加力矩的握持姿势；也可以从功能上进行分类（见图7-2）。

无论什么样的手持工具设计，先将人的手腕设计为舒适、顺直的姿势，而后再考虑工具功能、结构以进行相关因素协调。具体的原则是在正常情况下，"抓握中心线"（或称手柄推力线）应与前臂轴线成大约70°夹角（见图7-3）。

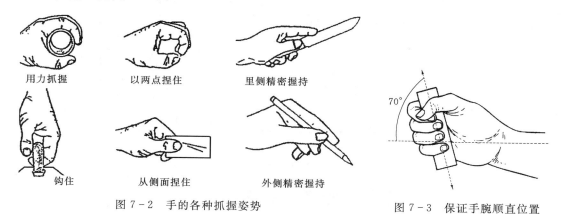

用力抓握　　　以两点捏住　　　里侧精密握持

钩住　　　从侧面捏住　　　外侧精密握持

图7-2　手的各种抓握姿势　　　　　图7-3　保证手腕顺直位置

　　案例分析1：从图7-4（a）中可以看出使用人性化钳子虽然没有传统钳子对称好看，但是使用起来使人的手腕顺直、舒适，图7-4（b）是1976年泰恰尔对40名电子装配工人分别使用这两种钳子进行测试的研究结果，可以看出在10周以后使用传统钳子患腱鞘炎比例明显增加，达60%。

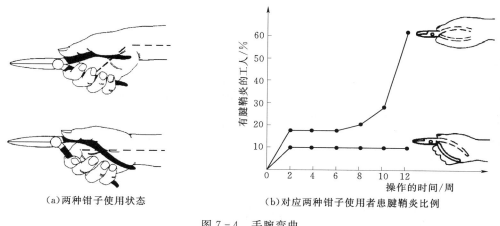

（a）两种钳子使用状态　　　（b）对应两种钳子使用者患腱鞘炎比例

图7-4　手腕弯曲

　　案例分析2：若作业空间、作业姿势、工位发生变化时，应该从顺手的原则考虑手持式工具设计问题。而同一工具在不同的作业指示下，使用效果是不一样的。（见图7-5），应该针对可能的作业姿势设计出多种操作方式，才能使工具具有多功能用途。图7-5（a）中作业者的工位是较低位置，此时作业者手处于尺侧偏姿势，说明该工具在该工位人机性能差。而同一工具在高于人体肩部的工位上却非常顺手［见图7-5（d）］。在较低工位时，图7-5（b）的作业者手腕操作姿势顺手，该工具在图7-5（c）高工位作业出现严重的尺侧偏。

　　3. 把手设计

　　手持式工具与人直接接触的界面就是把手，把手设计的好坏直接影响到工具的人机性能。把手设计与把手直径、长度、形状、材料、质感等因素有关。

　　（1）把手直径与长度。

　　普通手工具的把手多取圆形截面，需要着力抓握的，直径需要较大，常取30～40mm；需要精细操作的，直径较小，常取8～16mm（手指捏握）；对于方盒上的把手采用31～38mm直径把手可以获得最大的握力；对于操纵活动采用22mm的把手最好。若需要施加最大扭矩最好采用50mm的把手；若要保持灵巧和速度最好采用30～40mm。把手长度应该大于100mm以保证4个手指能握持把手

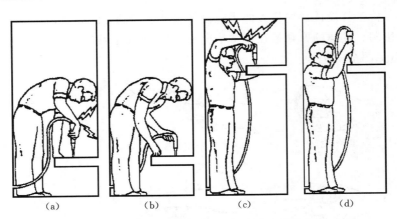

图 7-5 使用两种不同的电钻在不同的位置作业

（见图 7-6），一般来说把手长度为 120mm 时握持较舒适。

（a）短把手   （b）长把手

图 7-6 把手长度对操纵舒适性的影响

（2）形状。

图 7-7 中列出常用操纵杆手柄形状。由于人手掌中掌心肌肉最薄，神经、血管离掌面最浅，对压力或打击敏感，容易造成损伤。设计手柄时应坚持避免掌心受压原则，故图 7-7（a）和图 7-7（b）的手柄形状适于操作。由此可以看出设计不能只为美观，必须使设计符合人的生理、心理特性。操纵杆手握的端头若为球形、梨形、锥形等（见图 7-7），直径宜取 40mm 左右，长度宜取 50mm 左右；若为锭子形、圆柱形，直径宜取 28mm 左右，长度宜取 100mm 左右。

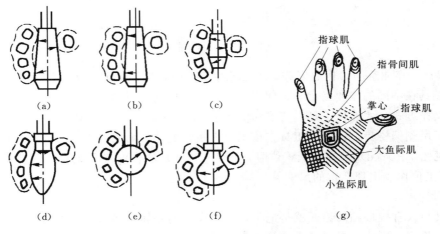

图 7-7 操纵杆手柄形状

对于抓握作业方式，加大抓握接触面积可以最大地减轻手部压力。用力有方向性的手工具，把手宜取椭圆截面，椭圆的长轴方向与用力的方向一致。像螺钉旋具（螺丝刀）这样的工具，为了便于施加较大旋拧力矩，应该在把手外轮廓做出一些凹凸纹槽［见图 7-8（a）］。纹槽的各转折处应光滑、且取足够大的过渡曲率半径，以免操作时硌痛手掌。不同纹槽把手所对应的旋拧力矩的对比［见图 7-8（b）］。

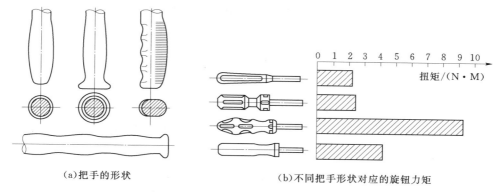

（a）把手的形状　　　　　　　　（b）不同把手形状对应的旋钮力矩

图 7-8　把手形状对操纵舒适性的影响

恰当的把手表面材料和纹理可以提高表面摩擦力，也可使把手具有舒适的握感。

4. 抓握空间

钳子、剪刀这类双握把工具，欲求捏握的舒适便利和增大捏握力，应使抓握空间的大小与手的尺寸和解剖适应。

若两握把大体上互相平行，则其间的距离以 50～60mm 为佳。对于两握把成一定的夹角时的捏握力，格林伯格和查芬（Greenberg & Chaffin）所做的一项测试结果如图 7-9 所示，适合于女性的抓握空间（握把大端的间距）为 60～80mm，适合于男性的为 70～90mm。女性、男性捏握力的 5 百分位数和 50 百分位数也可从图 7-9 看出。该测试数据来源于欧美人群，对中国人来说，抓握空间尺寸和捏握力都要略小一些，但变化规律和趋势是类似的。

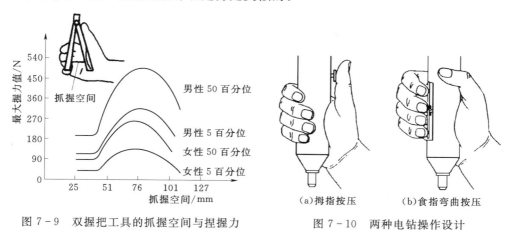

图 7-9　双握把工具的抓握空间与捏握力

（a）拇指按压　　　（b）食指弯曲按压

图 7-10　两种电钻操作设计

5. 避免手指反复弯曲

从手指解剖学角度来看手指（通常是食指）反复的弯曲扳动操作是不适宜的。因为指屈肌和指伸肌的活动位置和力量都有限，勉强地用力弯曲、伸直，多次反复动作以后，容易丧失操作的灵活性，甚至导致手指的疾患。

案例分析 3：图 7-10 为两种电钻操作设计。因气动或电动工具需要在对准对象时才开动，因而把开关安置在手把上。图 7-10（a）这种工具让拇指来按压开关较为合理［见图 7-10（a）］；而图 7-10（b）所示用食指弯曲用力的操作方式则不适当。

案例分析 4：图 7-11 是手柄上两种按钮位置设计对比。图 7-11（a）是拇指推压按钮，手指处于顺直

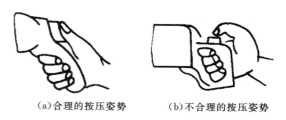

（a）合理的按压姿势　　（b）不合理的按压姿势

图 7-11　两种按钮位置设计对比

141

状态，因此，操作使人感到舒适合理。图 7-11（b）是拇指下压，拇指始终处于弯曲状态，时间长了会感到酸痛，故设计不合理。

7.2 桌椅设计

表 7.1 是瑞典对 246 个办公室的工作人员进行的一项问卷调查结果。问卷表明坐着工作带来的疼痛是全方位的，最严重的是腰痛，占 56％。探求其原因是不合理的坐姿造成了身体的疼痛，而坐姿在很大程度上受到座位的限制。

表 7.1 　　　　　　　　　　　　　　瑞典对坐办公室工作的人调查

部　　位	百分比/％	部　　位	百分比/％
头疼	14	大腿疼	19
脖子疼或肩膀疼	24	膝盖和小腿疼	29
腰疼	56		

为了得到正确的坐姿，我们应该从人体坐姿生理特性分析开始。早在 1948 年瑞典整形外科医生阿克布罗姆完成了世界上第一本关于坐姿解剖特性的专著《站与坐的姿势》，作者从解剖学的角度分析了坐姿特性，为后来的座椅设计研究奠定了基础。6 年后阿克布罗姆发表著名的座椅靠背曲线（见图 7-12），就是从脊柱舒适形态而来的。

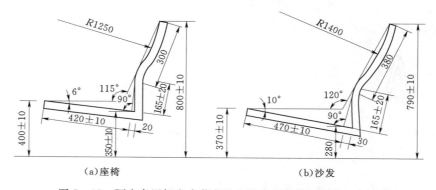

（a）座椅　　　　　　　　　（b）沙发

图 7-12　阿克布罗姆发表著名的座椅靠背曲线（单位：mm）

如前所述设计产品首先设计姿势，从坐姿生理学角度考虑，应该保证腰椎弯曲弧线处于正常位置；从坐姿生物力学角度考虑，应该保证身体免受异常力作用。通过对坐姿的生理以及对各种坐姿工作性质的分析，可以得到各类座椅、办公桌的功能尺寸合理性，总结出桌椅设计应该注意的问题。

7.2.1 坐姿下的体压

由于进化的结果，人体骨盆下部两个突出的坐骨粗大坚壮，坐骨处局部的皮肤也厚实。所以由坐骨部位承受坐姿下较大部分的体压，比体压均匀地分布于臀部更加合理。但坐骨下的压力过于集中，阻碍此处微血管内的血液循环，压迫该局部神经末梢，时间较长，会引起麻木与疼痛。下面就坐姿体压因素进行讨论。

1.椅面软硬与体压

有研究表明，人坐在硬椅面上，上身体重约有 75％集中在左右两坐骨骨尖下各 25cm² 左右的面积上，这样的体压分布是过于集中了。在硬椅面上加一层一定厚度的泡沫塑料垫子，椅面与人体的接触面积由 900cm² 增至 1050cm²，坐骨下的压力峰值将大幅度下降，即可改善体压分布情况。

但若坐垫太软、太厚，使体压分布过于均匀也不合适。坐姿下臀部、大腿体压的适宜等压线分布，大体如图 7-13 所示：坐骨骨尖下面承压较大，沿它的四周压力逐渐减小，在臀部外围和大腿前部只有微小压力。外围压力只对身体起一些辅助性的弹性支承作用。

2. 椅面高低与体压

图 7-14 是 3 种不同座高下椅面体压分布的等压线图。图 7-14（a）所示坐在矮位椅上时，承压的面积小、坐骨下压力过于集中，不合适。图 7-14（c）所示坐在高位椅上时，因小腿不能在地面获得充分支承，大腿与椅面前缘间的压力较大，影响血液流通，也不合适。从图中可以看出 7-14（b）中压力分布比较均匀，有利于人体。

3. 腘窝处压力

腘窝是指膝盖背面，从大腿到小腿的血管和神经离表皮较浅，且都经过腘窝，若座面过高或进深过深，此处受压会引起小腿血液堵塞，时间一长小腿就会麻木，这种情况必须避免（见图 7-15）。

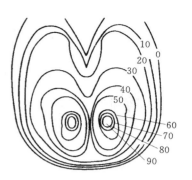

图 7-13　合理的臀部体压分布
（单位：10^2Pa）

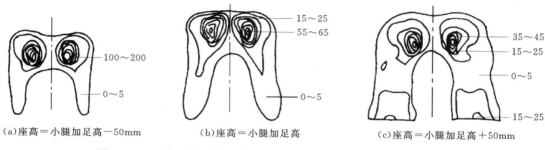

（a）座高＝小腿加足高－50mm　　（b）座高＝小腿加足高　　（c）座高＝小腿加足高＋50mm

图 7-14　3 种不同座高下椅面体压分布的等压线图（单位：10^2Pa）

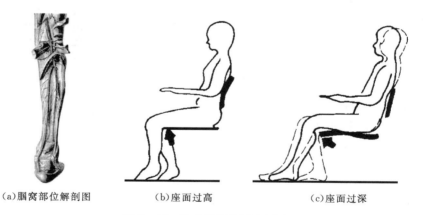

（a）腘窝部位解剖图　　（b）座面过高　　（c）座面过深

图 7-15　造成腘窝受压的原因

7.2.2　座椅设计

一个设计不合理的座椅，不仅达不到舒适、提高工效的目的，还会引起人体腰部、背部、腿部的疲劳。由此可见，座椅设计对人类的健康有重要意义。对于座椅设计不能局限于现有的形式，"椅"原本是"倚靠"，即为人提供一个依靠物。因此，在设计时应该研究人在使用这个依靠物需要什么姿势，由人体的姿势确定依靠物的形态，从而产生设计对象的形态。这也是人体姿势驱动产品形态设计原理。如马塞尔·布劳耶设计的躺椅形态就是人体在休息时的舒适姿势的写照（见图 7-16）。

从功能上划分，座椅一般分为工作座椅（工作椅）、休息用椅（休息椅）、办公用椅。工作椅是就座者的主要要求是在胸腹前的桌面上进行手工操作或视觉作业，需以上身前倾的姿势进行伏案读、

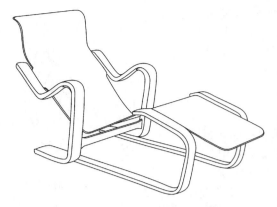

图 7-16 马塞尔·布劳耶设计的躺椅

写、绘图，或打字、精细检测、装配、修理等操作或作业；休息椅是就座者用作放松休息的，例如候车室和候诊室的座椅、影剧院座椅、公交车客车椅、公园休闲椅、沙发、安乐椅、躺椅等；办公室用椅（包括会议室用椅、教室中的学生座椅等）是介于前面两种座椅之间，就座者有时要低头读、写，有时上身要后仰着听或说的座椅，其中以办公椅为代表，故统称为办公椅。下面就座椅的主要功能尺寸的确定进行讨论。

1. 座面（前缘的）高度

小腿有支撑是轻松实现上身平衡的条件。老式办公椅前缘的油漆总是被磨得光光的，后来经过测试发现人体上身重心位于两坐骨骨尖连线向前偏 25mm 左右，若小腿在地面获得支撑，会降低大腿与椅面前缘之间的压力，也可以缓解背肌受力状况。通过对人体坐姿分析，可以看出椅面高度与 GB/T 10000—1988 坐姿人体尺寸中的"小腿加足高"［参看图 2-13（c）］接近或稍小时，有利于获得合理的椅面体压分布。从而得出椅面前缘高度设计要点：①大腿基本水平，小腿垂直地获得地面支撑；②腘窝不受压；③臀部边缘及腘窝后部的大腿在椅面获得"弹性支承"。由此，推出工作椅座高为："小腿加足高"（10～15mm）。考虑中国男 P_{95} 和女 P_5 得到中国男女通用工作椅座高：350～460mm。一般来说，座椅高度宁低勿高。

2. 靠背的形式及倾角

靠背的作用是人体脊柱保持自然弧形曲线状态，特别是腰部要提供良好的腰靠支撑，以减少腰椎部位外拱曲。日本人机工程学者小原二郎等人，设计了 4 种形式的靠背，能分别适用于不同功能的座椅（见表 7.2）。图 7-17 是这 4 种靠背形式中的中靠背座椅的功能尺寸。关于其他 3 种靠背形式，有兴趣的读者可参阅有关文献。

从表 7.2 中数据可以看出对于工作椅，靠背的功能是维持脊柱的良好形态，避免腰椎的严重后凸，因此工作椅的靠背主要是腰靠，即在以第三、第四腰椎为中心的位置上，有一个尺寸、形状、软硬适当的顶靠物（见图 7-18）。对于中等身材男子，第四腰椎约在肘下 4cm 处（即大部分人系腰带的高度），这个位置就是腰靠中点的高度。

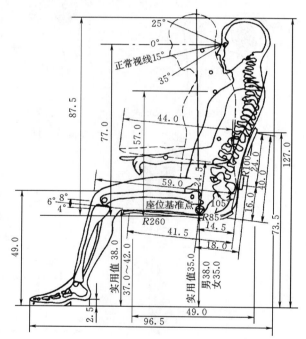

图 7-17 中靠背座椅的功能尺寸（单位：cm）

表 7.2 座椅的靠背形式和使用条件

名称	支承特性	支承中心位置	靠背倾角	座面倾角	适用条件
低靠背	1 点支承	第三、第四腰椎骨	≈93°	=0°	工作椅
中靠背	1 点支承	第八胸椎骨	105°	4°～8°	办公椅
高靠背	2 点支承	上：肩胛骨下部 下：第三、第四腰椎骨	115°	10°～15°	大部分休息椅
全靠背	3 点支承	高靠背的 2 点支承 再加头枕	127°	15°～25°	安乐椅、躺椅等

对于休息椅的靠背是后仰的，就座者的上身体重较多地由靠背承担，且大腿骨与上身间的夹角也较大，可以缓解腰椎形态的变化及椎间盘的压力异常。因此对于休息椅，腰靠的作用降低，靠背功能的要点转向支承躯干的重量、放松背肌。躯干的重心大约在人体第 8 胸椎骨的高度，宜以此位置为中心对就座者提供倚靠。对于安乐椅、躺椅等长时间休息的用椅，为缓解颈椎的负担，最好还能提供头枕。头枕对头的支承位置应该在颈椎之上、后脑勺的下部。

办公椅介于工作椅和休息椅之间，靠背主要起到支撑躯干作用。在图 7-12 中阿克布罗姆靠背曲线的最大特点是给出腰靠位置。其次，靠背应尽可能维持较大的躯干与大腿的夹角，减少骨盆转动量，从而减少腰椎部位外拱曲程度。

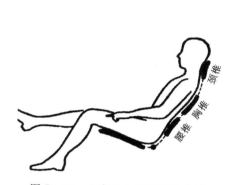

图 7-18　坐姿下人体需要的支承

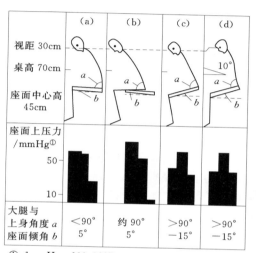

① 1mmHg=133.322Pa。

图 7-19　前倾工作时椅面倾角与椅面体压的关系

3. 座面倾角

座面倾角 a 是指座面与地面夹锐角，一般定义 a 在椅面前倾（前缘翘起）为正值，后倾为负值。椅面倾角对椅面体压分别影响也很大，但这种影响与坐姿有关。相同的椅面倾角下，采取前倾坐姿（例如在阅读、抄写、打字时），或采取后仰坐姿（例如看演出、休息时），影响很不相同。

图 7-19 中的（a）与（b），座面倾角为正值（$a=5°$），作业者躯干前倾工作，椅面上大腿近腋窝处均受到使人不适的甚大体压。图 7-19（b）所示躯干前倾较多，腘窝处承受的压力更大，不适感也更明显。图 7-19 中的（c）与（d），座面倾角为负值（$a=-15°$），椅面体压分布较为合理。

工作椅用于读、写、打字、精细操作等身躯前倾工作（座面倾角 a 为负值）。休息椅（a 为正值）的椅面前翘，其 a 根据具体休息类型决定（见表 7.3）。由于办公椅介于工作椅与休息椅之间，最好在一定范围内可以调节座面倾角和靠背倾角（一般办公椅 a：0°～5°，推荐 a：3°～4°），以满足不同状态需要（见图 7-20）。

表 7.3　　　　　　　　　　　　　几种非工作椅座面倾角

座椅类型	会议室椅	影剧院座椅	公园休闲椅	公交车座椅	一般沙发	安乐椅
座面倾角	≈5°	5°～10°	≈10°	≈10°	8°～15°	可达 20°

4. 座深

座深的设计原则是保证座面有必要的支撑面积，减少背肌负担；并保证腘窝不受压，背部获得依靠。对于不同座椅，其坐姿状态不一样，座深要求也不同。对于工作椅一般要求宁浅勿深。考虑中国男 P_{95} 和女 P_5 得到中国男女通用座椅的座深：360～390mm，推荐值 380mm。办公椅的座深等于或稍大于工作椅的座深；休息椅可以更大一些，但是，腰椎得不到支撑，甚至从座椅上起来都费劲（见图 7 - 21）。

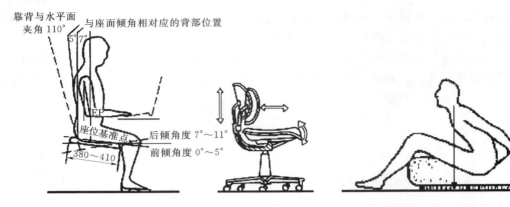

图 7 - 20　可调节的工作椅　　　　　　　　图 7 - 21　座深过深

5. 座宽

座宽过小或过大对人坐姿舒适度都有影响（见图 7 - 22），因此通用座椅的座宽按照女子 P_{95} 坐姿臀宽（382mm）加适当穿衣修正，国标中给出 370～420mm，推荐值 400mm。对于礼堂、影院的排椅，考虑避免就座者两臂碰撞干扰，以大于国标中坐姿两肘间宽加穿衣修正量为依据。若以男性 P_{95} 坐姿两肘间宽（489mm）加穿衣修正量，排椅的座宽应大于 500mm。

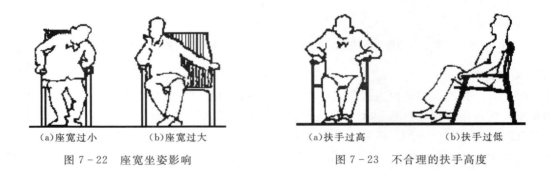

（a）座宽过小　　　（b）座宽过大　　　　　　（a）扶手过高　　　（b）扶手过低

图 7 - 22　座宽坐姿影响　　　　　　　　图 7 - 23　不合理的扶手高度

6. 扶手高度与椅面形状

扶手一般用于休息椅和办公椅，主要用来支撑身体重量，减轻肩部负担，形成临近者界线。扶手高度过大或过小会造成肩部肌肉紧张（见图 7 - 23），采用中国男 P_{50} 和女 P_{50} 的平均肘高为 257mm，公共座椅的扶手高度应略小于 257mm，国标推荐扶手高度（230±20）mm。

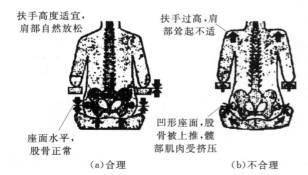

图 7 - 24　扶手高度与椅面形状对坐姿影响

解剖学研究表明：座椅形状的弧凹形高度差若大于 25mm，人的股骨两侧会被上推，造成髋部肌肉受挤压，使人感到不适（见图 7 - 24）。因此，椅面的形状最好设计为接近平面的椅面。各类座椅的功能尺寸变化与对比见图 7 - 25。

座椅的舒适性除了上述讨论的内容外，还受到椅垫软硬和材质性能的影响。研究表明太硬、太软的椅垫都不好，椅垫材质的选择应注意其透气性的优劣，详细内容请读者自己查找相关资料。

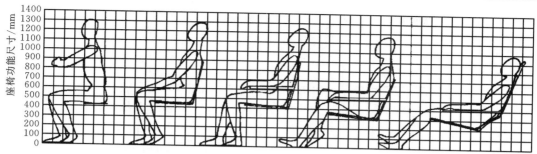

图 7-25 各类座椅的功能尺寸变化与对比

7.2.3 桌面高度设计

桌台类家具主要提供人们凭倚、伏案工作的界面。不同用途的桌的高度是不同的，设计时应首先考虑人在使用桌子时的姿势（见图 7-26）。桌面过高，小臂在桌面上工作时，肘部连同上臂、肩部都被托起，肩部因耸起而使肌肉处于紧张状态，使人难受，容易感到疲劳。过高的桌面还是引起青少年近视的原因之一。桌面过低，则会使人们工作时脊柱的弯曲度加大，腹部受压，影响呼吸和血液循环，背肌受较大的拉力。在过低的桌面工作，颈椎弯曲容易造成颈椎疾病，同时，还增加视觉负担。

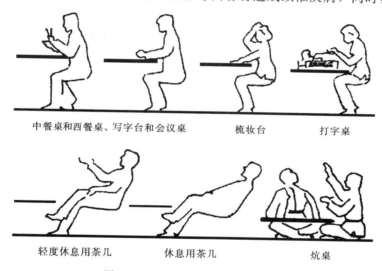

中餐桌和西餐桌、写字台和会议桌　　　梳妆台　　　打字桌

轻度休息用茶几　　　休息用茶几　　　炕桌

图 7-26 不同用途下的人体坐姿

设计桌子高度的正确方法是设计合理的桌椅面高度差，即桌高等于座高加上桌椅面高度差。因此设计桌子应该考虑配置的椅子设计问题，一般是根据使用性质，确定椅子相应尺寸，再以座椅为基础推出办公桌功能尺寸（桌椅高度差、中屉深度等尺寸）。

1. 桌面高度（桌椅配合）

大量测试研究表明，合理的桌椅高度差可依据坐姿人体尺寸中的"3.1 坐高"［见图 2-13（c）］来确定，一般采用：

$$书写桌椅高度差 = \frac{坐高}{3} - (20\sim30)\text{mm}$$

$$办公桌椅高度差 = \frac{坐高}{3}$$

考虑到办公桌现实中难以区别男用或女用等因素，我国国家标准 GB/T 3326—1997 规定的桌高范围为 $H = 700\sim760\text{mm}$，级差 $\Delta = 20\text{mm}$。因此共有以下 4 个规格的桌高：700mm、720mm、740mm、760mm。我国中等身材男子使用办公桌的适宜尺寸［见图 7-27（a）］，可调办公桌椅的尺寸大体如图 7-27（b）所示。

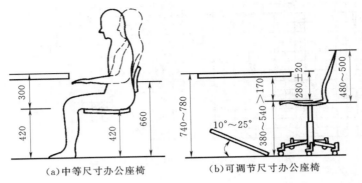

图 7-27 办公座椅尺寸（单位：mm）

2. 中屉深度

前面讨论到桌面不能太高，而桌子下面的"容膝空间"也是必须保证的，结果是中间抽屉（简称中屉）就不能太深，否则会产生大腿在中屉下受压或根本放不到桌子下面去的状况。如图 7-27 可以看出以下公式。

$$桌椅高度差 = 桌板面厚度 + 中屉深度 + 中屉底板厚 + 坐姿人体大腿厚$$
$$+ 穿衣修正量 + 大腿活动空间$$

在保证桌面高度和桌下容腿空间的前提下，设计中屉深度一般取 80mm 左右。

7.3 自行车人机分析

随着人们环保意识的增强，越来越多的人选择自行车为代步工具。自行车设计已经有上百年的历史，与人的接触密切，其部件尺寸与人体尺寸的匹配问题是整个自行车设计中的一个重要问题，本节以自行车某些零部件尺寸的确定为例，介绍如何运用人机学知识解决设计中的问题。

7.3.1 人机设计

人在骑车时组成了人—车—环境系统，在该系统中人与自行车的支撑部分和接受动力部分进行界面交互，其组成见图 7-28。

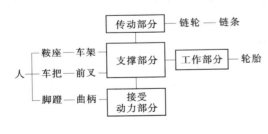

图 7-28 人—车界面关系

在自行车设计中不仅要考虑到人自身的特点、人体尺寸（如身高、肢体长度等），更要考虑到人的生理特点，如视觉特征、不同体位下的蹬力、人体动作用力的特点、人体动作的灵活性等人的因素影响。而影响自行车性能的因素有人体尺寸、人体关节活动范围、人体的施力、人体的功率、脚踏速度、人体自身平衡问题。在这里作为分析事例和篇幅限制只分析车架中的曲柄高度、中轴高度、立管长度、上管长度尺寸进行分析，有

兴趣的同学可以自己查阅相关资料进一步学习。

1. 骑车姿势分析

图 7-29 是一人骑自行车示意图，正确的骑车姿势，是由骑车人和自行车 3 个接点位置决定的，如图 7-29 中所示的鞍座位置、车把位置、脚蹬位置。按 3 点调整法，AB≈AC，一般 AB=（AC-3）cm，A 点略低于 B 点，约为 5cm。鞍座装得过低，骑行时双脚始终呈巧曲状态，腿部肌肉得不到放松，时间长了就会感到疲软无力；鞍座装得过高，骑行时腿部的肌肉拉得过紧，脚趾部分用力过多，双脚也容易疲劳。

设计或校正鞍座位置高低最常用的方法，是使手臂的腋窝部位中心紧靠鞍座中部，使手的中指能

触到装配链轮的中轴心为宜。人体各部尺寸都有一定的联系，只要腋窝中心至中指的长度确定下来，鞍座高度便可大致确定。行驶较快的车，鞍座位置要向后移动，行驶较慢的车，鞍座位置要向前移动，否则都不利于骑行，如图 7-29（b）、（c）所示。有资料研究表明骑车者手臂与前胸躯干夹角为 50° 时最为舒适（见图 7-30）。

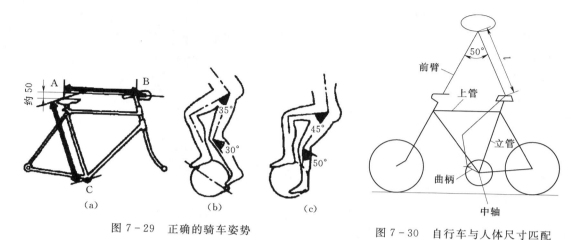

图 7-29　正确的骑车姿势

图 7-30　自行车与人体尺寸匹配

2. 车架尺寸

（1）曲柄长度。

曲柄的长度决定了骑行者蹬踏所产生的圆周直径，合适的曲柄长度应使骑乘者的膝盖屈伸幅度在 20° 左右。国标规定了曲柄长度系列：165mm、167.5mm、170mm、172.5mm、175mm 5 种。

一般曲柄尺寸是车轮尺寸的一半，即

$$l_{曲柄}=\frac{r_{车轮}}{2}$$

（7-1）

如 26 英寸车轮半径是 330mm，故曲柄长度为 165mm。

（2）中轴到地面高度。

若满足自行车运动性能要求，中轴到地面距离 $h_{中轴}$：

$$l_{曲柄}<h_{中轴}<r_{车轮}$$

GB 3565—83 规定曲柄与地面应保持一定距离，如 26 英寸车轮 $h_{中轴}$：

$$h_{中轴}=l_{曲柄}+\frac{95r_{车轮}}{330}=260(mm)$$

（3）上管长度。

由图 7-32 可见上管与人体前胸躯干、前臂近视构成三角形，上管长度 $l_{上管}$：

$$l_{上管}=\sqrt{(l_{手臂})^2+l^2-2l_{手臂}l\cos 50°}$$

（7-2）

若以第 95 百分位成年男子为例，$l≈701$（坐姿颈椎点高）-100（修正量）$=601mm$。

$$l_{手臂}=l_{上臂}+l_{前臂}-X_{修正}=338+258-56=540(mm)$$

$$l_{上管}=\sqrt{(540)^2+601^2-2×540×601\cos 50°}=485.366≈485(mm)$$

（4）立管长度。

按照经验公式立管长度约小于腿长减去曲柄长度，一般取：

$$l_{立管}≈l_{腿长}-1.8l_{曲柄}$$

（7-3）

7.3.2　人机评价

自行车骑姿是由骑乘者与自行车的把手、鞍座以及脚踏板的相对位置来决定的。骑乘者的手、臂部、脚在车上的相对位置决定了骑行的舒适程度和骑行的效率。从人机工程学观点出发，要提高自行车骑行时的舒适性，就应该合理定位把手、鞍座以及脚踏板三者之间的位置，让骑行者在骑行过程中身体各部分尽可能处于自然状态。以市场已有的自行车为例，分析骑行者在骑行过程中身体各部分的舒适程度。

在具体的人机操作分析之前，要进行两个前期准备工作。首先，依据实际尺寸建立自行车的模型（见图 7 - 31）。其次，确定要使用的人体模型百分位数。因为自行车是男女通用型的产品，参考国家标准《在产品设计中应用人体百分位的通则》（GB/T 12985—1991），对于成年男女通用的产品，大百分位数选用男性的 P_{95}，小百分位数选用女性的 P_5。在建立了自行车模型和确定了分析所要使用的人体模型百分位数之后，就可以开始进行人机分析的下一步操作。

图 7 - 31　自行车模型

在 Assembly Design（装配设计）平台下装配完成自行车模型后，在菜单栏中逐次单击：Start（开始）→Ergonomics Design & Analysis（人机工程学设计与分析模块）→Human Builder（建立人体模型），进入创建人体模型设计界面。

点击工具栏中 Inserts a new manikin（插入新人体模型）按钮，在弹出的 New Manikin（新建人体模型）对话框中，有 Manikin 和 Optional 两个选项栏，按照图 7 - 32 中所示进行设置。在 Manikin 选项栏中，Gender（性别）选择 Man（男性），Percentile（百分位数）设置为 95 百分位数。在 Optional 选项栏中，Population（人群）选择自定义的中国人体模型。单击 OK 即可插入一个 95 百分位数的男性人体模型（见图 7 - 33）。

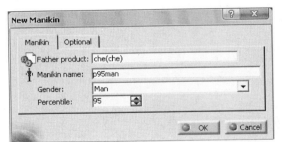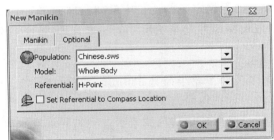

图 7 - 32　新建 P_{95} 男性人体模型

接下来在人体模型姿态分析模块中进行骑行姿态评估。在菜单栏中逐次单击下拉菜单中的选项：Start（开始）→Ergonomics Design & Analysis（人机工程学设计与分析）→Human Posture Analysis（人体模型姿态分析）选项，单击前面建立的 P_{95} 男性人体模型任意部位后，系统自动进入人体模型姿态分析界面。

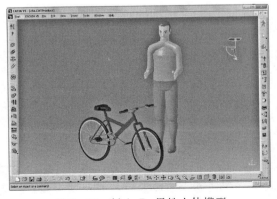

图 7 - 33　插入 P_{95} 男性人体模型

根据第 4 章中介绍的姿态评估步骤，首先建立人体模型各个部位的首选角度。由人机工程学可以知道，肢体活动存在最大活动角度和一个舒适的角度调节范围，在这里需要依据舒适、次舒适、不舒适对人体肢体活动角度范围进行设置，并设定相应的舒适度分值。一般骑行姿势应为上体前倾，腰部稍屈曲，头部不过分伸出，两臂屈曲，肘关节稍向两边分开，两腿的膝关节保持稍屈姿势。所以，这里就需要对人体模型的头部、胸部、腰部、前臂、上臂、大腿和小腿的关节运动范围进行角度编辑，划分关节舒适的范围、次舒适的范围以及不舒适的范围。

具体操作是运用首选角度编辑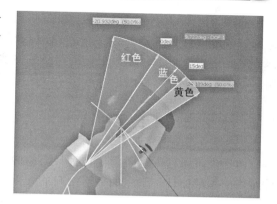命令，例如选中头部为编辑对象，在自由度 DOF1 下，将活动范围划分为 3 个区域并分别编辑不同的颜色和设定分值。舒适运动范围设定分值为 90 分，颜色显示为蓝色，次舒适范围设定为 80 分显示黄色、不舒适范围设定为 70 分显示红色（见图 7-34），具体角度的划分见表 3.7。同理编辑不同自由度下的胸部、腰部、前臂、上臂、大腿和小腿的首选角度。

　　单击工具栏中的 Posture Editor（姿态编辑）按钮，选中要编辑的部位，调整人体模型的姿态，将其编辑成如图 7-35 所示的骑行姿态。将编辑部位表面的颜色设定为只显示不在最舒适区域的颜色，图中人体模型身体部位的颜色是默认的蓝色说明该部位处于最舒适区域；显示黄色说明该身体部位处于次舒适区域；若身体某一部位处在不舒适区域，系统会自动使该部位显示红色。通过图 7-36 中骑行者身体部位皮肤表面颜色的变化，可以直观的判断骑行者是否处于舒适的姿势。例如，P_{95} 男性人体模型腰部和胸部皮肤变红，表明腰部和胸部现处于不舒适的角度。

图 7-34　设定头部首选角度

图 7-35　编辑人体模型姿态

图 7-36　P_{95} 男性人体模型骑行姿态

　　在工具栏上单击按钮，打开 Postural Score Analysis（姿态评估分析）对话框（见图 7-37），可以看到所编辑部位的舒适度具体分值。该分值是对 P_{95} 男性当前姿态的定量评估。

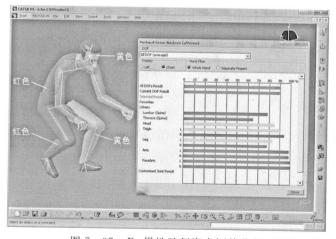

图 7-37　P_{95} 男性骑行姿态评估分析

151

同理，还可以对 P_5 女性骑行姿态进行评估分析。从人体的尺寸、动作范围以及运动生理等方面出发，改进设计影响骑姿的把手、鞍座以及脚踏板三大部件之间的相对位置。改进后的骑姿在身体各部分之间进行合理的功能分配，脚踩踏板驱动自行车前行，臀部和腰支撑上体的体重，手操纵把手控制前行方向。在此基础上进行的车架设计能提高骑行的舒适性。

7.4 学生公寓人机尺寸设计

由于经济条件限制，学生宿舍只简单的提供学生基本生活的条件，没有进一步人性化的考虑宿舍单元内空间的设计。学生的生活空间的人际问题涉及人的生理、心理、精神需求、社会等方面因素，在这里以案例分析形式就如何依据计算学生应有的合理生活空间的尺寸进行探讨，引导学生将所学习内容用于实践验证。

目前学生宿舍多采用上下分隔方式，即上为睡卧空间，下为学习、储物、交往活动的空间。它利用竖向的分隔来增强学生的私密性和领域感，减少外界对其的影响和干扰，但是仍然存在缺少足够的交友围合空间，使来访的朋友没有立足感和亲切交谈感。由于宿舍内部的家具布置也太过于集体化，没有给当代大学生一个自我的、个性的发挥空间，使个体与集体的需求发生矛盾。学生居住环境凌乱不堪，衣服、鞋子、书籍、电线到处可见。可想而知在这样的生活环境中，怎能给学生一个健康的成长空间呢？

案例分析 5： 参考图 7-38 中学生公寓整体床，对其各主要部分确定出最小人机尺寸。

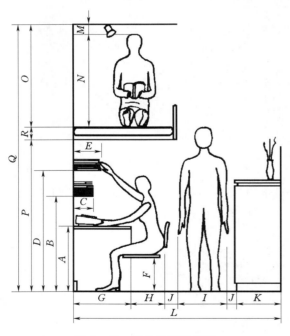

图 7-38 学生公寓整体床

分析： 学生公寓建造是按统一规格设计制造，而入住对象可能是男生或女生，既可能是大个头学生，也可能是小个头学生，因此，在设计时要统一考虑。在设计中决不能都采用男女某一尺寸的平均值，必须根据具体情况分析产品尺寸类型。（说明：在后面分析中没写单位的都是毫米。）

解： 由 7.2.3 中桌面高度设计知道，合理桌面高度＝座高＋桌椅高度差，办公桌椅高度差＝坐高/3－（20～30）mm，考虑到现实中难以区别男用或女用等因素，我国国家标准 GB/T 3326—1997 规定的桌高范围为 $H=700～760mm$，级差 $\Delta=20mm$。因此共有以下 4 个规格的桌高：700mm、720mm、740mm、760mm。

1. 桌面高度 A

鉴于学生年龄和身体发育，建议选择学生用桌面高度 $A=720mm$。

2. 吊柜下层高度 B

吊柜下方放置常用物品，考虑小个头女子能轻松拾取吊柜上书或纸张，坐姿眼高部位是查看的最高极限，因此吊柜下层高度采用小个头女子坐姿眼高加上小腿加足高。

$$B=（女 P_{10} 坐姿眼高）+（女 P_{10} 小腿加足高）=704+350=1054（mm）$$

3. 吊柜下层进深 C

考虑放置 A4 纸，取 $C=220mm$。

4. 吊柜上层高度 D

吊柜上层放置不常用的书籍和纸张，可按照小于小个头女子坐姿下前臂上摆 35° 时手能够到的位置。

$$D = （女 P_{10} 坐姿肩高）+（女 P_{10} 小腿加足高）+（女 P_{10} 上肢前伸长）\sin 35°$$
$$= 526 + 350 + 415 = 1291（mm）$$

推荐值：1250～1350mm。

5. 吊柜上层进深 E

考虑 A4 纸长 297mm，因此，吊柜上层进深 E：A4 长 300mm。

桌面和吊柜之间为 $D-A=571$mm，足以放置一台 19 寸显示器，当然也可将吊柜设计为高度可调，更方便不同个头的学生使用。

6. 椅面高度 F

$$F = \frac{（女 P_{50} 小腿加足高 + X_鞋 - X_衣）+（男 P_{50} 小腿加足高 + X_鞋 - X_衣）}{2}$$
$$= \frac{(382+25-6)+(413+20-6)}{2} = 415（mm）$$

推荐值：360～480mm。

7. 书写桌进深（脚空间进深）G

参考表 5.3 中容膝深度大于 460～660mm，一般推荐值：550～700mm。

8. 椅背桌沿距离 H

椅背桌沿距离 H 确定要考虑人能坐入图中位置，因此必须有大于 600mm（男 P_{99} 臂膝距），坐入后可以由：$H=$ 男 P_{99} 坐深 $=485$mm。

推荐值：440～560mm。

9. 通道者体宽 I

$$I = 男 P_{95} 最大肩宽 + X_衣 + 两肘略张开 2×80（mm）= 469 + 2×13 + 160 = 655（mm）$$

10. 人行侧边余裕 J

$$J = 50～100 （mm）（测试结果）$$

11. 书柜进深 K

$$K = 300～500 （mm）（文件柜标准）$$

12. 学习单元进深 L

$$L = G + H + 2J + I + K$$

13. 上铺床上净空 O

N 是人体尺寸中坐高，考虑大个头男子在座的过程中不发生碰头，N 采用男子 P_{95} 的坐高。

$$N = 男 P_{95} + X_衣 = 965（mm）$$

考虑大个头男子在座的过程中不发生碰头和心理修正量组成，头顶余裕空间 M 可通过实测获得，一般推荐值 50～100mm。

$$O = N + M = 965 + 100 = 1065（mm）$$

O 推荐值：1015～1065mm。

14. 床板褥垫厚度 R

考虑夏天铺席子，冬天需要棉絮等，一般取 80～120mm。

15. 学习单元高度 P

目前学校公寓多采用上下分隔式家具，下方主要为学习空间，其高度越高就可避免高个学生碰头，但是太高又增加建楼成本和爬上铺的难度。因此，采用男女平均身高加修正确定 P。

$$P = \frac{（男 P_{50} 身高 + X_鞋）+（女 P_{50} 身高 + X_鞋）}{2} + X_{心里修正}$$
$$= \frac{(1678+25)+(1570+20)}{2} + 100 = 1746.5 \approx 1750（mm）$$

153

16. 学生公寓室内高度 Q

$$Q = P + O + R = 1750 + 1065 + 120 = 2935 (mm)$$

所以学生公寓室内层高不得低于 2935mm。

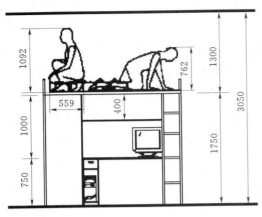

图 7-39 合理的学生公寓整体家具
（单位：mm）

通过对学生床铺分析，可以看到在人机分析时，首先，根据设计调查将设计对象表达出来（画出人在某种姿势状态图），分析出组成各部分尺寸以及尺寸类型，选定人体尺寸百分位数，再由国标中有关人体部位尺寸值来确定物品的人机尺寸。

有学者通过调查研究，在布置整体家具的宿舍内，室内净高的应定位 3.05m，床铺下方空间为 1.75m，人坐姿高 1.35m，头顶距床板 0.4m，桌面距床板 1m，室内屋顶距床板 1.3m。这样设计比较符合人体工程学，使学生在桌前学习和床上休息都会有一个较好的舒适的空间（图 7-39）。

总结，在遇到实际问题时要根据具体情况，选取相应的用户和人体百分位数，绘制人体姿势图，根据人体相关部位的尺寸计算相对应的产品尺寸。

常见学生公寓作息区域人机尺寸列于附录 D，便于同学在今后设计时参考效验用。

7.5 数控机床人机评价

数控机床作为其他机器零件的母机，以其现代化的生产技术、高效率、多品种等特点广泛应用于现代机械化生产加工中。近年来随着经济的发展机床技术也得到了提高，但是使用者在操作时的安全性和舒适性并没有得到充分的重视，长时间的操作造成了使用者的身体疲劳和心理压力，降低了工作效率。

图 7-40 是某高校针对学生实习而自制研发的 MCNC-1 多功能数控车床，实现手动和数控锻炼的目的。通过图中可以看到操作者面对的主要人机界面可以分为两部分，一是数控系统操作面板；二是机床操作区。数控系统操作面板由显示器和输入键盘组成，用来输入编程指令，观察机床反馈信息，使人可以对机床的操作做出有效的评价和决定。机床操作区包括工件的装夹、刀具的更换等手动控制和操作。本着降低成本的原则，只是简单设计制作了一个实现功能的车床体，数控系统是外购件，被简单地放置在床头箱上。整个加工单元裸露在外，工作台面过矮，数控面板过高不便操作，背后导线之间还有操纵手柄，各单元连线裸露在外，存在安全隐患。

图 7-40 MCNC-1 机床外观

考虑到篇幅，不对此做过多的分析，本节以该数控机床作为专题案例，结合产品的实际尺寸，仅对数控车床的操作面板和更换刀具的操作姿态进行仿真评价和舒适性分析。

7.5.1　课题分析与前期准备

图7-41给出针对机床进行人机仿真评价流程。在具体的人机操作分析之前，要进行两个前期准备工作。首先，依据真实尺寸建立数控机床的模型（见图7-42），人机界面尺寸必须严格符合实际产品，才能使人机操作的评价更为准确有效。其次，确定要使用的人体模型百分位数，建立中国人体数字模型。考虑到操纵数控机床的人员有男、女，参考国家标准《在产品设计中应用人体百分位的通则》（GB/T 12985—1991），对于成年男女通用的产品，大百分位数选用男性的 P_{95}，小百分位数选用女性的 P_5，这样不仅能兼顾男女通用，还可以为尺寸上、下限值设计提供改进的依据。百分位数选择好后，参照国标 GB/T 10000—1988 中国人体尺寸数据，在 CATIA 中利用人体模型测量编辑模块的高级命令建立数字人体模型（见图7-43）。

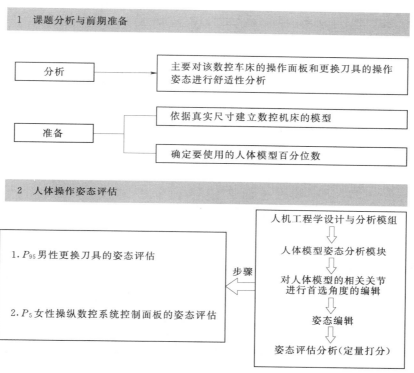

图7-41　数控机床人机仿真评价流程

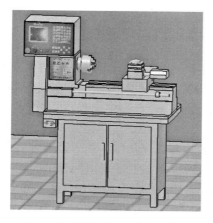

图7-42　MCNC-1的电子模型

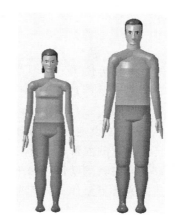

图7-43　女性 P_5 和男性 P_{95} 人体模型

7.5.2 人体操作姿态评估

1. P_{95}男性更换刀具的姿态评估

在 Assembly Design（装配设计）平台下装配完成数控车床后，在菜单栏中逐次单击：Start（开始）→Ergonomics Design & Analysis（人机工程学设计与分析模块）→Human Builder（建立人体模型），进入创建人体模型设计界面。点击工具栏中 Inserts a new manikin（插入新人体模型）按钮，在弹出的 New Manikin（新建人体模型）对话框中，有 Manikin 和 Optional 两个选项栏，按照图 7-44 中所示进行设置，单击 OK 插入一个 95 百分位数的男性人体模型（见图 7-45）。

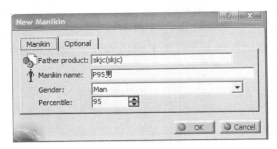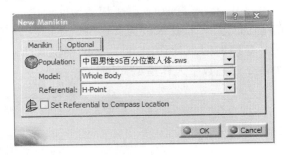

图 7-44　新建 P_{95} 男性人体模型对话框

使用 Place Mode（放置功能）按钮，将人体模型放置到合适的位置（见图 7-46），为后面的姿态分析做好准备。根据作业姿态评估步骤，首先建立人体模型各个部位的首选角度。分析数控车床的操作流程，确定操作者在工作时主要频繁运动的部位是前臂、上臂、头部、胸部和腰部。由于人体的关节在一定范围内运动是舒适角度的，因此可利用这些舒适限定值对各运动关节活动设定舒适度分值，作为判断人体活动中舒适的界限。

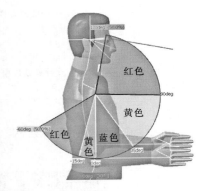

图 7-45　插入 P_{95} 男性人体模型　　图 7-46　放置在适当的位置　　图 7-47　设定上臂首选角度

具体操作是在人体姿态分析模块下运用首选角度编辑命令，例如选中上臂为编辑对象，在前后伸展自由度下（DOF1），将活动范围划分为 5 个区域并分别编辑不同的颜色和设定分值。0°～35°为舒适运动范围，设定分值为 90 分，颜色显示为蓝色，偏离中心位置向前或向后依次为次舒适范围设定为 80 分显示黄色、不舒适范围设定为 60 分显示红色（见图 7-47），具体角度的划分见表 3.7。

同理，编辑不同自由度下的前臂、头部、胸部和腰部的首选角度。然后，通过姿态编辑器将人体模型的操作姿态编辑成更换刀具的动作，通过操作者的身体部位皮肤表面颜色的变化，可以直观的判断操作者是否处于舒适的姿势下工作。如图 7-48 所示，P_{95} 男性人体模型腰部皮肤变黄，表明腰部现处于次舒适的角度。

在工具栏上单击按钮，打开 Postural Score Analysis（姿态评估分析）对话框（见图 7-49），可以看到所编辑部位的舒适度具体分值。图7-49是P_{95}男性对应于图7-48更换刀具的姿态评估分析。

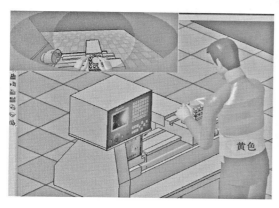

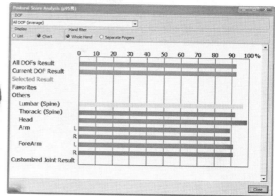

图7-48 P_{95}男性更换刀具

图7-49 P_{95}男性姿态评估分析对话框

2. P_5女性操纵数控系统控制面板的姿态评估

重复上述步骤，新建一个P_5女性电子人体模型。点击工具栏中Inserts a new manikin（插入新人体模型）按钮，在弹出的New Manikin（新建人体模型）对话框中，有Manikin和Optional两个选项栏，按照图7-50中所示进行设置，单击OK插入一个如图7-51中所示的5百分位数的女性人体模型。然后使用Place Mode（放置功能）键，将人体模型放置到合适的位置（见图7-52）。

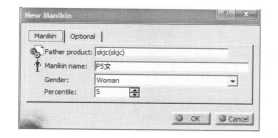
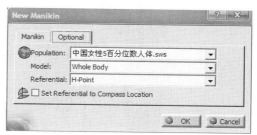

图7-50 新建P_5女子人体模型对话框

图7-51 插入P_5女性人体模型

图7-52 放置在适当的位置

图7-53是对女子人体模型的前臂进行首选角度的设定，$0°\sim105°$为舒适运动范围，设定分值为90分，颜色显示为蓝色；$105°\sim115°$为次舒适运动范围，设定分值为80分，颜色显示为黄色；$115°\sim140°$为不舒适运动范围，设定分值为60分，颜色显示为红色。如表3.7所示，设置人体模型

上臂、头部、胸部和腰部的首选角度。

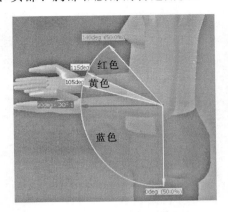

图 7-53 设定前臂首选角度　　　　　图 7-54 P_5 女性操纵数控系统控制面板

通过姿态编辑器将人体模型的操作姿态编辑成操作数控系统控制面板的动作，如图 7-54 所示，P_5 女性人体模型上臂皮肤变黄，说明上臂现处于次舒适的角度。

最后，在工具栏上单击■按钮，打开 Postural Score Analysis（姿态评估分析）对话框（见图 7-55），可以看到所编辑部位的舒适度具体分值。图 7-55 是 P_5 女性对应于图 7-54 操作数控系统控制面板的姿态评估分析。

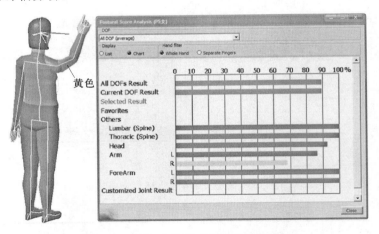

图 7-55 P_5 女性姿态评估分析对话框

7.5.3 快速上肢评价

在人体运动分析模块下打开 RULA（快速上肢评价）分析命令，可以看到人体模型上肢运动的分析结果对话框（见图 7-56）。在对话框内进行高级模式编辑，根据实际情况改写是否需要提高肩部、手臂是否外扩、手腕是否扭曲等默认姿态。系统通过操作姿态的设定，将会自动评定上肢各部位的运动分值。1～2 分表示该姿态可以接受，3～4 分表示该姿态可能需要改进，5～6 分表示要尽快研究和改变姿态，7 分表示要立即改变姿态。最后，系统会给出上肢操作的总分值，整体评定该动值是否被接受。

现对一车工更换刀具动作进行 RULA 分析，刀具重量不超过 1kg，更换动作属于断续作业，作业姿势前倾。在 CATIA 人体运动分析模块下，选中 P_{95} 男性人体模型，单击工具栏中的 RULA Analysis（快速上肢评价）■按钮，弹出如图 7-56 所示的 RULA 分析对话框，选择 Posture 类型和输入负载 Load，RULA 分析对话框左下方给出在该姿势下上肢操作分析得分为 2 分，表示 P_{95} 男性更换刀具的姿态是可以被接受的。

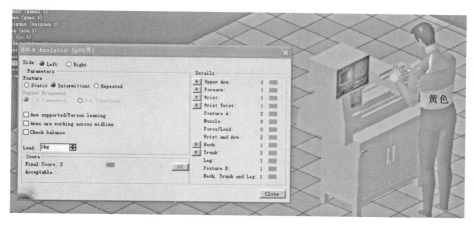

图 7-56 P_{95} 男性 RULA 分析

同理得到图 7-57，操纵控制键盘属于连续动作，计算机仿真得到上肢操作分数为 4 分，表示 P_5 女性操作数控系统控制面板的姿态需要进一步研究，可能需要改变。

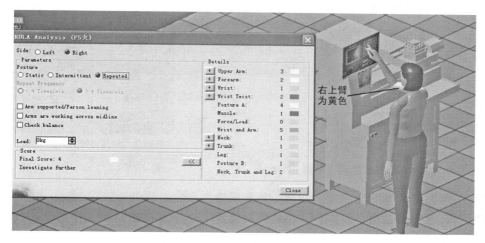

图 7-57 P_5 女性 RULA 分析

由姿态评估和 RULA 分析结果可以看出，MCNC-1 的数控面板高度过高，致使小百分位数的人使用很不舒适；机床操作区的工作台面过低，大百分位数的人操作时需要弯腰容易疲劳，高度的设计有待改进以方便操作者更好的施力；显示器和操作器的尺寸不合理，使人长时间使用后容易疲劳。CATIA V5 软件的人机设计与分析模块为数控机床的人机界面设计提供了有效的评价，方便了我们验证设计中的人机系统舒适性，确保操作者保持舒适的工作姿势，达到最好的工作效率。

7.6 石油钻机司钻控制人机设计

本案例分析意在讨论人机工程学应用于实际的一个科研案例，为有兴趣的同学了解一个实际问题的研究过程，其为今后自主解决实际问题提供帮助。

司钻房位于钻井平台上（见图 7-58），司钻员通过司钻台控制整个钻机运转，构成了人—钻机的交互界面（见图 7-59）。石油钻机一旦开机就必须日夜工作，司钻员操作钻机时要求眼睛始终注视井口和指重表，并兼顾其他仪表，双手分别控制工作刹车和绞车给速手柄。每个司钻员每工作 12h 进行换班，虽然有副司钻可以协助工作，但是每天保持注意力高度集中使司钻员感到非常疲惫。图 7-59（a）为我国早期石油钻机司钻控制台，司钻员以站姿的方式工作在露天环境下，其操作安全性较差，钻井效率较低，这种钻机在现代钻井中应用较少。20 世纪 90 年代，研究者用刹车汽缸取代驱动滚筒带刹车，使司钻实现入室操作，大大改善了司钻的工作环境，随着电驱动钻机的出现，实现了绞车控制器远程操作，司钻控制房逐渐形成一个封闭的空间，不仅增加了司钻操作人员的操作安全性，也提高了操作者的工作环境的舒适性〔见图 7-59（b）〕。因此，司钻的工作环境——司钻控制房通常被誉为石油钻机的"心脏"。

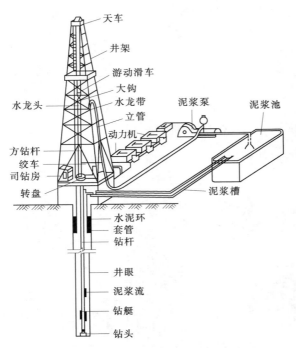

图 7-58 石油钻机主要部件分布图

（a）老式钻机司钻员站姿工作

（b）现代钻机司钻员坐姿工作

图 7-59 工作中的司钻员

国内钻机的司钻房基本上是由各个油田、井队根据自己使用钻机的情况定制，没有统一规范。由于工作平台限制，预留司钻房空间狭小，司钻控制设计上还停留在将原来室外的仪器仪表搬到室内，仪器仪表太多，布局混乱（见图 7-60）。

一个司钻控制人员每天在司钻房内要进行长达十几小时的工作，面对各种仪表、监视系统保持高度的注意力，如果显示系统和操作设施设计不合理，使用操作繁琐，即使是经过培训的专业人员也难免疲劳、操作出错，而长时间的工作还可能造成职业疾病。出于安全考虑，司钻房距离井口要在 3m 以上（见图 7-61）。

图 7-60 石油钻机司控台

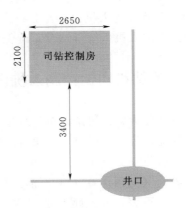

图 7-61 房体与井口位置要求（单位：mm）

7.6.1　钻井现场设计调查

设计调查是设计的第一步。课题组于 2008 年 7—8 月及 2009 年 8 月先后到德阳、大邑、达州、广元苍溪元坝、西南石油大学实习井场进行现场调研，共调查 19 名司钻员。通过钻井现场走访、拍摄司钻台布局照片，观察专家用户操作、拍摄司钻员操作 DV，通过与他们交谈探寻他们的使用心理，并对他们使用情况进行问卷调查。

通过调查发现司钻房内显示、操纵元件组成以及相互关系，多数钻机司钻台上的显示、操纵元件的层次关系见图 7-62。总体来看，我国陆地钻机对比海洋钻机的井场作业平台普遍狭窄，控制台上的显示元件和控制元件很多，根据以上对各个井场司钻房内显示元件布局的对比，发现我国石油钻机司钻控制房内的显示、操纵元件的类型还不能达到统一规格，司钻员对司钻控制台操作的不合理抱怨很多。

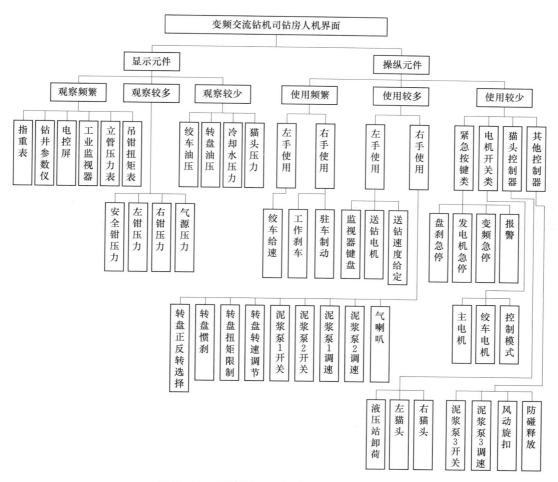

图 7-62　石油钻机显示、操纵元件层次分析

考虑设计的需要，深入了解显示仪表、操纵元件的重要性、操作流程、使用频率等因素，以便按照使用频繁、使用较多和使用较少来划分元件区域，同时研究司钻员的作业姿势。另外重点了解司钻员希望的显示、操纵布局方式。

下面从几个方面对调查结果进行简述具体结果如下。

1. 司控台造型

司钻房内司控台一般分为 3 种，即前方主显示台、左右侧直型控制台；主显示台、左右扇形控制台；以及前方显示台配合比较先进的司钻椅控制。调查结果见表 7.4。

表 7.4   **司钻显示控制台的整体造型**

司钻控制台造型	井 队
前方主显示台、左右侧直型控制台	川科一井、新 201 井、大邑 7 井、普光 P3011 井、普光 90102 井、普光 70161 井、普光 70735 井、普光 70618 井
主显示台、左右扇形控制台	新 5 井、大邑 2 井、大邑 4 井、元坝 102 井、元坝 2 井、元坝 1 井
前方显示台、司钻椅控制	大邑 301 井、大湾 404

2. 操作中的人机问题

由于司钻员自身的责任重大，主要表现在对多个显示设备的注意方面，在白天和夜晚都需要保持清醒和良好的注意力，多数司钻都觉得在白天工作效率更高，晚上容易困倦。操纵器中，控制类型相同的操纵器应该增加安装间距；旋钮的设计应该增加刻度定位，方便司钻员对操作效果的评价。多数钻机的司钻房内都没有专用的司钻椅，在操作时，司钻员手臂没有支撑，一直悬空操作；而大部分司钻员在操作时都是身体前倾姿态，座椅靠背没有起到相应的作用。长时间操作后，司钻员的肩膀，尤其是上臂容易疲劳；长时间的操作可能导致眼睛疲劳，注意力不集中。司钻员的职业病包括颈椎疾病、腰痛、风湿等。

3. 显示元件布局存在的问题

常用仪表位置调研结果显示见图 7-63。通过调查了解到司钻员认为观察最频繁的指重表应尽量放置在正前方的观察中心上；参数仪、电控屏等钻井参数显示装置应分布在指重表的两侧位置；工业监视器放在左边较好，但是在悬挂时应尽量低，紧挨显示面板最好；经常观察的立管压力等中号仪表尽量排布在前方显示台的上方；安全钳压力、左钳压力、右钳压力 3 个盘刹压力表是观察较多的小仪表，尽量向中心排布，同时与工作刹车手柄相对应；气源压力表相对于其他小表观察较多，要尽量放置在前方的显示台上；其他小号仪表观察较少，可以布置在侧面的显示台上。调查还发现现有显示台正面的倾角设计不合理，在观察前方显示台时反光情况较为严重。

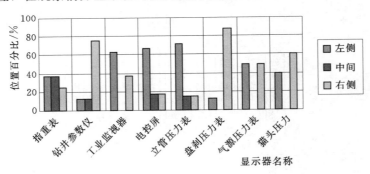

图 7-63   石油钻机常用显示元件的位置对比

4. 操纵元件布局存在的问题

图 7-64 统计了重要钻井设备的操纵器现有的布局情况。从司钻员多年的操作习惯考虑，工作刹车手柄仍布置在司钻员的右手边，绞车控制手柄布置在司钻员的左手边。因此，其他使用频率较高的操纵器都布置在右侧，方便司钻员右手使用。虽然操作器很多，但是可以根据操作器的使用频率，结合手的伸展范围对操作器距离身体的距离进行布置。另外，带有司钻椅的司钻控制房，大部分的控制操作都在指触电控屏上进行，只有少数的操作器布置在扶手控制台上，在设计上要进行分区，同一项任务整合放在一起，并根据使用频率作为左、右扶手布局的依据。

5. 其他问题

在司钻椅设计上应该首先考虑设计司钻员的工作姿势，以保证他们在操作时是舒适的、自然的，并真正应用椅子的全部依托装置的功能。同时也应注意不能因为过度灵活或舒适而影响司钻员的基本

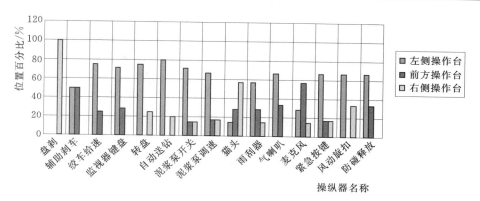

图 7-64 石油钻机操纵器的布局对比

操作，司钻椅不能设计得太舒适，这样会让司钻员在工作时精神松懈，甚至睡觉。司钻房体的材料选择上应注意保温隔热，考虑人体需要的细节设计，如提供水杯放置空间、安装防暴饮水机等。

7.6.2 司钻座椅位置设计

1. 司钻员作业姿势

依据前几章介绍的内容指导合理的作业姿势是产品人机设计的第一步。见图 7-65，司钻员需要连续工作，工作时眼睛观察指重表、井口和其他仪表。主要活动上肢，双手需要随时操纵绞车给速和工作刹车，偶尔还要操作触摸屏和其他控制器。

考虑到司钻员在操作钻机时需要手和足并用，关系到钻井安全问题，持续时间较长的作业，电气化设备的使用使得司钻员施力较小，但是精神压力较大。因此，司钻员应该采用坐姿作业。即工作时腿部自然放松，使躯干略向后倾斜，背部靠在座椅的靠背上，小腿向前伸展，与大腿成角在 100°～120°范围内变化（见图 7-65）。

由坐姿生物力学分析，最舒适的坐姿是臀部稍离靠背向前移，使躯干略向上后倾斜，保持躯干与大腿间角在 90°～115°。同时，小腿向前伸，大腿与小腿、小腿与脚掌之间也应达到一定角度，其身体各部分关节的舒适成角范围见表 7.5 和图 7-66。

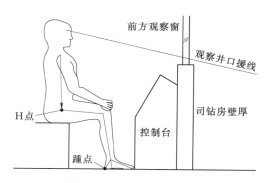

图 7-65 司钻员作业姿势

表 7.5　身体各关节运动舒适角度

关节夹角	舒适角度范围
θ_1	10°～20°
θ_5	100°～120°
θ_6	85°～95°
θ_7	5°～-5°
θ_8	0°～28°

注　$\theta_8 + \theta_6 = \theta_5 - \theta_7$。

2. 确定司钻员的 H 点

H 点是以人为中心进行布局的重要基准点，决定人机环境的布局尺寸。如图 7-66 所示，H 点是二维和三维人体模板中的人体躯干和大腿中心线的铰接点，即胯点（Hip point）。若以脚的踵点为坐标原点（相对坐标系），那么 H 点坐标方程为

$$X'_H = -P_1 K\cos\theta_8 + KP_2\cos(180° - \theta_8 - \theta_6) + P_2 H\cos\theta_7 \tag{7-4}$$

$$Z'_H = P_1 K\sin\theta_8 + KP_2\sin(180° - \theta_8 - \theta_6) + P_2 H\sin\theta_7 \tag{7-5}$$

式中：X_H、Z_H 分别为 H 点到踵点的横向距离和纵向距离；θ_1 为躯干与 X 垂直面之间的夹角（见图

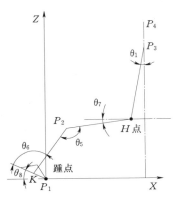

图 7-66 二维人体杆状模型

7-66）；θ_7 为大腿与水平面之间的夹角；θ_5 为大腿与小腿之间的夹角；θ_6 为小腿与踏平面之间的夹角；θ_8 为踏平面与地板之间的夹角。

司钻员的 H 点对司钻房内显示装置和操纵装置的布局、整个司控台的尺寸设计有着极其重要的作用。

3. 司钻座椅位置确定

从人机工程学角度考虑，司钻座椅安装后在水平方向上调节量的最大值应满足大百分位数（90 百分位数）司钻员的舒适调整范围，即司钻座椅水平方向最后位置就是 90 百分位数司钻员在关节舒适调整量达到最大值时的坐姿状态。而由关节舒适性调整的坐姿可以通过 H 点位置变化来表示，满足 90 百分位数的关节舒适性最大调整量就是 90 百分位数司钻员 H 点的最后位置。利用计算机仿真模拟的方法可以确定 90 百分位数司钻员 H 点的最后位置与现有司钻座椅的位置关系（见图 7-67）。

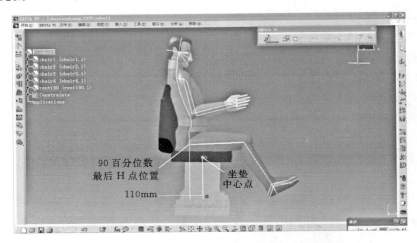

图 7-67 仿真测量 H 点与坐垫中心点距离

通过测量得到，90 百分位数司钻员 H 点的最后位置与司钻座椅坐垫中心点的距离约为 110mm。

（1）确定 90 百分位数司钻员位于最后位置时的 H 点。

如图 7-68 所示，以 X 轴与 Z 轴交点为原点，司钻员在正常操作时，人体中心线应在 Y 基准面上，踏点在 Z 基准面上。X'_H 为 90 百分位数人体 H 点到踏点距离，当前状态座椅处于最后、最低点时，由式（7-4）得到 X'_H。

考虑 10 百分位数的人体脚长＋穿鞋修正量 A，取显示台到锤点 $L=A+B$（90 百分位数的人体脚长＋穿鞋修正量），则 90 百分位数司钻员的 H 点最后位置的坐标

$$X_H = 控制台的厚度 + L + X'_H \tag{7-6}$$

由图 7-67 仿真可计算出坐垫调到最后位置时坐垫中心点位置 X_H-110。

（2）确定司钻座椅的安装位置。

以上确定的坐垫中心点是座椅在水平方向上达到向后最大调节量时的坐垫中心点的坐标。而在安装时，座椅的各项调整量都应该为 0，而座椅本身的水平向后调节的最大量为 200mm，座椅调节到最低位置 Z_H 为 400mm，那么在安装座椅时，坐垫中心点在的 X 轴方向上应该再减去 200mm，即正常情况下坐垫中心点的坐标为（X_H-310，400）。

考虑司钻在紧急情况逃生需要，将座椅向后移动 200mm 作为逃生使用，因此，在设计中取坐垫中心点的坐标为（X_H-110，0，400），将 X_H 代入后，座椅底墩前面距离显示台的长度就得出了（见图 7-68）。

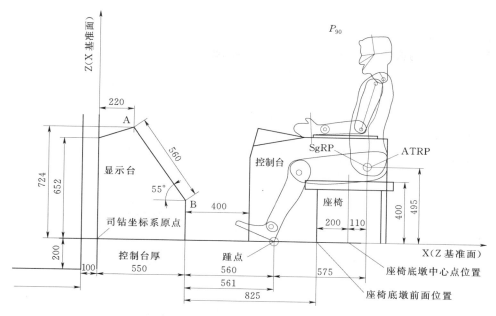

图7-68　90百分位司钻最后舒适位置（单位：mm）

7.6.3 司钻员作业工位设计

人体上肢活动主要由肩关节、肘关节、上臂、前臂和手共同运动的合成，而肩、肘和手臂各关节的活动角度都有相应的舒适角度和最大角度。在确定司钻座椅位置之后，必须确定上肢在各作业空间运动时，各部位关节活动的相应角度范围，从而确定司钻员的上肢伸及域、正常作业空间和最大作业空间。

1. 上肢伸及域

在前面介绍的有关人机工程学知识了解到上臂自然下垂，上臂与身体成0°，前臂内收与上臂成直角时，作业速度最快，即这个角度下手臂活动尺寸范围最有利于作业。但是另一个对食品包装机的研究结果与以上的观点稍有不同，坐姿下前臂在身体前方稳定操作时，以上臂外展6°～25°操作较为舒适高效（见图5-16）；从表3.7知道身体纵轴上，上臂前展与躯干成角15°～35°时较为舒适，前臂运动时与上臂之间的成角在85°～110°最为舒适，由此得出上肢伸及域范围、舒适作业范围、最大作业范围。

由于上臂与躯干存在夹角，肘部活动轨迹曲面不易确定，借助CATIA从图中测定。在CATIA软件中调入已建立的中国男子数字人体，并在人体右侧（或左侧）肩关节部位为坐标原点，沿人体横轴、纵轴分别插入基准平面，设为W面、V面，在人体的脚底部设置水平面——H面（见图7-69）。利用CATIA测试工具测出各百分位数的人体上肢运动坐标值（见图7-70）。

图7-69　设置测量基准面

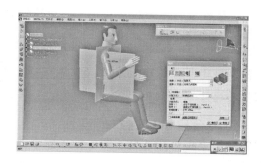

图7-70　测量肘部点到基准面的距离

建立三维人体坐标系，以X基准面为人体的矢状面，Y基准面为人体冠状面，Z基准面为与人体脚踏的地面。以测量值作为坐标值在AutoCAD软件建立肘部运动的三维曲面，并分别向三个基准面镜像后作投影，即可得到人体在舒适角度运动下，两肘部的活动区域范围。

参考B类车辆驾驶员的操纵可及范围标准JB/T 3683—2001，在坐姿操作状态身体的最大外伸角度为20°。而后，在司钻员的舒适坐姿下，以肩关节为中心，上臂与前臂伸直，加上手长为半径形成的圆及圆内部分，即为舒适坐姿下身体不动时的操纵可及范围。在司钻员身体与大腿成角90°的坐姿下，将身体前倾20°，再以肩关节为中心，手臂加手功能长为半径做圆，圆周及圆内的部分即为身体外伸状态下的伸及域。最后，将舒适坐姿及身体外伸状态下的手运动圆弧及圆内的部分整合，即为司钻员的上肢最大作业空间区域（见图7-71）。

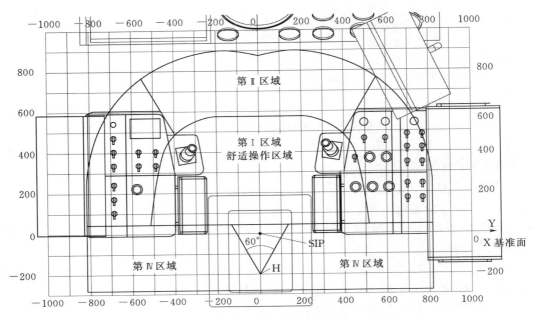

图7-71 司钻员上肢作业区域（单位：mm）

2. 司钻员坐姿舒适作业区域

由于司控台操作属于产品设计I型尺寸，既需要考虑大、小个头司钻员操作，要求小个头司钻员在最前面、最高位置可以看到井口，舒适操作钻机；大个头司钻员在最后、最低位置能看到井口，并舒适操作。结合座椅调节范围和大、小司钻员伸及域最终确定作业范围如图7-71所示。图中弧线范围是司钻员的舒适与一般作业区域，最后将司控台按相同比例合成时，操纵元件均布置在便于操作的区域，满足设计要求。

由司钻员作业姿势与作业空间最后得到钻机司控台的形状和尺寸（见图7-72）。

图7-72 交流变频电驱动钻机司钻台效果图

7.6.4 司控台显示仪表布局设计

司钻操作流程繁杂，显示器、操纵器个数多是司钻员们觉得工作繁重、压力较大的主要原因。综合考虑显示元件安装尺寸以及对司钻员现场调查结果，依据人眼的视野和视区特性，按照重要性、功能分区、使用频度的原则设计布局方案，图7-73是其中一个设计方案。

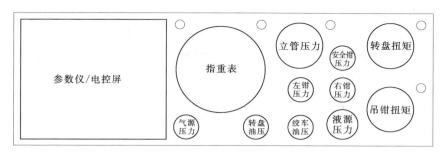

图7-73 交流变频石油钻机司钻台仪表布局

考虑到仪表一般由指示刻度的外表盘、安装零件的内表盘和安装线3个部分组成。外表盘安装在显示台面板的外面，内表盘和安装线的尺寸决定显示台的厚度，显示台外面板宽度依据仪表的外表盘尺寸确定（参看具体仪表尺寸）。显示台要保证最厚的显示元件顺利安装，所以应该按照触摸屏的总安装厚度来设计，并预留出安装各类连接线路的空间。

7.6.5 司控台操纵元件布局设计

由设计调查中司钻员提出的司控台界面布局首先考虑元件重要性，其次应该按照元件功能进行分区，明确的区域布置会使司钻员寻找、操作迅速并减少误操作；第三考虑使用频率较高、较重要的操纵器应该布局在靠近手边的位置；最后考虑操纵器的控制方式，相同控制方式的操纵器集中布置，方便制造装配的需要。司钻员操作控制对象包括：绞车和泥浆泵电机、离合器、转盘电机、转盘惯性刹车、水龙头旋扣器以及液压猫头等，图7-74为一个布局方案。

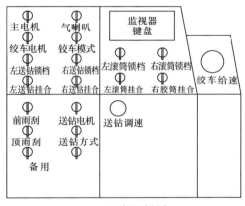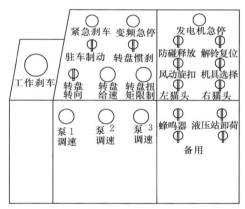

（a）左手控制台　　　　　　　　　　　　　（b）右手控制台

图7-74 操纵区分区布局设计

在布置操纵器时，主要考虑以下几个方面的内容。

1. 功能分区

功能相近的控制器按照分类集中布置。在正常钻井时，主要的操作任务包括转盘启停、泥浆泵操作、手动起钻下钻操作、手动送钻操作、自动送钻操作及紧急情况操作、对外通信等，完成同一工作的操纵元件尽量放在一起，便于操作。

2. 使用频率

按照司钻员正常操作时使用操纵器的次数布置，使用次数较多的布置在手边位置。通过现场调研观察发现，司钻员在工作中使用最多的是绞车给速和工作刹车两个手柄，而在换杆时使用较多的是转盘（或顶驱）、大钳（或猫头）、泥浆泵等相关的操纵器。

3. 控制方式

控制方式相同的操纵器集中布置在一起。例如直流电动钻机的滚筒高低速、猫头、气喇叭等都是通过气动控制实现的，通常安装在一侧控制台上。泥浆泵、转盘等电动控制操纵器都集中安装在一个电控柜上，考虑司钻员右手不离工作刹车手柄，电控柜一般与顶驱控制架安装在同一侧，并布置在顶驱控制器的下方。变频交流变频电驱动钻机的操纵器除了气喇叭外都是通过电动控制实现的，因此在控制方式设计上没有什么限制。

4. 显示器和操纵器的对应性

若操纵器有对应的显示器反馈信息，那么设计此操纵器时应该在空间上与显示器在同一方向上，并尽量集中布置。

5. 紧急操纵器位置

在发生非正常情况或重大事故时司钻员使用紧急操纵器，这时提供动力设备甚至是整个系统的工作都会被停止。虽然司钻员平时对此类的操纵器使用较少，但是它们对于司钻控制系统却很重要。必须将紧急操纵器布置在司钻员的手边位置，保证在突发事故时，司钻员能够迅速找到并及时有效地操作。同时，还要避免在日常操作中司钻员身体其他部位的误触碰导致意外激活等状况。

本章学习要点

本章以案例的形式重点分析了具有代表性的产品（手持式工具、桌椅、自行车、学生公寓一体化家具），另外，比较详细地介绍了钻机司钻控制台人机设计的过程，旨在让学生从这些案例中体会如何应用人机工程学有关理论和技术解决实际问题，为今后在工作中正确分析解决问题奠定基础。这些案例的共同点都是从人的生理、心理特点出发，结合作业姿态，确定作业区域，从而产生合理的产品形态，在此基础上进行布局设计。各学校在使用教材时可根据具体情况选择案例分析。通过本章学习应该掌握以下要点。

（1）正确的人机分析评价方法和思路，特别是结合相应的软件或设备（如 CATIA 等）。

（2）能依据作业特点确定合理的作业姿势，由人体尺寸计算出相应的产品人机尺寸。

（3）熟练掌握 CATIA 做作业姿势的仿真评价方法。

（4）了解手持式工具形态与手的操作状态、受力情况相适应的条件和相应的人机学尺寸。

（5）了解人体坐姿的特点和生理解剖学特性，掌握人体脊柱形态的变化决定人体坐姿舒适性问题。其次了解坐姿时身体其他部位的生理要求。

思考题

（1）手工具设计应该考虑哪些人体因素？试分析身边的几个作业工具。

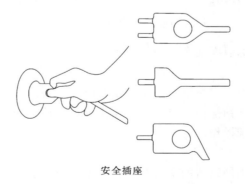

安全插座

（2）从使用方式、安全性等角度分析评价上图中的安全插头、插座。

（3）人体脊柱形态有哪些特征？

（4）人体坐姿舒适性与人体哪些部位有关？

（5）座椅设计要点有哪些？试以这些要点检验身边几款座椅。

（6）查阅有关资料分析说明中国通用座椅座高 350～460mm 确定原因。

（7）查阅有关资料，试从人机工程学角度试分析下图中列出的尺寸依据。

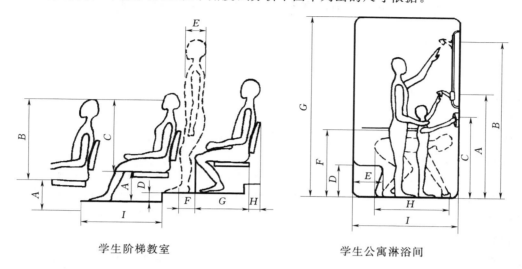

学生阶梯教室　　　　　　　学生公寓淋浴间

（8）从实现功能、操纵姿势、舒适度等角度分析评价下图中两种手术镊子。

（9）设计制作一手持式工具手柄。

要求：分析人使用该工具时姿势，从人机工程的角度设计其手柄。

（10）对工业设计专业教室学生学习工位进行分析，设计一款便于学生用桌椅（效果图、简单结构工程图和简单报告书 PPT）。

（11）针对一感兴趣的课题，按照本章所讲的虚拟仿真评价方法进行分析研究，撰写研究论文。

要求：按照科学文章格式要求，提出问题，国内外研究现状，解决问题以及给出结论。

第8章 环境中的人机因素

8.1 噪声

噪声是指环境中使人们感到吵闹和不需要的声音。环境中的噪声会影响和干扰作业者的听觉和感知，造成人生理和心理的伤害，干扰沟通，分散注意力。噪声的衡量指标是声压级，单位 dB（分贝）。

对于噪声，一天工作 8 小时如果平均噪声超过 80dB 将损害听力。对于持续的噪声，将可能达到这样的日常水平，若持续时间加倍，则所允许的噪声峰值需降低 3dB；若噪声值是变化的，则需要根据各项噪声的值来计算平均噪声值。在机器设计中应将任何时间的噪声峰值控制在 80dB 以下，尽管目的是控制噪声在最大允许值之下，但最大允许值不应低于 30dB，否则房间里的任何声音都会显得非常明显。尤其在需要思考和交谈的环境中，高音量的噪声尽管未达到破坏听力的程度，却会让人非常烦躁和焦虑。目前我国已制订噪声防治标准，如《工业企业厂界环境噪声排放标准》（GB 12348—1990）、《城市类区域环境噪声标准值》（GB 3096—1993）等，见附表 E.1。

8.1.1 噪声的分类

噪声的种类有很多，其中人为的噪声主要有交通噪声、工业噪声、建筑施工噪声和社会噪声（见图 8-1）。

图 8-1　各种噪声

1. 交通噪声

交通噪声主要指飞机、火车、汽车和船舶等各类运输器具发出的噪声。汽车噪声包括发动机机械噪声、进排气噪声、传动系统噪声等自身的噪声，还包括汽车在行进过程中的轮胎声和鸣笛声，据统计分析，汽车鸣笛声通常提高噪声级 3~6dB。随着交通的日益发达，飞机、火车的噪声污染也越来越严重。

2. 工业噪声

工业噪声一般是指在工业生产中，机械设备运转而发出的声音，主要包括机械噪声、空气动力噪声和电磁噪声。

（1）机械噪声。

机械噪声是由机械转动、撞击、摩擦等而产生的声音，如轧机、破碎机、球磨机、电锯等发出的声音。

（2）空气动力噪声。

空气动力噪声是由于气体压力发生变化，产生振动而发出的声音，如鼓风机、汽笛、锅炉气体排放等发出的声音。

（3）电磁噪声。

电磁噪声是由于电磁交变力相互作用而产生的声音，如发电机、变压器等发出的声音。

3．建筑施工噪声

建筑施工噪声强度很高，又是露天作业，因此污染非常严重。有检测结果表明，建筑基地打桩声能传到数公里以外。

4．社会噪声

社会噪声包括生活噪声及其他噪声，如电视机声音、录音机声音、乐器声、自来水管路噪声、楼板的敲击声、走步声、门窗关闭撞击声等。

8.1.2　噪声的影响

1．对语言通信的影响

在一些工作场所，由于噪声过大，不能充分地进行语言交流，甚至根本不可能进行语言交流，$500\sim2000Hz$ 的噪声对语言干扰最大。电话通信的一般语言强度为 $60\sim70dB$，在 $55dB$ 的噪声环境下通话，通话清楚；在 $65dB$ 时，通话稍有困难；在 $85dB$ 时，几乎不能通话。

2．对工作效率的影响

在嘈杂的环境中会使人心情烦躁、注意力不集中、反应慢、易疲劳，这些都直接影响工作效率、质量和安全，尤其是对一些非重复性的劳动影响更为明显。通过实验得知，在高噪声下工作，心算速度降低，遗漏和错误增加，反应时间延长，总的效率降低，因此，降低噪声给人带来舒适感，使人精神轻松，工作失误减少，精确度提高。例如，对打字员做过的实验表明，把噪声从 $60dB$ 降低到 $40dB$，工作效率提高 30%；对速记、校对等工种进行的调查发现，随着噪声级增高，错字率迅速上升；对电话交换台调查的结果是，噪声级从 $50dB$ 降至 $30dB$，差错率可减少 12%。

3．对听力的影响

（1）听力疲劳。

在噪声作用下，听觉敏感性会下降。如果长时间在强噪声的环境中，离开噪声后，恢复至原来听觉敏感度的时间也较长，这种现象称为听力疲劳。噪声引起的听力疲劳不仅取决于噪声的声级，还取决于噪声的频谱组成，频率越高，引起的疲劳程度愈重。长期在这种高噪声的环境中，听力难以恢复。

（2）噪声性耳聋。

长期在噪声环境中工作，产生的听觉敏感度在休息时间内又来不及完全恢复，时间长了就可能发生持久性听力损失，即永久性听阈位移。通常，当听阈位移达到 $25\sim40dB$，为轻度耳聋；当听阈位移提高到 $40\sim60dB$，为中度耳聋，讲话一般不能听清。当听阈位移超过 $60\sim80dB$，低、中、高频都严重下降，称为重度耳聋。

4．对机体的其他影响

$90dB$ 以上的噪声，对神经系统、心血管系统等有明显的影响。

（1）对神经系统的影响。

噪声作用于人的中枢神经系统，使大脑皮质的兴奋和抑制平衡失调，导致条件反射异常，使人的脑血管张力遭到损害。长时间会产生头痛、昏晕、耳鸣、多梦、失眠、心慌、记忆力衰退和全身疲乏无力等神经衰弱症状。

（2）对心血管系统的影响。

噪声可使交感神经紧张，从而导致心跳加速、心律不齐、血管痉挛和血压升高。噪声对心血管系统的慢性损伤作用，一般发生在 $80\sim90dB$ 情况下。

（3）对内分泌系统的影响。

171

噪声的刺激会导致甲状腺功能亢进，肾上腺皮质功能增强等症状。长时间受到不平衡的噪声刺激时，会引起前庭反应、嗳气、呕吐等现象发生。

（4）对消化系统的影响。

噪声对消化系统的影响表现为经常性胃肠功能紊乱，引起代谢过程的变化，如肠胃机能阻滞、消化液分泌异常等。

5. 对心理的影响

在噪声的影响下，可能对人产生一些心理效应，如厌烦、不舒适、不能集中精神、激怒、昏昏欲睡等，继而使人产生烦恼、焦急、厌烦、生气等不愉快的情绪。此外，35dB（A）以上的噪声还会影响人的休息和睡眠。噪声引起的烦恼与声强、频率及噪声的稳定性都有直接关系。噪声强度越大，引起烦恼的可能性越大。不同地区的环境噪声使居民引起烦恼的反应是不同的。在住宅区，60dB 的噪声级即可引起相当多人的不满，但在工业区，噪声级可能要高一些，90dB 的噪声引起的烦燥在办公室里可能比在车间里严重。

6. 对仪器设备的影响

噪声可使仪器设备受到干扰，影响其正常工作。在噪声场中，仪器设备还失去工作能力，但在噪声消失后又能恢复工作。另外，噪声激发的振动，可能造成仪器设备的破坏而不能使用。对于电子仪器，噪声超过 135dB 就可能对电子元器件或对噪声及振动敏感的部件造成影响。例如，电子管会产生电噪声，输出虚假信号；继电器会抖动或断路，使电路不稳定；加速度计的某些频率输出会增强；引线会脱焊；微调电容器会失调；印制电路板或板的连接部分会接触不良或断裂。一般说来，电阻、电容器和晶体管等只有处于 150dB 以上的噪声场中才会受到影响。

8.1.3　降噪措施

1. 对噪声源头进行控制

（1）降低机械噪声。

1）选用发声小的材料。一般金属材料的内阻尼、内摩擦较小，消耗振动能量小。用这些材料做成的零件，在振动力作用下，会发出较强的噪声。若用内耗大的高阻尼合金或高分子材料就可获得降低噪声的效果。

2）改变传动方式。带传动比齿轮传动噪声低，在较好的情况下，用带传动代替齿轮传动，可降低噪声 3～10dB（A）。在齿轮传动装置中，齿轮的线速度对噪声影响很大。选用合适的传动比减少齿轮的线速度，可取得更好的降低噪声效果。另外，若选用非整数齿轮传动比，对降噪也有利。

3）改进设备结构。提高箱体或机壳的刚度，或将大平面改成小平面，如加筋或采用阻尼减振措施来减弱机器表面的振动，可降低机械辐射噪声。

4）改进工艺和操作方法。采用噪声小的工艺，如用电火花加工代替切削；用焊接代替铆接；用液压机代替锤锻机等均能显著降低噪声。

5）提高加工精度和装配质量。减少机械零件的振动、撞击和摩擦，调整旋转部件的平衡，都可降低噪声。例如，提高齿轮的加工精度，可使运动平稳，这样就可降低噪声。

（2）降低空气动力噪声。

空气动力噪声主要由气体涡流、压力急骤变化和高速流动造成。降低空气动力性噪声的主要措施有降低气流速度、减少压力脉冲、减少涡流。

如降低双钢轮振动压路机噪声，可优化风扇参数和进风通道结构来降低噪声。

冷却风扇是冷却系统的重要组成部分，冷却风扇所产生的噪声主要由旋转噪声和紊流噪声组成。叶片夹角是影响风扇噪声频谱组成的重要原因之一，合理布置风扇叶片夹角可以降低噪声。如将风扇的叶片等夹角分布（见图 8-2）改为 110°、−70°、−110°、−70°分布时（见图 8-3），既能降低风扇噪声中那些突出的频率成分，使噪声的频谱变得较为平滑，又能保证风扇的空气动力性能。

图 8-2 叶片等夹角分布

图 8-3 叶片 110°、-70°、-110°、-70°分布

优化风扇进风通道。为了形成冷却风扇的进风通道，并防止发动机舱内的热风回流，可将机罩与散热器之间的进风通道通过挡板和密封条紧密连接在一起，以增大有效通风量、提高冷却效率，在保证冷却性能的前提下降低风扇转速及其噪声（见图 8-4）。

（3）机械设备的选择与保养。

选择或购买机器设备时，应考虑正常使用时可能出现的噪声，应购置低噪声的机器、工具和配件。由于机器设备使用时间过久，装配不紧、偏心或者不对称都会引起振动、磨损和噪声，需要定期对机器设备进行维护保养。

2. 控制噪声的传播

（1）工厂总体布局要合理。

在设计时，应充分预估厂区环境噪声情况，将高噪声车间与低噪声车间、生活区分开设置。对于高噪车间，应设置在离办公区、宿舍区较远的位置，使噪声级最大限度地随距离自然衰减（见图 8-5）。

（2）改变声源出口方向。

如图 8-6 所示，把声源出口引向无人区域。

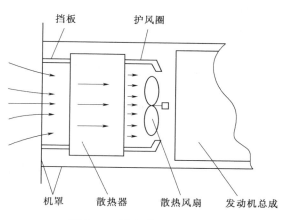

图 8-4 风扇进风通道示意

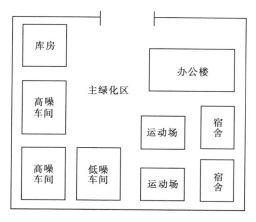

图 8-5 合理布局

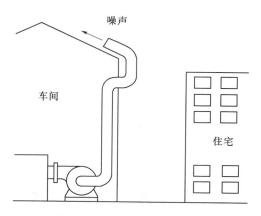

图 8-6 改变声源出口方向

（3）充分利用地形。

如图 8－7 所示，通过利用地形的坡度变化、树木和建筑物阻挡部分噪声的传播。在噪声严重的工厂、施工现场或交通道路的两旁设置有足够高的围墙或屏障，可以减弱声音传播。

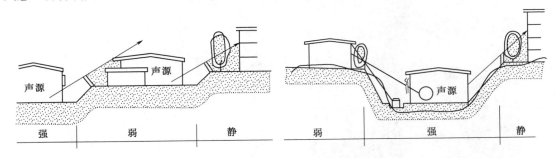

图 8－7　利用自然地形阻挡噪声

（4）采用吸声、隔声、消声等措施。

吸声是指在车间天花板和墙壁表面装饰吸声材料，制成吸声结构，或在空间悬挂吸声体、设置吸声屏，将部分声能吸收掉，使反射声能减弱。经吸声处理的房间，可降噪声 7～15dB（A）。

隔声是通过把噪声隔绝起来控制噪声。隔绝声音的办法一般是将噪声大的设备全部密封起来，做成隔间或隔声罩。隔声材料要求密实而厚重，如钢板、砖、混凝土、木板等。比如把机器封闭在一个隔绝声音的围墙中，就可以明显降低噪声，在设计时要整体考虑便于操作和维护、材料的进出，并具有良好的通风条件。

消声是利用装置在气流通道上的消声器来降低空气动力性噪声，以解决各种风机、空压机、内燃机等进排气噪声的干扰。

如图 8－8 所示，车间采用吸声材料和吸声结构，降低反射声。吸声材料具有表面气孔，声波在气孔中传播时，由于空气分子与孔壁摩擦，大量消耗能量。

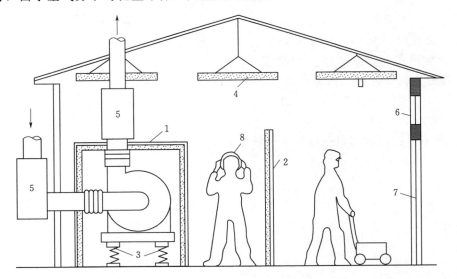

图 8－8　车间噪声控制

1—风机隔声罩；2—隔声屏；3—减振弹簧；4—空间吸声体；5—消声器；
6—隔声窗；7—隔声门；8—防声耳罩

（5）采用隔振与减振措施。

噪声除了通过空气传播外，还能通过地板、墙、地基、金属结构等固体传播。降低噪声的基本措施是隔振和减振。对金属结构的传声，可采用高阻尼合金，或在金属表面涂阻尼材料减振。隔振使用的隔振材料或隔振元件常用的材料，有弹簧、橡胶、软木和毡类，将隔振材料制成的隔振器安装在产生振动的机器上吸收振动，从而降低噪声。如图8-8所示，给风机下端安装了减振弹簧，以降低振动产生的噪声。

3．个体防护

听觉防护一般用于其他降噪效果不好的场合，对长期在噪音下工作的人员还可以采用戴耳塞、耳罩、防噪声帽、防声棉（加上蜡或凡士林）等器具来保护听力，这些用具可以降低噪声20～30dB。表8.1所示为不同材料的防护用具对不同频率噪声的衰减作用。

表8.1 几种防护用具对噪声的衰减作用

名称	说 明	重量/g	衰减/dB（A）	名称	说 明	重量/g	衰减/dB（A）
棉花	塞在耳内	1～5	5～10	柱形耳塞	乙烯套充蜡	1～5	20～30
棉花涂蜡	塞在耳内	1～5	10～20	耳罩	罩壳内衬海绵	250～300	20～40
伞形耳塞	塑料或人造橡胶	1～5	15～30	防声头盔	头盔内加耳塞	约1500	30～50

耳塞设计要考虑戴取的方便和卫生，爱出汗的人戴耳塞会感到不舒服，戴眼镜的人不适合戴耳罩。另外，要考虑耳罩与耳朵结合处严密性，否则会影响隔音效果（见图8-9）。

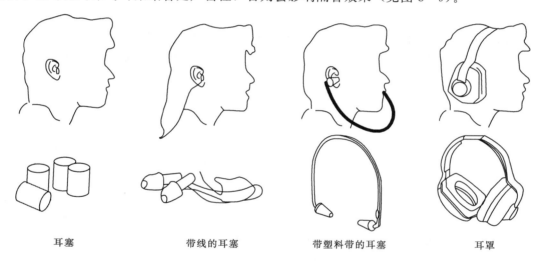

耳塞　　　　带线的耳塞　　　　带塑料带的耳塞　　　　耳罩

图8-9　听觉防护

8.2　微气候

微气候又称生产环境的气候条件、小环境气候、热环境等，是指生产环境局部的气温、湿度、气流速度以及工作场所中的设备、产品、零件和原料的热辐射条件。微气候条件直接影响到操作者的体温调节、水盐代谢、循环系统、消化系统、神经系统、内分泌系统、泌尿系统等生理机能和情绪、思维反应等心理状态的变化。

8.2.1　人体热调节系统

人体的体温控制是一个非常完善的温度调节系统，尽管外界环境温度千变万化，但人体的体温波动却很小，这对于保证生命活动的正常进行十分重要。

1．人体热调节系统的控制框图

人体温度调节系统是由许多器官和组织构成的（见图8-10）。从控制论的角度来看，它是一个带负反馈的闭环控制系统。在该系统中，体温是输出量，人体的基准温度是参考输入量。它与一般的闭环控制系统一样，也包括测量元件、控制器、执行机构与被控对象等。在人体中，广泛存在着温度感受器。感受器是系统的测量元件，这些感受器将感受到的体温变化传送到体温调节中枢；体温调节中枢把收到的温度信息进行综合处理，而后向体温调节效应器发出相应的启动指令；效应器则根据不同的控制指令进行相应的控制活动，这些活动包括：血管扩张与收缩运动、汗腺活动、肌肉运动等。效应器的这些活动将控制身体产热和散热的动态平衡，从而保证体温的相对稳定。

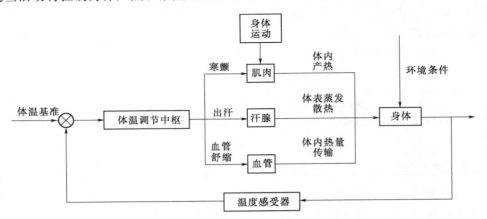

图 8-10　人体温度控制系统简图

　　人体热调节控制系统由控制分系统和被控分系统两部分组成（见图 8-11）。控制分系统由温度感受器、控制器及效应器组成；被控分系统是指温度感受器、控制器及效应器以外的人体部分。可见，人体热调节系统是一个带有负反馈的自动调节系统。

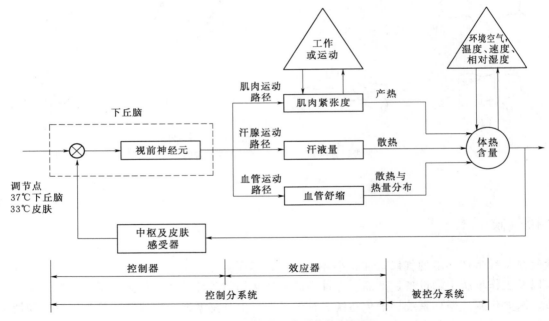

图 8-11　人体热调节系统控制框图

　　2. 热应激与冷应激时的人体生理反应

　　在温度应激环境下，正常的热平衡受到破坏，人体将产生一系列复杂的生理和心理变化，称为应激反应或紧张。

　　热应激环境下产生的热紧张主要由于散热不足而引起，其过程大致可分为代偿、耐受、热病、热损伤 4 个阶段。若热反应发展到一定阶段，人体血管将高度收缩，排汗停止，核心体温呈被动式快速上升，可达到或超过 41℃，将会对身体、特别是对大脑产生不可逆的严重损失，甚至危及生命。热应激反应的过程如图 8-12 所示。

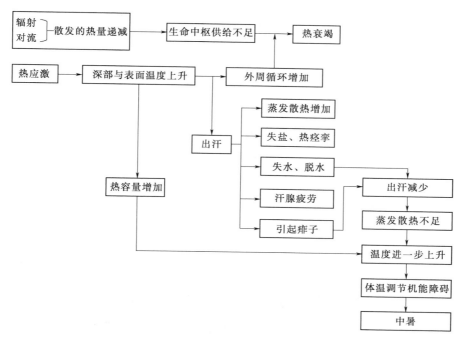

图 8-12 热应激反应

与热环境产生的热紧张类似，人在冷环境下产生的冷紧张（冷应激反应），其过程也可分为 4 个阶段。当环境温度低于舒适要求时，由于体表散热大于体内产热，热平衡受到破坏，引起冷紧张。随着冷紧张的加剧，在临近或达到耐受终点（核心体温约低于 35℃）时，身体将会发生一系列功能性病变。若冷紧张继续发展（体温约低于 30℃后）将产生严重的意识丧失和心房纤颤，机体面临死亡。冷应激反应的过程如图 8-13 所示。

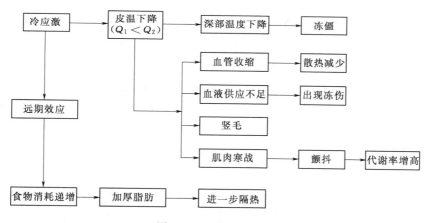

图 8-13 冷应激反应

人体温度状态分区范围见表 8.2。

表 8.2 人体温度状态的分区

温度状态	温度负荷	体温调节特点	过程特点	代偿能力	主观感觉	工作能力	可持续时间 /h
舒适	无	维持正常的热平衡，无温度性紧张	稳态	不需	良好	正常	不限
局部性温度紧张	低	调节正常，有局部性温度紧张和不舒感	稳态	有效代偿	稍温或稍凉	基本正常	6～8

177

续表

温度状态		温度负荷	体温调节特点	过程特点	代偿能力	主观感觉	工作能力	可持续时间/h
全身性温度紧张	Ⅰ度紧张（相对舒适）	低	通过有效调节达到新的热平衡	稳态	有效代偿	温或凉	工效维持	4～6
	Ⅱ紧张（轻度耐受）	中	温度负荷超过调节能力，热平衡不能保持	暂态	部分代偿	热或冷	工效允许	2～4
耐受区 Ⅲ紧张（重度耐受）		高	调节机能逐步被抑制，温度负荷不断加重	暂态	代偿障碍	很热或很冷	显著下降	1～2
	Ⅳ紧张（耐受极限）	极度	调节机能接近丧失，体温急剧变化	暂态	代偿无力	很热或极冷	严重受损	<0.5
病变损伤		超	调节机能完全丧失，体温被动式变化		代偿丧失		完全丧失	

3. 人体的热交换和热平衡

人体受到两种来源的热能：人的机体代谢产热和外界环境热量作用于人的机体。在正常情况下，人体可在不同气候条件下通过体温调节，保持体内代谢产生的热量。机体通过对流、传导、辐射、蒸发等途径与外界环境进行热交换，以保持机体的热平衡。人的机体与周围环境的热交换可用下式表示：

$$S = M \pm C \pm R - E - W \tag{8-1}$$

式中　M——人的机体代谢产生热量；

$\quad\quad$ C——人体与周围环境通过对流交换的热量，人体从周围环境吸热为正值，散热为负值；

$\quad\quad$ R——人体与周围环境通过辐射交换的热量，人体从外环境吸收辐射热为正值，散出辐射热为负值；

$\quad\quad$ E——人体通过皮肤表面汗液蒸发的散热量均为负值；

$\quad\quad$ W——人体对外做功所消耗的热量均为负值。

显然，当人体产热和散热相等时，即 $S=0$，人体处于动态热平衡状态，此时人体皮肤温度在 36.5℃ 左右，人感到舒适；当产热多于散热时，即 $S>0$，人体热平衡破坏，可导致体温升高；当散热多于产热时，即 $S<0$，可导致体温下降。图 8-14 为人体热平衡状态图。

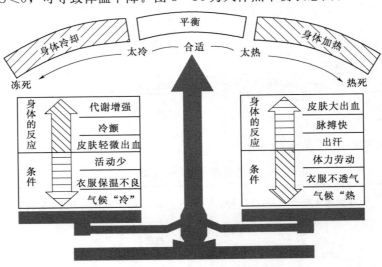

图 8-14　人体热平衡状态

人体向外散发的热量取决于人体的 4 种散热方式，即对流热交换、辐射热交换、蒸发热交换和传导热交换。

　　人体对流热交换量，取决于气流速度、皮肤表面积、对流传热系数、服装热阻值、气温及皮肤温度等。

　　人体辐射热交换量，取决于热辐射强度、面积、服装热阻值、反射率、平均环境温度和皮肤温度等。

　　蒸发散热主要是指从皮肤表面出汗和由肺部排出水分的蒸发作用带走热量。在热环境中，增加气流速度，降低湿度，可加快汗水蒸发，达到散热目的。

　　人体蒸发热交换量，取决于皮肤表面积、服装热阻值、蒸发散热系数及相对湿度等。

　　人体传导热交换量取决于皮肤与物体温差和接触面积的大小及传导系数。为减少传导散热可能对人体产生有害影响，需要用适当的材料构成人与物的接触面（桌面、椅面、控制器、地板等）。

　　人体的热平衡不是简单的物理过程，而是由神经系统调节的非常复杂的过程。因此，周围热环境各要素虽然变化频繁，而人体的体温仍能保持稳定。只有当外界热环境要素发生剧烈变化时，才会对机体产生不良影响。

8.2.2　微气候影响因素

1. 空气温度

　　空气的冷热程度称为空气温度，简称气温。气温是评价操作环境气候条件的主要指标。

　　根据有关测定，气温在 15.6～21℃ 时，是温热环境的舒适区段。在这个区段里，体力消耗最小，工作效率最高，最适宜于人们的生活和工作。不过，对不同性质的工作和有不同习惯的人，这个区段值有所不同。如法国的高速列车车厢温度常年设定为 21℃，这反映了法国人的生活习惯及注重环境品质。而同为发达国家的日本要求室内空调温度为 28℃，这里面自然有节能的要求。但从人的出汗实验可知，环境温度从较低温度逐渐升到 28℃ 时，人体出汗是在身体的局部范围且量很少；当环境温度从 28℃ 往上升时，人体出汗的范围和量都将急剧上升。对习惯于空调环境下工作的人的测定表明，最佳有效温度（有效温度是指人在不同温度、湿度和风速的综合作用下所产生的热感觉指标）是 27.6℃。当有效温度为 30℃ 时（空气温度约为 35℃），工作效率将显著下降。但是，对于不习惯于空调环境下工作的人，他们的最佳工作效率却出现在有效温度 18～21℃ 的时候；而当有效温度为 27.2～30℃ 时，工作效率明显下降。

2. 空气相对湿度

　　空气的干湿程度称为湿度，用以衡量空气中所含水分的多少。湿度分为绝对湿度和相对湿度。操作环境的湿度通常用相对湿度来表示。

　　空气相对湿度对人体的热平衡和温热感有重大的作用，特别是在高温或低温的条件下，高温对人体的作用就更明显。在高温高湿的情况下，人体散热困难，使人感到透不过气来，如湿度降低就能促使人体散热而感到凉爽；在低温高湿的情况下，人会感到更加阴冷，如湿度降低就会增加温度的感觉。在一般情况下，相对湿度在 30%～70% 之间为宜。

3. 气流速度

　　空气流动的速度称为气流速度，也叫风速。气流主要是在温度差形成的热压力作用下产生的。

　　空气的流动可促使人体散热，这在炎热的夏天则可使人感到舒适。但当气温高于人体皮肤温度时，空气流动的结果是促使人体从外界环境吸收更多的热，这对人体热平衡往往产生不良影响。在寒冷的冬季则气流使人感到更加寒冷；特别在低温高湿环境中，如果气流速度大，则会因为人体散热过多而引起冻伤。

　　风速是温热环境中的一个重要的指标。人体周围因空气温度和皮肤温度的不同产生的自然对流，使人体周围常产生 0.1～0.15m/s 的气流。由于人体对这种气流的适应性而不感到其存在，故常将其作为无感气流。在空调房间内人体周围的风速低于 0.13m/s 时，人的感觉是舒适的。但这一结论并非风速越低越好，当室内风速为零时人也会有憋闷的感觉。室内风速与室内温度的关系甚密，但当风速过大，特别是直接吹到人的身上时也会令人感到不舒服。

4．热辐射

物体在热力学温度大于零 K 时的辐射能量，称为热辐射，这是一种红外辐射。热辐射不直接加热空气，但能加热周围物体。

任何两种不同温度的物体之间都有热辐射存在，不受空气影响，热量总是从温度较高的物体向温度较低的物体辐射，直到物体的温度达到动平衡为止。热辐射包括太阳辐射和人体与周围环境之间的辐射。

当物体温度高于人体皮肤温度时，热量从物体向人体辐射而使人体受热，这种辐射一般称为正辐射；反之，当热量从人体向物体辐射，使人体散热，这种辐射叫负辐射。人体对负辐射的反射性调节不很灵敏，往往一时感觉不到，因此，在寒冷季节容易因负辐射丧失大量热量而受凉，产生感冒等症。

8.2.3　微气候的主观感受与评价标准

1．人体对微气候环境的主观舒适感受

影响微气候舒适环境的主要因素有：与人有关的 2 个，即人的新陈代谢和服装；与环境有关的 4 个，即空气的干球温度、空气中的水蒸气分压力、空气流速以及室内物体和壁面辐射温度。评价微气候环境的舒适程度是相当困难的，通常以人的主观感觉作为标准的舒适度。

（1）人体舒适的空气温度与允许温度。

空气温度对人体热调节起主要作用。人主观感到舒适的空气温度可称为舒适温度。人主观感到舒适的空气温度与许多因素有关。从环境条件看，空气相对湿度越大，气流速度越低，则舒适温度偏低；反之则偏高。从人的主观条件看，年龄、性别、种族、服装、体质、劳动强度、热适应等情况都对舒适温度有重要影响。表 8.3 是在室内湿度为 50％ 的某些劳动的舒适温度指标。

表 8.3　不同劳动条件下的舒适温度指标

作业姿势	作业性质	工作举例	舒适温度 /℃
坐姿	脑力劳动	办公室、调度室	18～24
坐姿	轻体力劳动	操作，小零件分类	18～23
立姿	轻体力劳动	车工，铣工	17～22
立姿	重体力劳动	沉重零件安装	15～21
立姿	很重的体力劳动	伐木	14～20

通常将基本上不影响人的工作效率、身心健康和安全的温度范围称作允许温度。允许温度范围一般是舒适温度±（3～5）℃，若空气相对湿度有一定的变化，则舒适温度也随之改变。

（2）人体舒适的空气湿度。

空气湿度对人体热平衡有重要作用，在高温时更明显。舒适的空气湿度一般为 40％～60％。空气湿度在 70％ 以上为高气湿，在 30％ 以下为低气湿。在不同的空气湿度下，人的感觉不同，温度越高，高湿度的空气对人的感觉和工作效率的消极影响越大。舒伯特和希尔经过大量的研究证明，室内空气湿度 φ（％）与室内气温 t（℃）的关系应为

$$\varphi = 188 - 7.2t \quad (12.2 < t < 26) \tag{8-2}$$

对于不同空气湿度，人的主观感觉状态见表 8.4。

（3）人体舒适的空气流速。

在人数较少的工作间里，空气的最佳流动速度为 0.3m/s；而在人员较拥挤的房间里约为 0.4m/s。室内温度与相对湿度很高时，空气流速最好是 1～2m/s。不同季节最适宜的空气流速见表 8.5。

我国《工业企业采暖通风和空气调节设计规范》（TJ 19—75）中规定的操作场所空气流速见表 8.6。

表 8.4　　不同空气湿度下人的感觉

温度/℃	相对湿度/%	感觉状态
20	40	最舒适状态
	75	没有不适感觉
	85	良好的安静状态
	91	疲劳、压抑状态
24	100	重体力劳动困难
30	25	没有不适感觉
	50	正常效率
	65	重体力劳动困难
	81	体温升高
	90	对健康有危害
40	20	没有不适感觉
	65	稍有不适感觉
	80	有不适感觉

表 8.5　　不同季节推荐的空气流速

单位：m/s

季节	最佳气流速度	不适当的气流速度
春、秋	0.30～0.40	<0.02 或>1.16
夏	0.40～0.50	<0.03 或>1.50
冬	0.20～0.30	<0.01 或>1.00

2. 微气候环境的综合评价标准

（1）微气候环境评价标准的依据。

微气候环境对人体影响的主观感觉是评价微气候环境条件的主要依据，所有的微气候环境评价标准都是在研究被调查者的主观感觉基础上制定的。当调查人数足够多而且方法适当时，所获得的资料可以作为主观评价的依据。表 8.7 是上海地区对工厂工人的调查结果。表 8.8 是广州地区对居民的调查结果。可供评价热环境时参考。

表 8.6　　操作场所允许的空气流速

室内温度湿度基数	温度/℃	18	20	22	24	26
	湿度/%	40～60	40～60	40～60	40～60	40～60
允许空气流速/(m/s)		0.2	0.25	0.3	0.4	0.5

表 8.7　　在不同气温下工厂工人的主观感觉（人数百分比）

单位:%

主观感受 ＼ 气温/℃	17.6～20.0	20.1～22.5	22.6～25.0	25.1～27.5	27.6～30.0	30.1～32.5	32.6～35.0	35.1～37.5	37.6～40.0	40.1～42.5	42.6～45.0
热	0	0	0	0	6.2	16.8	27.5	46.3	55.0	56.0	100
尚可	16.6	50.0	22.5	52.0	63.8	64.7	58.2	47.0	45.0	44.0	
舒适	83.4	50.0	77.5	48.0	30.0	18.5	14.3	6.7	0	0	0

表 8.8　　热环境对人体舒适感影响的主观评价

空气温度/℃	25.1～27.0	27.1～29.0	29.1～31.0	31.1～32.0	32.1～33.0
热辐射温度/℃	25.6～27.8	27.8～29.7	29.7～32.0	32.5～32.7	33.4～33.5
空气相对湿度/%	85～92	84～90	76～80	74～79	74～76
气流速度/(m/s)	0.05～0.10	0.05～0.20	0.1～0.2	0.2～0.3	0.2～0.4
人体温度/℃	36.0～36.6	36.1～36.6	36.2～36.4	36.3～36.6	36.4～36.8
皮肤温度/℃	29.7～29.9	29.7～32.1	33.1～33.9	33.8～34.6	34.5～35.0
出汗情况	无	无	无	微少	较多
人体活动特征	可穿外衣，工作愉快，有微风时清凉，无微风工作仍适宜，吃饭不出汗，夜间睡眠舒适	可穿衬衣，有微风时工作舒适，无微风时感到微热，但不出汗，夜间睡眠仍舒适	稍感到热，有微风时工作尚可，无微风时出微汗，夜间不易睡眠，蒸发散热增加	有风时勉强工作，但较干燥、较热，口渴；有微风时仍出微汗，夜间难眠，主要靠蒸发散热	皮肤出汗，家具表面发热，感到闷热，工作困难，虽有风，工作仍感困难
主观评价	凉爽，愉快	舒适	稍热，尚可	较热，勉强	过热，难受

181

（2）人体对空气温度的耐受标准。

以人体不能耐受的温度作为界限，则上限与下限之间的温度称为可耐温度（见图 8-15）。图中曲线 1 是高温可耐限，曲线 2 是低温可耐限，两曲线的中间区域，是人对温度的主诉可耐区。

（3）安全标准。

以不出现危害或伤害人体的极限标准温度，称为温度的安全限度，见图 8-16。图中区域 1 是低温安全限度，范围 2、3、4、5 分别为空气相对湿度为 100%、50%、25%、10% 时的高温安全限度。当温度超过安全限度时，将出现高温或低温对人体的危害或伤害。但在操作条件下，高温安全限度要比图示数值稍低。

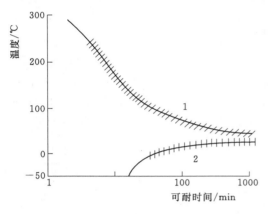

图 8-15 人对高温和低温的可耐温度

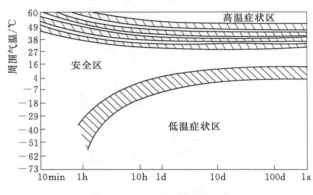

图 8-16 温度的安全限度

（4）不影响工作效率的温度范围。

以保持操作者工作效率的温度为界限，即可确定不影响工作效率的温度范围，图 8-17（a）、（b）分别为不影响工作效率的允许温度和温度范围。图 8-17（a）中曲线 1 为不影响复杂工作效率的限度；曲线 2 为不影响智力工作效率的限度；曲线 3 为生理可耐限度；曲线 4 为出现虚脱危险的限度。8-17（b）中 A 为不影响工作效率的温度范围，B 为生理可耐限度。

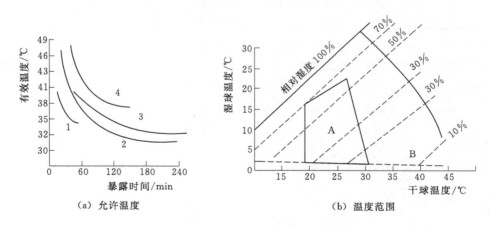

（a）允许温度　　　　　　　（b）温度范围

图 8-17 不影响工作效率的允许温度和温度范围

（5）工业生产微气候环境标准。

根据生活和工作场所的不同，要求的空气温度和相对湿度也不同。在机械制造中根据操作特征和操作强度不同，要求有不同的微气候环境。表 8.9 是工业生产车间要求的空气温度和湿度标准。

表 8.9 工厂车间内作业区的空气温度和湿度标准

车间和作业的特征			冬 季		夏 季	
			温度/℃	相对湿度/%	温度/℃	相对湿度/%
主要放散对流热的车间	散热量不大的	轻作业 中等作业 重作业	14～20 12～17 10～15	不规定	不超过室外温度3℃	不规定
	散热量大的	轻作业 中等作业 重作业	16～25 13～22 10～20	不规定	不超过室外温度5℃	不规定
	需要人工调节温度和湿度的	轻作业 中等作业 重作业	20～23 22～25 24～27	≤80～75 ≤70～65 ≤60～55	31 32 33	≤70 ≤70～60 ≤60～50
放散大量热辐射和对流热的车间 [辐射强度大于2.5×10⁵J/（h•m²）]			8～15	不规定	不超过室外温度5℃	不规定
放散大量湿气的车间	散热量不大的	轻作业 中等作业 重作业	16～20 13～17 10～15	≤80	不超过室外温度3℃	不规定
	散热量大的	轻作业 中等作业 重作业	18～23 17～21 16～19	≤80	不超过室外温度5℃	不规定

8.2.4 微气候条件的改善措施

1. 高温操作环境的改善

（1）生产工艺和技术方面。

要合理的设计生产工艺过程，尽可能将热源布置在车间外部，使操作人员远离热源，如可在热源周围设置挡板防止热量扩散。在有大量热辐射的车间，应采用屏蔽辐射热的措施，如直接在热辐射源表面铺上泡沫类物质，在人与热源之间设置屏风等。高温车间采用自然通风与机械通风措施保证室内一定的风速。对于湿度较大的工作场所，在通风口设置去湿器。

（2）保健方面。

高温作业时操作者地出汗量大，应合理供给饮料和补充营养。通常每人每天需要补充水3～5kg、盐20g，另外还要注意补充适量的蛋白质、钙及维生素等。高温操作的工作服，应具有耐热隔热、导热率低、透气性好的特点。人的热适应性能力各有差别，在就业前应进行职业适应性检查。例如凡是有心血管器质性病变的人都不适于高温操作。

（3）生产组织方面。

在高温操作条件下，应控制生产节拍，适当减轻操作者的负荷，合理安排作息时间，以减少操作者在高温条件下的体力消耗。为操作者合理安排休息场所，恢复热平衡机能。温度在20～30℃之间最适用于高温操作环境下身体积热后的休息。另外，高温操作应采取集体操作，以及时发现热昏迷。

2. 低温操作环境的改善

（1）采暖和保暖工作。

应按照《工业企业设计卫生标准》（GBZ 1—2010）和《工业企业采暖通风和空气调节设计规范》（TJ 19—75）的规定，设置必要的采暖设备。调节后的温度要均匀恒定。需要在室外进行的操作，为减少外界冷风吹在操作者身上的不舒适感，应设置挡风板，减缓冷风的作用。

（2）个体保护。

低温操作车间或冬季室外的操作者，应穿御寒服装。御寒服装应采用热阻值大、吸汗和透气性强的衣料。

（3）热辐射取暖。

室外操作时，不能采用提高外界温度的方法消除寒冷，而采用个体防护方法，较厚的衣服影响操作者工作的灵活性，有些部位又不能被保护起来。这时最为有效的方法是采用热辐射御寒。

（4）提高操作负荷。

增加操作负荷，可以使操作者降低寒冷感。操作负荷的增加，以不使操作者工作时出汗为限。对于大多数人，负荷量大约为 175W。

8.2.5 汽车驾驶室和车厢内的小环境气候

汽车在驾驶过程中，发动机的排气、燃油蒸汽和尘土都会进入车内。此外，乘客还会排出二氧化碳，这些都会污染车内的空气。车内的空气过热、过冷或污染，必然会干扰驾驶员的注意力和反应能力，并且影响乘客的舒适性。为了能对乘客提供舒适的乘坐条件，必须在车内进行空气调节，使车厢里的空气温度、湿度和流速等指标保持在一定的范围之内。

设置通风系统（见图 8-18）向车内输送新鲜空气，把污浊空气排到车外。车内应有足够的新鲜空气，以防止乘员疲劳、头痛和恶心。对于每一乘客所需的空气更换量，冬季为 $20 \sim 30 m^3/h$，夏季的空气更换强度应比冬季高 $2 \sim 3$ 倍。如果没有足够的空气更换，车内很快会聚集水汽、二氧化碳和发动机排气中的有害成分。车厢里一氧化碳的含量不应超过 0.01mg/L，二氧化碳的含量则不宜超过 1.5mg/L。

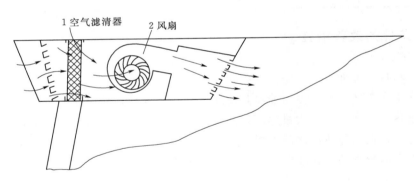

图 8-18 驾驶室通风装置简图

图 8-19 是最基本的汽车空调系统结构，主要由压缩机、冷凝器、蒸发器、膨胀阀、贮液干燥器、管道、散热风扇、空调控制系统等组成。冷气装置确保在炎热夏季能够给驾驶室或者车厢建立一个舒适的环境。暖气装置主要用于冬季给驾驶室或者车厢供暖。冬季车厢内温度，对于轿车以及货车的驾驶室，希望能保持在 10℃ 以上；对于城市客车，希望能保持在 $0 \sim 5℃$ 以上；对于高级轿车和长途客车，则希望能保持在 17℃ 以上。车厢内各处的温差，不宜大于 $10 \sim 15℃$。本着"头凉脚暖"的原则，头部气温应比车厢内平均温度低 $2 \sim 3℃$，腿以下部分应高 $2 \sim 3℃$。

车内空气流动应均匀，车内各部分的空气流速差不应太大，无穿堂风和大的涡流循环，只能在车厢上部允许有局部涡流。在乘客头部水平位置的空气流速，冬季（车内温度 22℃ 时）希望不大于 0.15m/s，夏季（车内温度 26℃ 时）不大于 0.5m/s。驾驶室或车厢内的空气相对湿度，一般以保持值 30%～70% 为宜，温度高时取上限，温度低时取下限。

8.2.6 车间空气调节

在工作场所中要维护一定的空气环境，通风和空气调节就是排除污浊空气，保持室内空气新鲜的手段。合理确定送、回风口型式和布置方式，正确组织室内空气流型和分布，以满足空调房间对空气温度、湿度、流速、洁净度和舒适感等要求，是保证空调系统使用效果的重要环节。一般的空调房间，主要要求工作区域内保持比较均匀而稳定的温度、湿度，风速不超过规定值。对室内温度、湿度波动范围有较高要求的房间，气流组织还应能

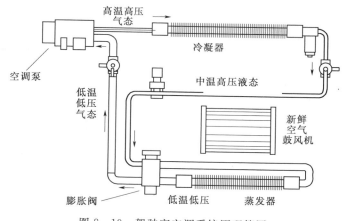

图 8-19 驾驶室空调系统原理简图

满足气流区域温差的要求和允许波动范围的要求。有洁净度要求的房间，气流组织要保证室内正压和应有的洁净度。组织气流的方法首先是依靠送风方式，其次是风口型式、数量和送回风速度等。送风方式有上送、中送和下送三种类型。

（1）上部送风。

将空气从侧墙顶部设置的百叶风口、条缝型风口或喷口等侧向送出［图 20（a）］，尽量使气流贴附顶棚，或在顶棚设置散流器［图 20（b）］、孔板［图 20（c）］或条缝型风口向下送风。使送入空气由上向下流动扩散，送风在进入工作区前已与室内空气充分混合。易于形成均匀的温度场和速度场，能够采用较大送风温差，以减少送风量。回风口可置于侧墙下部或地面上，也可由上部回风。上部送风方式是工程上应用较多的传统方式。

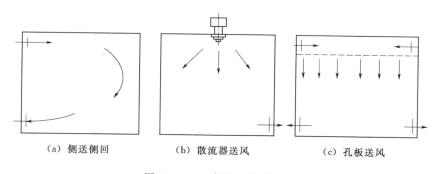

（a）侧送侧回　　　　　（b）散流器送风　　　　　（c）孔板送风

图 8-20 上部送风方式示意

（2）中部送风。

在房间中间部位送风，下部回风或在顶部设有排风的方式［见图 8-21（a）］。这种送风方式适用于空间高大的建筑，其空调目的主要是针对下部空间，宜尽量使送出气流形成空气幕，将上下空间分割开来，仅使下部空间区域空气参数满足空调要求，上部空间作为非空调区，其热量由屋顶排出，送风射流尽量减少非空调区向空调区的热转移，则有显著节能效果。分层空调即为这种方式的典型。

（3）下部送风。

在地面均匀布置风口向上吹送［见图 8-21（b）］，或采用大面积风口，于侧墙下部向工作区低速水平送风［图 8-21（c）］。此种送风方式，新鲜空气直接进入工作区，房间热量汇集于上部空间，由顶部集中排出，可使房间温度分层，送风利用率高，具有显著节能效果，且有利于改善工作区空气质量。适合于工作区有集中热源和发热量大的车间。

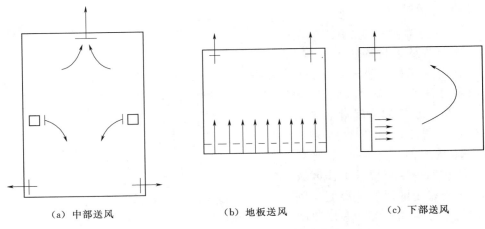

（a）中部送风　　　　　　　（b）地板送风　　　　　　　（c）下部送风

图 8 - 21　中部、下部送风示意

8.3　照明

视觉是操作人员获得信息并指导操作的主要感觉通道，因此适当的照明对于高质量的视觉操作是十分重要的。工作场所照明的质量会影响操作者的视觉和操作。

8.3.1　环境照明对工效的影响

1. 基本术语

（1）照度。

照度是指光学仪器测量从周围或局部光源来的光投射或入射到物件的量，也称光照度。它是用光度计测量的，单位为勒克斯（lx）或米烛光（foot - candles，fc）。直接在物件表面测得，表面离光源越远，照度越小。

（2）亮度。

亮度是指光从物体表面反射的量，与物体对光亮的敏感性有关。亮度不受物体表面与观察者间的距离影响，它可以用光度计在离物体表面合适的距离朝向物体表面测量。

2. 照明的作用

人在自然条件下，通过视觉获得的信息量约占 80% 以上。照明是视觉感知的必要条件，照明条件的优劣直接影响视觉获得信息的质量与速率。照明条件与工作效率、工作质量、安全以及人的舒适程度、视力和健康有着密切关系，是工作环境的重要因素之一。工作精度越高，机械化自动化程度越高，对环境照明的科学性要求也越高。研究照明的目的，就是要对照明条件进行人为控制与调节，使工作环境的光线适合操作者的视觉特性，使其能够准确、迅速地接收外界信息并有效地进行操作。根据大量由于光照环境改善而产生一定效果的定量数据和统计分析，图 8 - 22 可以说明良好光环境的作用。由图可知，良好的光环境通过改善人的视觉条件（照明生理因素）和改善人的视觉环境（照明心理因素）达到生产高效率的目的。

3. 照明的影响

（1）照明与疲劳。

人的眼睛能够适应从 $10^{-3} \sim 10^{5}$ lx 的照度范围。合适的照明，能提高视力。亮光下瞳孔缩小，视网膜上成像更为清晰，视物清楚。当照明不良时，需反复努力辨认，易使视觉疲劳，工作不能持久。实验表明，照度从 10lx 增加到 1000lx 时，视力可以提高 70%。当周围环境亮度与中心亮度相等或者周围环境稍暗时，视力最好。当照明不良时，人的视觉易疲劳。视觉疲劳可以通过闪光融合频率和反应时间等方法来测定。

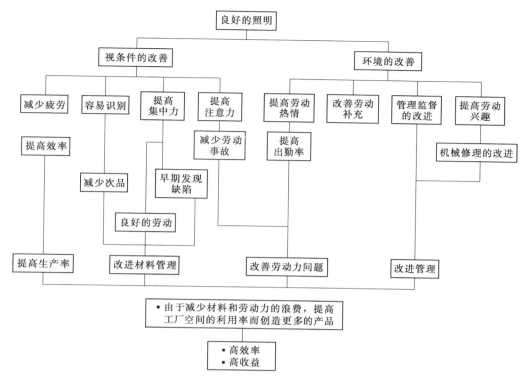

图 8-22　良好光环境的作用

（2）照明与工作效率。

合适的照明可增加人对目标的识别速度，有利于提高工作效率。舒适的光线条件，不仅对手工劳动有利，而且有助于提高要求高的记忆、逻辑思维的脑力劳动的工作效率。值得注意的是，照度要合适，太高可能引起目眩，这会使工作效率下降。图 8-23 给出了视疲劳、生产率随着照度变化的曲线。

日本一家纺织公司，将白炽灯（60lx）改成荧光灯后，在耗电量相同的情况下，可获得 150lx 的照度，产量增加了 10%。人眼长期进化的结果，对日光产生了最佳适应，日光照明时的显色性最好，最容易发现产品的瑕疵，所以选用接近日光色的照明灯具，有利于提高检验工作的效率。而照度值过高或过低、照度不均匀、显色性差都会使检验人员的视觉功能下降，眼睛产生不适感觉，降低工作效率，增加漏检率。

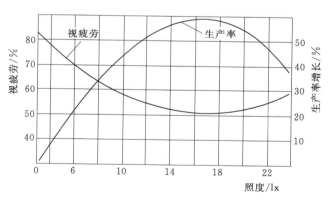

图 8-23　视疲劳、生产率随着照度变化的曲线

年龄增加将会导致眼睛调节时间延长，如果所从事的是视觉特别紧张的工作，则高龄人的工作效率比青年人更加依赖于照明。以某些目视作业为例，如果以 20 岁的适宜照度为标准，对 40 岁的人应提高 1.5 倍，50 岁的人应提高 2.5 倍，60 岁的人则应提高 7 倍。

（3）照明与事故。

事故的发生次数与工作环境的照明条件有密切关系。适度的照明可以增加眼睛辨色的能力，减少识别物体、色彩的错误率，增强物体、轮廓的立体视觉，有利于辨认物体的大小、深浅、前后、远近等相关位置，降低工作失误率。图 8-24 给出了英国事故发生次数与照明关系的统计曲线。

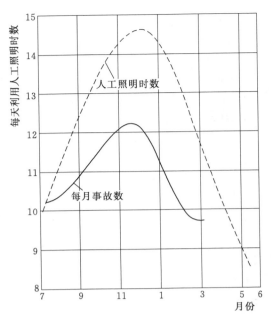

图 8-24　事故发生次数与照明关系的统计曲线

我国大部分地区冬季白天短，因此在冬季的 3 个月里，工作场所人工照明时间增加，与天然光线照明相比，人工照明的照度值较低，事故发生的次数在冬季最多。调查资料还表明，在机械、造船、铸造、建筑、纺织等部门，人工照明的事故比在自然光照明条件下增加 25%，其中由于跌倒引起的事故增加 74%。

图 8-25（a）是改善照明和粉刷工作场所墙壁后而减少事故发生率的统计资料。从中可以看出，仅仅改善照明一项，现场事故就减少了 32%，全厂事故减少了 16.5%；如同时改善照明环境和粉刷墙壁，事故的减少就更为显著。图 8-25（b）说明良好照明使事故次数、出错件数、缺勤人数明显减少。

（4）照明与情绪。

根据医学研究得知，照明会改变人的情绪，产生兴奋和积极作用，从而影响工作效率。在明亮房间里会令人愉快，如果让操作者在不同照度的房间中选择工作场所，一般都会选择较明亮的地方。

炫目光线会使人感到不舒服，操作者应尽量避免眩光和反射光。为便于看清楚，许多人希望光线从左上侧投射过来。因此改善工作环境的照明，可以改善视觉条件，节省工作时间，降低次品数量，保护视力，减轻疲劳，提高工作效率，减少差错，避免或减少事故，有助于提高工作兴趣，改进工作环境。

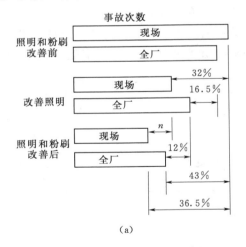

（a）

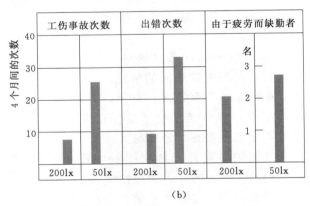

（b）

图 8-25　照明与事故发生率的关系

8.3.2　作业环境照明设计因素

1. 作业环境照明的选择

工业环境的照明常采用三种形式：自然照明、人工照明与混合照明。

自然照明是利用自然界的天然光源解决操作场所的照明；人工照明是利用人造光源来解决操作场所的照明；混合照明是自然光源与人工光源混合使用。

选用何种照明方式与工作性质和操作地点布置有关，不但影响照明的数量和质量，而且关系到设计投资及使用费用的经济性、合理性。考虑到节约能源以及人们习惯太阳光照的光线均匀，照度大，因此在可能的条件下应尽量采用自然光照明。

2. 人工照明方式

（1）一般照明。

一般照明是指不考虑特殊和局部的需求，为照亮整个假定操作面而设置的照明。一般照明方式适用于操作较密集或者操作不固定的场所。这种照明方式相对于局部照明，其效率和均匀性都比较好。操作者的视野亮度相同，视力条件好，工作时感到愉快。一次性投资费用较少，但是耗电量较大。

（2）局部照明。

局部照明是为增加某些特定地点（如实际操作面）的照度而设置的照明。由于靠近操作面，仅用较少的照明灯具便可获得较高的亮度，故耗电量少。但要注意避免炫光和周围变暗造成强对比的影响。当对操作面照度要求不超过 30～40lx 时，可不必采用局部照明。

（3）综合照明。

综合照明由一般照明和局部照明共同组成。其中一般照明的照度应占综合照明照度值的 5%～10%，最低不应低于 20lx。综合照明是一种最经济的照明方式，常用于要求照度值高，有一定投光方向或固定工作地分布较稀疏的场所。

（4）特殊照明。

特殊照明指用于特殊用途、特殊效果的各种照明，例如事故抢险照明、方向照明、透射照明、不可见光照明、对微细对象检查的照明、色彩检查的照明和彩色照明等。这些照明将根据各自的特殊要求选取光源。

3. 光源选择

根据光源与被照物体的关系，可分为直射光源、反射光源和透射光源。

直射光源的光直射在物体上，由于物体反射效果不同，物体向光部分明亮，背光部分较暗，照度分布不均匀，对比度过大。反射光源的光线经反射物漫射到被照空间的物体上。光线的 90% 至更多的光都照在天花板和墙面上，通过反射来照明，故不会产生阴影。透射光源的光线经散光的透明材料将光线转为漫射，漫射光线相对柔和，可减轻阴影和眩光，使照度分布均匀。

室内通过天窗和侧窗采用自然光照明是最理想的。自然光明亮柔和，光谱中的紫外线对人体生理机能有良好的作用，因此在设计中应最大限度地利用自然光。但是，自然光受时间、季节和条件的限制，往往在生产环境中要用人工光源做补充照明。

人工照明可使操作场所保持稳定的光通量。常用的人工光源可分为白炽和荧光两大类。表 8.10 给出了普通人造光源的功效和显色性。

表 8.10　　　　　　　　　　　　　　　　人造光源的功效和显色性

类　　型	发光效率/(lm/W)	颜色透射	特　　点
白炽灯	8～22	好	寿命最短、效率最低的标准钨灯泡、卤化物灯泡有较高功率，但费用高
荧光灯	30～83	好	荧光灯的寿命是白炽灯的 10～15 倍，但需要一次开几个小时以获得最好效率，比白炽灯产生更少的直接炫光
高强度放电（汞蒸气、金属卤化物、高压钠）	22～132	金属卤化物颜色透射要比汞蒸气好很多；高压钠颜色透射的好坏依赖于设计和使用	寿命长，高压钠灯有很高的效率 [75～130(lm/W)]
低压钠	70～152	差（所有透射光都为黄色或灰色的色调）	是人造光源中效率最高的，也有最长的使用寿命，维持它们的输出水平要比其他光源好，主要用于高速公路或安全照明

4．避免眩光

眩光也称炫目，是由于现场中的物体表面或亮区产生刺眼和耀眼的强烈光线，从而引起视觉器官不舒适和视觉功能下降的一种现象。眩光按其产生原因分为直射眩光、反射眩光和对比眩光。直射眩光效应是由强烈光线直接照射产生，与光源位置有关，如图 8-26 所示。工作面上的直射太阳光常常产生使眼睛无法适应的眩光。反射眩光是强光照射过于光亮的表面（如电镀抛光表面）后再反射到人眼所造成的眩光。对比眩光是由于视觉目标与背景明暗对比度相差太大造成的。有研究表明，进行精密操作时，眩光在 20min 内就可使差错率明显上升，操作效率下降。不同位置的眩光源对操作效率的影响如图 8-27 所示。

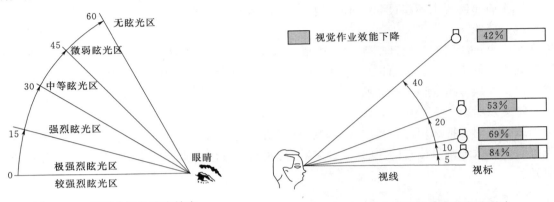

图 8-26　光源位置的眩光效应　　　　　　图 8-27　眩光对视觉操作效率的影响

防止和减轻眩光的主要措施有：限制光源亮度；合理分布光源；改变光源或工作面的位置；使光线转为散射；合理的照度等。

8.3.3　作业场所的光照设计要求

1．作业环境照明设计原则

（1）照明均衡合理。

同一环境下，亮度和照度不应过高或过低，也不要完全一样，略有差别。

（2）合理布置光照及扩散方向。

光线最好从左上方射入，要避免阴影的干扰。可保留必要阴影，使物体有立体感。

（3）避免产生眩光。

光线不要直照眼睛，可将光源光线照射到物体或物体的附近，再反射进入眼睛，以防止晃眼。

（4）光源光色要合理。

光源光谱应再现各种颜色的特征。

（5）符合照明环境设计美学。

照明和色相协调，构成令人满意的光照气氛。

（6）降低成本。

创造理想的照明环境同时要考虑经济条件。

依据设计基本原则，实现良好照明的特性因素如图 8-28 所示。

2．作业环境照明设计要求

（1）照明光数量。

照明光数量是指在操作面及周围光的照度。不同的被视对象要求不同的照度，而在同一条件下照度值越高越好。提高照度，不仅能减少视觉疲劳，而且对提高劳动生产率起着很大作用。当照度超过 1000lx，将造成反光干扰，此时阴影深暗，对比过于强烈，对操作不利。由于照度高，电力消耗大，所需投资费用也大。所以照度的确定，既要考虑视觉需要，也要考虑经济上的可能性和技术上的合理

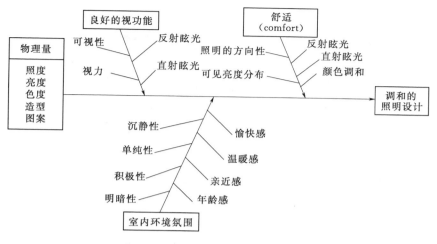

图 8-28 良好照明的特性因素

性。北美照明工程师协会（IESNA）建立了一个综合的光学设计指南，其中规定了各项合适的光照度水平。工作场所不同地点和典型任务的推荐照度范围如表 8.11 所示。

（2）照度的均匀性。

视觉的舒适性在很大程度上取决于照明的均匀性，即在视野内大面积的亮度对比和其分布于视野的情况。自然光的光线质量好、经济，而且照度大，对生产操作有利。在操作时间内，最好根据操作种类保持最低照度，并维持在不发生视觉疲劳的程度上。但是在阴雨天要尽可能多采光，保证操作面照度。当操作面照度不足时，再用人工照明补充。《工业企业采光设计标准》（GB 50033—91）和《工业企业照明设计标准》（GB 50034—92）规定，生产车间操作面上的采光系数最低值不应低于表 8.12 规定的数值。

表 8.11　　　　　　　　　　　工作场所不同地点和典型任务的推荐照度范围

活动或区域类型	照度/lx		活动或区域类型	照度/lx	
	水平	垂直		水平	垂直
公共/服务区域			办公区域		
建筑物出口	10	10	开放式办公室，VDP 常用	300	50
走廊（最小）	10	22	开放式办公室，VDP 间歇使用	500	50
（距地面 1.8m）			私人办公室	500	50
停车场（均一性比值 15:1）	2	1	控制室，VDP 观察	100	30
保卫室	5	2.5	绘图工作		
大厅	100	30	计算机工作站	100	30
复印室	100	30	计算机和图纸工作	300	30
收发室	500	30	高对比媒体	500	100
休息室	100	30	低对比媒体	1000	300
楼梯间	50	—	阅读任务		
电梯	50	30	VDP 屏（处理数据）	30	30
会议室			键盘	300	—

续表

活动或区域类型	照度/lx		活动或区域类型	照度/lx	
	水平	垂直		水平	垂直
会议厅	300	50	6 点打字、图、电话簿	500	—
视频会议室	500	300	喷墨或激光打印输出（8 点或更大）	300	—
基础工业任务	工作面照度		基础工业任务	工作面照度	
视觉需求不高： 原材料的粗处理（包括清洁、切割、粉碎、分类和分级等），仓库和大材料的储藏库，装入卡车和船执行视觉任务——高对比度的项目或大尺寸物件	100		原材料的精细操作，中等尺寸零件的制造、原始打磨、抛光、普通自动化机器、维护工作、中等工艺执行视觉任务——低对比度项目或尺寸非常小的物件	500	
原材料的一般处理，包装纸、包装、标签、运输与接收，挑选库存与分类、仓库储存和带有小标签的小物品的存放、大零件的加工、简单的组装或检查、车床或机器工作、粗制手工艺①执行视觉任务——中等对比度项目或小尺寸物件	300		极其精细的原材料处理，精细元件制造、难度较大的组装与检查、精细自动化仪器、中等打磨、精细抛光、精细手工工艺执行苛刻视觉任务	1000	
			特别精细的机器工作（精细打磨）；难度很大的组装与检查、精密手工弧度焊接、难度很大的手工工艺	3000	

① 手工艺包括雕刻、上色、缝合、切割、按压、分割、抛光和木工工艺等工作。

注　所测照度应在推荐值的 ±10% 以内。以上限制可能被其他重要因素所调整，例如闪耀（直射或反射）、日光的加入和控制、闪烁、物体表面和控制台的光分布、屋内表面亮度。

表 8.12　　　　　　　　　　　　　**生产车间操作面上采光系数最低值**

采光等级	视觉工作分类		室内自然光照度最低值/lx	采光系数最低值/%
	工作精确度	识别对象的最小尺寸/(d/mm)		
I	特别精细工作	$d \leqslant 0.15$	250	5
II	很精细工作	$0.15 < d \leqslant 0.3$	150	3
III	精细工作	$0.3 < d \leqslant 1.0$	100	2
IV	一般工作	$1.0 < d \leqslant 5.0$	50	1
V	粗糙工作	$d > 5.0$	25	0.5

注　采光系数最低值是根据室外临界照度为 5000lx 制定的，如采用其他室外临界照度值，采光系数最低值应做相应的调整。

操作空间照度均匀的标志是：某一操作范围最大、最小照度与平均照度之差分别小于平均照度的 1/3，即

$$A_u = \frac{最大照度 - 平均照度}{平均照度} \leqslant \frac{1}{3} \qquad (8-3)$$

或

$$A_u = \frac{平均照度 - 最小照度}{平均照度} \leqslant \frac{1}{3} \qquad (8-4)$$

合理布置灯具是解决照度均匀的主要方法。边行灯具至车间边的距离，应该保持在 $\frac{L}{3} \sim \frac{L}{2}$ 之间（L 为灯具的距离）。如果车间内（特别是墙壁、天花板）的反射系数太低时，上述距离可减少到 $\frac{L}{3}$ 以下。

对于一般操作，当有效操作面约为 300mm×400mm 范围时，其照度的差异应不大于 30%。

（3）照度的稳定性。

照明的稳定性指照度保持标准值，不产生波动，光源不产生闪烁频闪效应。照度的稳定性直接影响照明质量的高低。为此，应使照明电源的电压稳定，并在设计上保证在使用过程中照度不低于标准值，还要考虑到光源老化、房间和灯具受到污染等因素，适当增加光源功率，采取避免光源闪烁的措施等。

（4）光色效果。

光源的光色包括色表和显色性。色表是光源所呈现的颜色，如荧光灯灯光看起来是日光色，高压钠灯灯光看上去是金白色。不同光源分别照射到同一颜色物体上时，该物体会表现出不同的颜色，这就是光源的显色性。物体颜色会依照明条件的不同而发生变化，物体的本色只有在天然光或白色光照明条件下才会不失真地显示。如果照明是有色的，它就会发生变化。同时，物体颜色的辨别还与照明强度有关，一般照明强度越大，辨别率越高。在弱照明条件下，暖色调接近红色，冷色调接近蓝绿色。在微光视觉条件下，除天蓝色外，其他颜色辨别不出。因此对需要辨色的场合，如何选择光源将成为一个重要的问题。

（5）亮度分布。

良好的照明环境给操作者舒适的感觉，使操作者能看清对象。在视野内存在不同亮度，就有反差存在。如果所有操作空间亮度一样，不仅耗电量多，而且会产生单调感。当操作面明亮，周围空间较暗时，操作者的动作变得稳定、缓慢。如果周围空间很昏暗，操作者在心理上会造成不愉快感觉。因此，要求视野内有适当的亮度分布，使操作对象和周围环境存在必要的反差，柔和的阴影会使心理上产生立体感。既能造成工作处有中心感的效果，有利于正确评定信息，又使操作环境协调，富有层次和愉快的气氛。亮度分布通过规定室内各表面适宜的反射系数范围，以组成适当的照度分布来实现。室内各表面反射率的推荐值如表8.13所示。

表 8.13　　　　　　　　　　　室内各表面反射率的推荐值

室内表面	顶　棚	墙壁（平均值）	机器设备、工作台（桌）	地　面
反射率的推荐值/%	80～90	40～60	25～45	20～40

室内亮度比最大允许限度推荐值如表8.14所示。视野内的观察目标、操作面和周围环境间的最佳亮度比为5：2：1，最大允许亮度比为3：1：1/3。如果车间的照度水平不高，例如不超过150～300lx时，视野内的亮度差别对视觉操作的影响就比较小。

表 8.14　　　　　　　　　　　室内亮度比最大允许限度推荐值

室　内　条　件	办公室	车　间
工作对象与其邻近的周围之间（如机器与其周围之间）	3：1	3：1
工作对象与其离开较远处之间（如机器与墙面之间）	5：1	10：1
照明灯具或窗与其附近周围之间		20：1
在视野中的任何位置		40：1

8.3.4　驾驶室照明设计

一架飞机有几十个到上百个供飞行员观察、判读的仪表、信号装置、电子显示器件；有上百个供飞行员操纵、控制的手柄、电门、旋钮。合理的照明才能保证飞行员看得见，看得清，又不易疲劳；否则，判读、操纵的错误一定增加，即"人为差错率"上升。国外飞行事故统计分析资料介绍，"人为差错"造成的事故占全部事故的40%，直升机达70%。座舱照明不合适，引起视觉疲劳是造成"人为差错"的直接原因。飞机驾驶舱光环境设计需要遵循以下原则。

（1）驾驶舱内仪表盘、操纵台或者膝盖面等区域之间的亮度或照度的变化要尽量小，即保证亮度和照度分布均匀。且任意一个视标的亮度都不能低于视觉准确迅速判读、识别的阈限值也不能过亮造成眩光。

（2）尽量较少反光，防止光源直接照射飞行员眼睛。控制眩光不仅对有利于飞行员的外视力，还能保证舱内的观察，并减少视觉疲劳。

（3）亮度可调分级或连续调光，可以满足不同飞行员对照明的要求。对于发光显示器件来说，不仅自身亮度需要可调，还要避免对其他显示标记如导光板造成不利影响。

（4）视标与背景的亮度对比度，应该符合视觉对比敏感度的要求，既有利于减少错误判读，又有利于减缓视觉疲劳。合适的亮度对比度和颜色对比度是舒适照明环境的关键因素。

（5）照明系统可靠性不仅仅要求正常情况下故障率低，还要在非正常情况下具备应急能力。

（6）照明系统的控制开关及亮度调节等操作要具备操作简单、不增加飞行员额外负担。

（7）应为照明系统单独集中供电，保证灯具等元器件不影响飞机里其他的动力及通信设备。

（8）应充分考虑昼间飞行的情况，所有照明设备同样不能影响昼间飞行的观察任务。

（9）对于失能眩光和强光盲的情况采取必要的措施。

SPEOS 光学仿真软件能与 CATIA 平台结合，且提供了一种基于人眼视觉的光学仿真方法（见图 8-29 和图 8-30）。SPEOS 与 CATIA V5 无缝兼容，三维结构数据不需要导入、导出。既提高设计效率，又确保数据准确无误。设计、仿真分析与优化在同一个软件中完成。其不仅可以用于总体设计与仿真优化，也可以运用于具体灯具，光电设备的设计与分析优化。结构设计工程师、照明设计工程师、光电设备工程师、内饰设计工程师、人体工效工程师共享统一的 CATIA V5 设计平台。

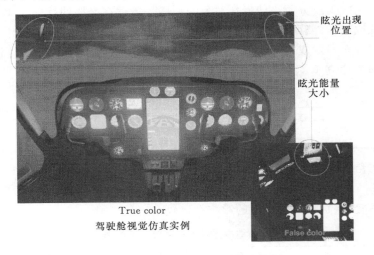

图 8-29　飞机驾驶舱视觉仿真实例

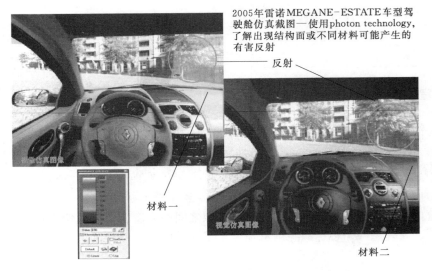

图 8-30　汽车驾驶室视觉仿真实例

8.3.5 室内照明设计

《视觉工效学原则 室内工作场所照明》（GB/T 13379—2008）标准规定了室内工作场所的照明视觉工效学原则要求，以使工作者能够在整个工作期间安全、有效、舒适地进行视觉作业。该标准适用于居住建筑、公共建筑和工业建筑等室内工作场所。

以灯具向上、向下两半球的空间所发出的光通量分配比例进行分类，可分为以下五类：直接照明、半直接照明、一般漫射照明、半间接照明、间接照明。如表 8.15 所示，根据需求选择不同的照明方式。

表 8.15　　　　　　　　　　照　明　方　式

方　式	分配比例	光强分布示意图	灯　具　示　例
直接照明	上 0～10% 下 100%～90%		
半直接照明	上 0～40% 下 90%～60%		
一般漫射照明	上 40%～60% 下 60%～40%		
半间接照明	上 60%～90% 下 40%～10%		
间接照明	上 90%～100% 下 10%～0		

（1）直接照明。

特点：光线只要集中在下部，假定工作面可以得到充分的照度。

典型例子：筒灯、台灯等。

（2）半直接照明。

特点：大部分光线集中在下部，假定工作面可以获得适当照度的情况下，空间也能够得到一定照度。

典型例子：吸顶灯、吊灯、落地灯等。

（3）一般漫射照明。

特点：空间各方向获得照度均匀，空间光照感受柔和，不易产生眩光。

典型例子：吊灯、台灯、球泡等。

（4）半间接照明。

特点：上部空间获得较多照度，有一定的反射光，空间光照分布较为均匀。

典型例子：吊灯、落地灯、壁灯等。

（5）间接照明。

特点：光线主要集中在上部，光线均匀，常适用于氛围照明。

典型例子：吊灯、落地灯、埋地灯等。

8.4 振动

随着工业、交通等行业的发展，振动已经成为影响人们生产、生活，甚至健康的重要因素。另外，还影响机械设备、工具、仪表的工作，振动的影响不容忽视。

一个质点或物体相对于基准位置作来回往复运动的形式称为振动。振动可从振动方向、振动强度、振动频率 3 个方面加以度量。振动的方向，可分为纵向（x）、横向（y）和垂直（z）3 个方向，坐标原点位于人体的心脏处（见图 8 - 31）。振动的强度有多种度量方法，如振幅、峰值（最大值）、位移、加速度、速度等，其中常以加速度（m/s²）或重力加速度 g 度量振动强度。振动频率（Hz）是振动运动速度的表征，人体对不同频率的振动有不同的敏感性。

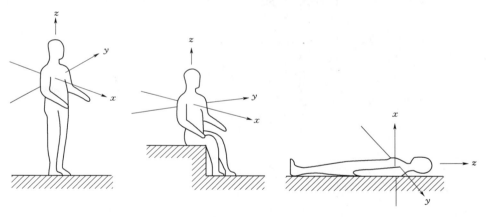

图 8 - 31　全身振动的坐标系统

8.4.1　人体振动特性

人体是一个多自由度，并具有弹性的振动系统，有其固有的振动频率（见图 8 - 32）。人体对垂直方向振动能量的传递率以 4～8Hz 时为最大，称为第一共振峰；10～12Hz 的振动次之，为第二共振峰；20～25Hz 的振动再次之，为第三共振峰。此后，随着振动频率的增高，振动能量在人体的传递率逐渐降低。人体对振动反应随着激振频率、人体部位等的不同而各不相同。

人体系统具有一定的阻尼，这种特性在振动过程中是变化的，说明人体是一个非恒定的振动系统。它作为一种生物机械系统，在一定限度内有着自动调节的功能。当外界振动传入人体时，所引起的增大或减弱效应与人体姿势有关。人在坐姿工作时，抗震性能要比站姿工作时差，特别是脊椎和胃容易受到振动的损害。

8.4.2　振动对人体的影响

根据振动的传导特性和对人体的影响，振动可分为全身振动和局部振动。全身振动是指人处于振动的物体上，如人站在振动的工作台上或乘坐在行驶中的汽车上时人体所承受的振动。局部振动主要是手执握振动着的工具进行操作时的振动，如操作者使用钻机、电锯、磨具等，振动波由手、手腕、肘关节、肩关节传导至全身。

在实际生活中，振动是由多个不同频率、不同方向的振动构成的，振动对人的影响主要取决于振动强度。另外，对于振动频率，人对4～8Hz 的振动感觉最敏感，频率高于 8Hz，或低于 4Hz，敏感性就逐渐减弱。对身体振动的频率为 1～100Hz，尤其是 4～8Hz，可能会导致心跳困难、胸部疼痛、腰痛和视力受损。此外，对于同强度、同频率的振动来说，接触振动时间越长，振动病发病率越高。频率相同时，加速度越大，其危害亦越大。振幅大，频率低的振动主要作用于前庭器官，并可使内脏产生移位。频率一定时，振幅越大，对机体影响越

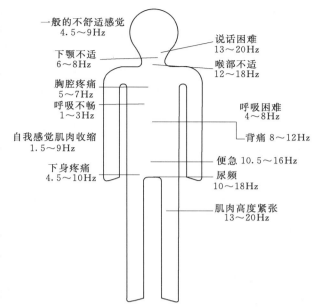

图 8-32　人体对振动的反应

大。人对振动的敏感程度与身体所处位置有关，人体立位时对垂直振动敏感，卧位时对水平振动敏感。有的作业要采取强制体位，甚至胸腹部或下肢紧贴振动物体，振动的危害就更大。加工部件硬度大时，人所受危害也大，冲击力大的振动易使骨、关节发生病变。

振动会引起脑电图改变、条件反射潜伏期改变、交感神经功能亢进、血压不稳、心率不稳、皮肤感觉功能降低。40～300Hz 的振动能引起周围毛细血管形态和张力的改变，表现为末梢血管痉挛、脑血流图异常；心脏方面可出现心动过缓、窦性心律不齐等。40Hz 以下的大振幅振动易引起骨和关节的改变，骨的 X 光底片上可见到骨质疏松、骨关节变形和坏死等。对手臂的振动频率为 8～1000Hz 时，可能降低手指的敏感性和灵活性，也可能引起肌肉、关节和骨骼疾病。长期使用振动工具可产生局部振动病。局部振动病是以末梢循环障碍为主的疾病，亦可累及肢体神经及运动功能。发病部位一般多在上肢末端，典型表现为发作性手指变白。

8.4.3　振动对工效的影响

振动对工效的影响主要表现为视觉作业效率的下降和操作动作精确性差。

（1）对视觉作业效率的影响。

当观察者不动，视觉对象振动频率低于 1Hz 时，观察者可以追踪目标，短时间内不受影响，但很快会产生疲劳。当振动频率为 1～2Hz 时，人眼跟踪目标运动的能力明显下降；当频率高于 2～4Hz 时，人眼无法跟踪目标。当振动频率逐渐增大时，眼球跟踪无法进行。研究表明，当频率高于5Hz 时，视觉辨认的错误率与振动频率和振幅的均方根成正比。振动频率为 5Hz、加速度为 $2 m/s^2$时，视力下降约 50%。

当视觉对象不动，观察者受振的情形下，低频时观察者尽力保持眼球不动以获得稳定的视像。实验表明，振动频率低于 4Hz 时比较好，高于 4Hz 时视觉开始下降，振动频率为 10～30Hz 时，对视觉的干扰最大。

（2）对操作动作的影响。

振动引起操纵界面的运动可使手控工效降低，这是由于手、脚和人机界面的振动，使人们的动作不协调、操纵误差大大增加。操作效率的减少与操纵控制器的躯体部位所受的振动有关。从频率考虑，3～5Hz 时追踪成绩下降最大。从振动强度来看，追踪成绩下降程度随传到肢端的振动强度增大而增加。另有研究表明，人的平均错误与振动的强度和频率的均方根成正比，这说明在操作动作中，

振动强度比频率更重要。

跟踪操纵的研究表明,人的主动控制动作被振动引起的手脚非随意动作干扰着;在 4~5Hz 左右的垂直振动,操纵误差最大;1~2Hz 的侧向振动,跟踪能力最差。另外由于强烈振动,使脑中枢机能水平降低、注意力分散、容易疲劳,从而导致工作效率的降低。例如:当振动频率为 2~16Hz(尤其是 4Hz 左右)时,司机的驾驶效能下降;当振动加速度达到 2.5m/s² 时,驾驶错误大大增加,此时应停止继续开车。

除了以上以外,振动还会使人的语言品质、平衡能力、脑中枢机能水平降低,注意力分散、容易疲劳,从而导致工效下降。

8.4.4 振动评价

对于振动评价标准,目前使用的多为国际标准化组织提出的两项标准。

(1)全身振动评价。

《人体承受全身振动的评价指南》〔ISO 2631—19788(E)〕以振动强度(用加速度的有效值表示,为 0.1~20m/s²)、振动频率(为 1/3 倍频程中心频率 1~80Hz)、振动方向(为 x、y、z 3 个方向)和人体接受振动的时间(1min~24h)等因素制定了全身振动评价界限曲线,并依据参数间的关系来评价全身振动对人体的影响。

1)疲劳-效率降低界限。疲劳-效率降低界限是从振动引起人体疲劳,从而影响其工作效率的角度而确立的。超过该界限,将引起人的疲劳,导致工作效率下降。

2)舒适性降低界限。舒适性降低界限主要应用于对交通工具的舒适性评价。超过该界限,将使人产生不舒适的感觉。疲劳-效率降低界限为舒适性降低界限的 3.15 倍,即它比相应的疲劳-效率降低界限的振动级低 10dB。

3)健康界限。健康界限相当于振动的危害阈或极限,超过该界限,将损害人的健康和安全。它是疲劳-效率降低界限的 2 倍,它比相应的疲劳-效率降低界限的振动级高 6dB。

图 8 - 33 为疲劳-效率降低界限,实线为垂直振动评价标准,虚线为水平振动评价标准。

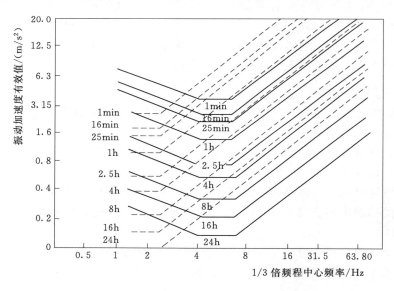

图 8 - 33　全身振动允许界限

(2)手传振动评价。

《人体对手传振动暴露的测量和评价指南》(ISO/DIS 5349)根据振动强度、频率、方向和接受振动时间综合评价手传振动对手臂的影响。它规定了坐标系方向,以第三掌骨端部为坐标原点,手背向手心的方向为 x 轴,手背面为 yz 面(见图 8 - 34)。

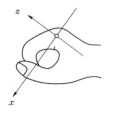 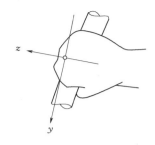 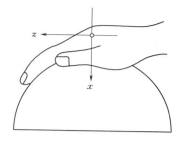

图 8-34　手传振动测量时的坐标系

　　该标准没有疲劳-效率降低界限、健康界限、舒适性降低界限之分，且 x、y、z 3 个方向用同一标准评价。该标准的振动界限曲线如图 8-35 所示，并可按表 8.16 所列校正系数进行加权计算后评价。

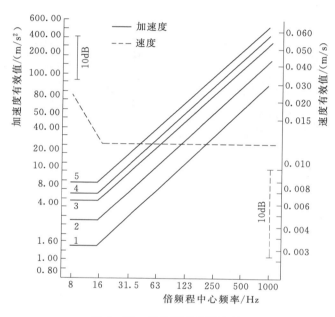

图 8-35　手传振动界限曲线

表 8.16　　　　　　　　　　　　　　　　　　　校 正 系 数

工作日内接触时间	持续或不规则间断	规 则 间 断				
		每小时不接触振动的时间/min				
		< 10	10～20	20～30	30～40	> 40
< 0.5h	5	5	—	—	—	—
0.5～1h	4	4	—	—	—	—
1～2h	3	3	3	4	5	5
2～4h	2	2	2	3	4	5
4～8h	1	1	1	2	3	4

8.4.5　振动控制

　　振动的控制要采取综合性措施，如消除或减弱振动工具的振动、限制振动的时间、改善不良作业条件、采取个体防护等项措施等。如为了防止振动，在设计车辆和机器时，保证车辆或机器对身体的振动水平低于 0.5m/s，对于臂的振动水平低于 2.5m/s。为了防止冲击和摇动，手持式电动工具的频率设计范围为 25～150Hz。冲击和摇动往往随振动一起出现，冲击和摇动的峰值高于平均振动水平 3

倍以上时将增加振动的应力，应当避免。

（1）从源头处理振动。

振动源一般由大型机器或机动工具引起。在设计或选择机器和工具时，要注意旋转运动产生的振动一般比摆动的小，液压或气动驱动比机械传动产生的振动小，重型机器（重量很大）比小型机械产生的振动小。另外，通过工艺改革尽量消除或减少产生振动的工艺过程，如焊接代替铆接，水利清砂代替风铲清砂。采取减振措施，减少手臂直接接触振动源。

（2）防止振动的传播。

当从源头上减小振动不能满足要求时，就应该注意减少振动的传播。最好的方法是在振动输入端设置阻尼，例如在地板、座位、扶手等地方采用阻尼材料。对于一辆减振性很好的巴士，由于座位表面装有阻尼材料，在座位与地板之间还装有阻尼弹簧（见图8-36），所以振动很难从地面传到人体。

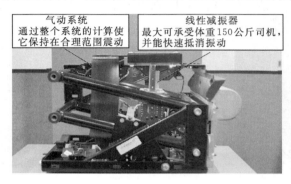

图8-36 汽车司机的减振座椅

（3）定期维护设备。

机器和手持工具有时装配不紧、偏心或不平衡，这些都会造成振动、噪声和磨损。因此，定期保养是非常重要的。

（4）减少作业时间。

如果从源头和传输两方面采取措施还不能满足减振要求，那么必须指导个人采取措施减小振动带来的伤害。具体来讲，可以减少接触振动的时间，例如对振动的工作和没有振动的工作采取交替进行的方式。

（5）改善工作环境。

改善工作环境是指控制工作场所的寒冷、噪声、毒物、高气湿等。

（6）加强个人防护。

使用防护用品也是防止和减轻振动危害的一项措施，如戴减振手套。

（7）进行职业培训。

进行职工技术培训，尽量减少作业中的静力作用成分。

本章学习要点

本章对环境中影响人们生活和工作的噪音、微气候、照明、振动作了简述以及改进措施，由于这部分内容与相关的技术联系紧密，因此不便在这里阐述清楚，作为设计人员要关注这些问题产生的影响，并了解解决方法，在做设计时要采用相应的措施避免上述问题发生。通过本章学习应该掌握以下要点。

（1）了解噪声对人体的危害，避免噪声的措施。

（2）了解作业环境的局部气温、湿度、气流以及热辐射指数的概念、对人的影响以及改善环境因素的措施。

（3）了解有关光照基本概念、原则以及改善光照的基本措施。

（4）了解振动对人的影响以及控制振动的措施。

思考题

（1）噪声对人体有哪些不良影响？

（2）试结合周围生活或工作场所，分析噪声对人的生活、工作的干扰情况，为改善其环境提出相应的措施。

说明：以研究报告或 PPT 形式提交。

（3）针对具体的教室或寝室，从微气候的角度分析，提出改善环境的措施。

说明：以研究报告或 PPT 形式提交。

（4）查阅有关资料，结合学生寝室照明设计一款便于学习的照明灯具。

说明：以研究报告或 PPT 形式提交。

（5）查阅有关资料，对工厂车间或石油钻井平台的振动问题提出改进措施。

说明：以研究报告或 PPT 形式提交。

第9章 人机系统事故分析与安全性设计

9.1 事故分析的意义

2003年12月23日21时15分，地处重庆市高桥镇小阳村境内的中石油西南油气田分公司川东北气矿罗家16号井，在起钻作业中，突然发生井底溢流，造成井喷失控。富含硫化氢的气体从钻具水眼喷涌达30m高程，硫化氢浓度达到100ppm（1ppm＝0.001%）以上，预计无阻流量为400万～1000万 m³/d。失控的有毒气体随空气迅速传播，开县境内的高桥镇、麻柳乡、正坝镇、天和乡4个乡镇28个村迅速被毒气所覆盖，导致在短时间内发生大面积灾害。该井喷事故共造成近万人不同程度的硫化氢中毒，其中243人死亡，6万余名群众紧急疏散，直接经济损失近亿元。

图9-1 开县井喷事故

"罗家16号"井现场组技术负责人王某，为了更换已损坏的测斜仪，在明知卸下回压阀可能造成井喷事故的情况下，还向技术员宋某提出卸下回压阀的钻具组合方案。而面对这一明显的违规行为，作为现场技术人员的宋某却没有提出异议。一个看似无关紧要的"回压阀"由此成为这场灾难的"引子"。

单一的隐患并非一定会发生事故，但隐患的增多和积累必然会导致事故发生。四川石油管理局川东钻探公司钻井二公司钻井12队队长吴某，明知钻井内没有安装回压阀，可能引发井喷事故，但作为钻井队队长，他既未向上级汇报，也未采取任何措施制止这一违反操作规程的行为，消除隐患，而是放任有关人员违规操作，结果导致事故发生。

四川石油管理局川东钻探公司钻井12队副司钻向某，带领4名工人在"罗家16号"井进行钻具起钻操作中，在起了6柱钻杆后才灌注钻井液1次，致使井内液压力下降，违反了单位有关操作规程细则中"起钻中严格按照要求每起3～5柱灌钻井液1次"的规定及川探12队针对"罗家16号"井高含硫天然气井的特点所做出的每3柱灌满1次的规定。

录井工肖某在"罗家16号"井录井房值班，负责对钻井作业进行监测，23日18时40分至19时40分，录井记录已显示有9柱钻井液未灌注泥浆的严重违章行为，肖某未及时发现。之后，她发现了也未立即提出警告纠正，违反有关规定，从而丧失了最后一次将事故遏制在萌芽状态的时机。24日凌晨，在事故抢险时，副经理吴某未同意点火，错过点火良机，造成随后更大的人员伤亡。因其未能做出果断决策和明确指示，是此次事故扩大的原因。

由此可见，开县井喷事故有人的不安全行为（违规操作）、物的不安全状态（钻井设备智能防护缺失）、环境（钻井过程伴随硫化氢气体、井喷等危险源）、管理失误4个方面因素，而人的不安全行为是导致这场悲剧的主要原因。根据国家煤矿安全监察局的统计数据显示，每年我国煤矿企业发生的各类伤亡事故统计数据来看，发生事故的原因多为人的不安全行为，其比例高达70％～80％。研究人的行为，从避免事故的角度对人机系统进行设计和评价有重要的现实意义。

9.2 人机系统事故分析

事故是社会因素、管理因素和人机系统中存在事故隐患被某一偶然事件触发所造成的结果。分析事故发生的原因可为人机系统设计提供思路，因此，事故分析是人机工程学重要的研究内容之一。

在分析事故原因时一般通过分析事故的经过和事故现象找出事故的基础原因、间接原因和直接原因（见图9-2）。

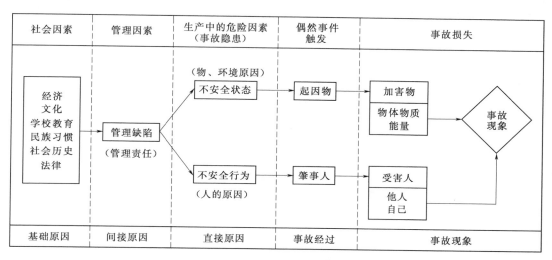

图 9-2 分析事故原因过程

9.2.1 人机事故因素分析

从事故原因的角度可将事故归纳为人的原因、物的原因和环境条件3个因素（见图9-3），但是，安全管理、事故发生机理是构成事故发生与否的关键因素。因此，从防止事故发生的角度分析，一般将人的不安全行为和物的不安全状态作为事故的直接原因；管理失误作为间接原因；而基础原因是社会因素。

1. 人的不安全行为

人的不安全行为是指造成事故的人的失误（差错）行为。《企业职工伤亡事故分类》（GB 6441—86）中将人的不安全行为分为14类，常见有操作失误，忽视安全，忽视警告；造成安全装置自失效；使用不安全设备；用手代替工具操作等。所谓人的失误是人为地使系统发生故障或发生机能不良事件，是违背设计和操作规程的错误行为。人失误的种类包括：设计失误、制造失误、组装失误、检验失误、维修保养失误、操作失误和管理失误等。人发生失误行为的过程如图9-4所示。

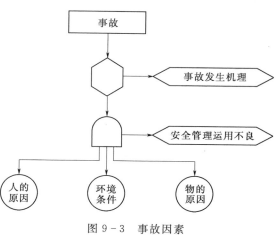

图 9-3 事故因素

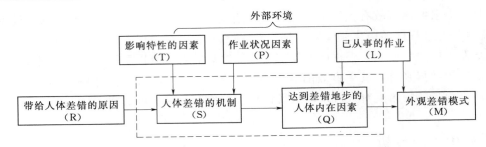

图 9-4　人发生失误行为过程

　　造成人失误的因素包括外部因素（外界刺激不良、信号显示不佳、控制器不良等）和内部因素（生理能力、心理能力、个人素质、操作行为等），设计不良和操作不当是引发人失误的外部原因，同时是主要原因（见表9.1）。

表 9.1　　　　　　　　　　　　　　　引发人失误的外部因素

序号	类型	失误	举例	所属范畴
1	知觉	刺激过大或过小	1. 感觉通道间的知觉异常。 2. 信息传递率超过通道容量。 3. 信息太复杂。 4. 信号不明确。 5. 信息量太小。 6. 信息反馈失效。 7. 信息的储存和运行类型的差异	人机功能分配不合理问题
2	显示	信息显示设计不良	1. 操作容量与显示器的排列和位置不一致。 2. 显示器识别性差。 3. 显示器的标准化差。 4. 显示器设计不良： （1）指示方式； （2）指示形式； （3）编码； （4）刻度； （5）指针运动。 5. 打印设备的问题： （1）位置； （2）可读性、判别性； （3）编码	人机界面设计不合理问题
3	控制	控制器设计不良	1. 操作容量与显示器的排列和位置不一致。 2. 控制器识别性差。 3. 控制器的标准化差。 4. 控制器设计不良： （1）用法； （2）大小； （3）形状； （4）变位； （5）防护； （6）动特性	人机界面设计不合理问题
4	环境	影响操作机能下降的物理的、化学的空间环境	1. 影响操作兴趣的环境因素： （1）噪声； （2）温度； （3）湿度； （4）照明； （5）振动； （6）加速度。 2. 作业空间设计不良： （1）操作容量与控制板、控制台的高度、宽度、距离等； （2）座椅设备、脚、腿空间及可动性等； （3）操纵容量； （4）机器配置与人的位置可移动性； （5）人员配置过密	环境不良

作业者的素质和安全技能也是引发人失误的内部因素（见表9.2）。一般分为行为因素、生理因素和心理因素。

表 9.2 引发人失误的内部因素

项 目	因 素
生理能力	体力、体格尺度、耐受力、是否残疾（色盲、耳聋、音哑……）、疾病（感冒、腹泻、高温……），饥渴
心理能力	反应速度、信息的负荷能力、作业危险程度、单调性、信息传递率、感觉敏度（感觉损失率）
个人素质	训练程度、经验多少、熟练程度、个性、动机、应变能力、文化水平、技术能力、修正能力、责任心
操作行为	应答频率和幅度、操作时间延迟性、操作的连续性、操作的反复性
精神状态	情绪、觉醒程度等
其他	生活刺激、嗜好等

（1）性格。1919 年 M Greenwood 和 H Wood 针对英国工厂伤亡事故统计发现，工厂存在容易发生事故的人，这些人的性格决定了较其他人更容易发生事故，被称为事故倾向者。外向性格者适于担任集体性任务，性格内向者适于单独作业。对于冒险性格作业者要就规范强化训练。

（2）生理节律。人体系统都是按照各自的生理节律工作，人体机能随其生理节律变化。在人体机能上升时期，操作失误少，发生事故率低。图 9-5 给出人体机能变化与错误率关系，按照生理节律科学安排好劳动和休息，可以有效减少事故发生概率。

（3）训练与技能。习惯是长时间训练过程导致的结构，有些习惯是安全的，有些习惯是不安全的。不安全的行为往往比安全的行为更加方便，易于被人接受，使人产生侥幸心理引发事故。

（4）记忆疏漏。一些作业需要人有很好的记忆，才能准确无误地完成各种操作。但是人的存储有效信息的能力有限，加上作业者心不在焉或走神造成事故。

（5）年龄和经验。据统计发现，20 岁左右的作业者发生事故率较高；然后急剧下降，25 岁左右发生事故率基本稳定；到 50 岁以后事故率逐渐上升。这是因为年轻人经验少，易出错；而年龄大的作业能力减弱，难于集中注意力产生错误。

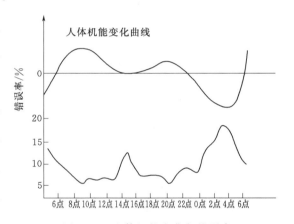

图 9-5　人体机能变化与错误率

（6）作业疲劳。大量事实证明，疲劳是发生事故的重要原因。疲劳分为生理疲劳和心理疲劳。生理疲劳表现为操作变慢、动作协调性、灵活性、准确性下降；心理疲劳表现为思维迟缓、注意力不集中、工作效率下降。

生活压力。生活紧张和压力会影响人的健康和行为，从而诱发事故。

2. 物的不安全状态

物的不安全状态是事故发生的客观原因，是诱发事故的物质基础。生产过程中设计的物质包括原料、燃料、动力、设备、设施、产品及其他非生产性的物质，这些物质固有属性及其潜在破坏能力构成不安全因素。生产中存在的可能导致事故的物质因素称为事故的固有危险源，按照性质分为化学、电气、机械（含土木）、辐射和其他危险源（见表 9.3）。

3. 管理失误

管理失误是指由于管理方面的缺陷和责任，造成事故发生。管理失误虽然是事故的间接原因，但它确是背景原因，是事故发生的本质原因。管理失误包括技术管理缺陷，人员管理缺陷，劳动组织不合理，安全监察、检查、事故防范措施方面存在问题。

表 9.3 导致事故的固有危险源

危险源类别	内　　容
化学危险源	1. 火灾爆炸危险源。它是构成事故危险的易燃易爆物质、禁水性物质以及易氧化自燃物质。 2. 工业毒害源。它是指导致职业病、中毒窒息的有毒、有害物质、窒息性气体、刺激性气体、有害粉尘，腐蚀性物质和剧毒物。 3. 大气污染源。它是指造成大气污染的工业烟气和粉尘。 4. 水质污染。它是指造成水质污染的工业废弃物和药剂
电气危险源	1. 漏电、触电危险。 2. 着火危险。 3. 电击、雷击危险
机械（含土木危险源）	1. 重物伤害危险。 2. 速度与加速度造成伤害的危险。 3. 冲击、振动危险。 4. 旋转和凸轮机构动作造成伤害。 5. 高处坠落危险。 6. 倒塌、下沉危险。 7. 切割与刺伤危险
辐射危险源	1. 放射源，指 α、β、γ 放射源。 2. 红外线放射源。 3. 紫外线放射源。 4. 无线电辐射源。
其他危险源	1. 噪声源。 2. 强光源。 3. 高压气体源。 4. 高温源。 5. 湿度。 6. 生物危害，如毒蛇、猛兽的伤害

表 9.4 管 理 失 误 内 容

管理失误	具 体 内 容
技术管理缺陷	工业建筑、机械设备、仪表仪器等生产设备在技术、设计、结构存在的管理不善问题；对作业环境安排、设置不合理、缺少可靠的防护装置等问题未给予足够重视
人员管理缺陷	对于作业者缺乏必要的选拔、教育、培训，对作业任务和作业人员的安排等方面存在缺陷
劳动组织不合理	在作业程序、劳动组织形式、工艺过程等方面存在管理缺陷
管理措施	安全监察、检查、事故防范措施方面存在问题

9.2.2　事故发生规律

　　通过对大量典型事故的本质原因进行分析、总结，提炼出事故的机理和事故模型反映了事故发生的规律，可为事故发生原因进行定性、定量分析，为事故预防提供科学性、指导性依据。人机系统事故模型是工程逻辑的一种抽象，是一种过程或行为的定性或定量的代表。事故模型是阐明人身伤亡事故的成因，以便对事故现象的方式与发展有一个明确、概念上一致、因果关系清楚的分析。国外提出了事故频发倾向理论、事故因果连锁理论、能量意外释放理论等。本书从人机工程学角度探讨事故发生规律。

　　1969 年 J.Surry 依据信息处理过程将事故发生过程分为危险出现和危险释放两个阶段，提出瑟利事故模型，由此得到事故发生顺序模型（见图 9-7）。从图中可以看出，人的行为、心理因素对于事故发生与否有很大影响，而"无力防避"属于环境与设备的限制与不当（也可能是人的因素），只占很小比例。事故发生过程可划分为几个阶段，在每一阶段，如果运用正确的能力和方式进行解决，是可以减少事故发生的概率，并且过渡到下一防避阶段。

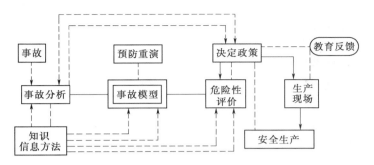

图 9-6 事故模型的作用

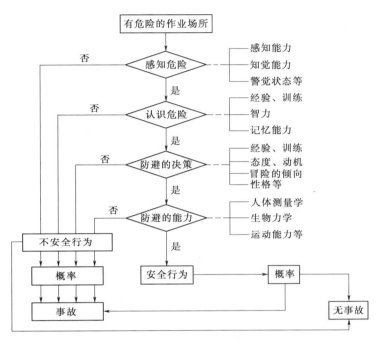

图 9-7 事故发生顺序模型

1972年 Wiggle Sworth 对瑟利模型进行修正，指出人失误是所有类型伤亡事故的基础因素，并给出以人失误为主因的事故模型（见图9-8）。从图中可以看出即使客观存在不安全因素或危险，具体事故是否造成伤害，还是取决于各种机会因素，即可能造成伤亡，也可能不发生伤亡事故。该模型突出了以人的不安全行为来描述事故现象，却不能解释人为什么会发生失误，也不适于不以人为失误为主的事故。

从人机工程学角度可以看出，人与机交流主要是界面设计和功能分配问题，有效的安全教育与技能培训是防止事故发生的保障。综合考虑以上因素给出以人失误为主因的事故改进模型，见图9-9。

图9-9详尽分析了刺激原因，指出了事故发生主要原因是人机功能分配不合理造成超过人能力的过负荷；人机界面设计不合理使得人与外界刺激的要求不一致的反映；作业者的素质及安全知识技能等问题而采取不正确的方法或故意采取不恰当的行为。该模型考虑了人机环境运行过程，为人机系统设计提供了科学依据。

如前所述，管理失误是事故发生的间接原因。由于客观存在

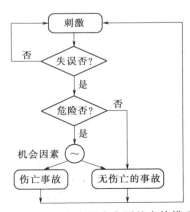

图 9-8 以人失误为主因的事故模型

207

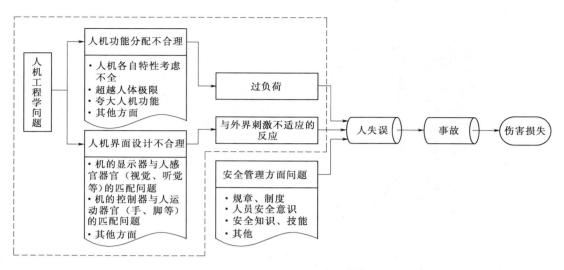

图 9-9　以人失误为主因的事故改进模型

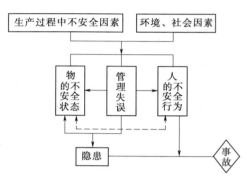

图 9-10　管理失误的事故模型

不安全因素和众多的社会因素和环境条件，人的不安全行为可促成物的不安全状态，物的不安全状态优势诱发人不安全行为的背景因素。隐患是由物的不安全状态和管理失误共同耦合形成的，当客观上出现事故隐患，主观上表现不安全行为时，必然导致事故发生。图 9-10 给出以管理失误为主因的事故模式，它描述了事故的本质原因与社会、环境、人的不安全状态等各原因的逻辑关系。

9.2.3　人机事故控制

　　生产活动是人—机—环境系统循环过程，人机系统事故是由于人、机、环境、管理等因素的不协调而引发的。由于事故与成因之间存在一定的因果关系，在进行事故控制策略时，一般是先分析事故成因。依据设计的安全标准，从分析事故的直接原因入手，寻找事故的间接原因，最后找出事故的基础原因（见图 9-11）。对照事故发生规律的典型模型，在人、机、环境、管理等方面提出事故控制的措施。目前被

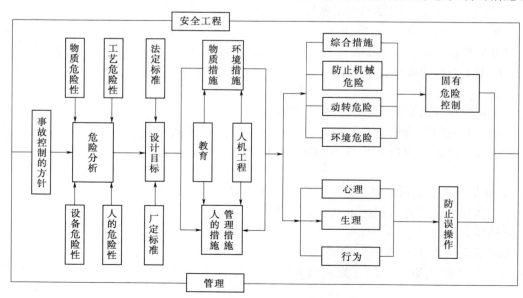

图 9-11　事故控制图

人们认可并推行多年的事故策略有 3E 原则和 4M 法。3E 原则是指技术（Engineering）、教育训练（Education）和法制（Enforcement）。4M 法是指人（Man）、机械（Machine）、媒体或环境（Media）和管理（Management）。

（1）3E 原则。

技术对策是安全保障的首要措施之一。在设计工程项目时要认真研究、分析潜在危险，对可能发生的各种危险进行预测，从技术上解决防止这些危险的对策。在技术设计时考虑安全性。安全性一般包括功能性安全和操作性安全。功能安全与机器有关；操作性安全与操作者有关，取决于技术上、组织上和人行为因素。

教育对策是指在产业部门、学校进行安全教育与训练，预测和预防各种危险，自觉地培养安全意识。

法制对策是指健全国家标准、行业标准和部门标准，约束作业者行为规范，防止事故发生，保障安全。

（2）4M 法。

在人方面的对策。关键是形成一种和睦、严肃的作业氛围，使人认识到事故的严重性，在思想上重视，在行为上慎重，认真遵守安全规程。

在机械方面的对策。对于机械设备设计应急、安全联锁装置，结合元件重要性、使用频率、作业流程合理布局设计，使人机交流及时、准确、安全。

媒体或环境对策。从人机工程学角度设计作业环境，强化通信机制，对危险进行警示、提醒。

管理方面对策。健全人机系统安全管理机制，强化人的安全意识将人的自觉性、主动性和行政法律措施结合起来，以便在人、机、环境系统中实现安全、高效、合理的群体和个体行为。

结合 3E 原则、4M 法以及图 9-9 事故控制的关键环节，对人、机、环境、管理措施细化，总结出事故控制方法要点见表 9.5。

表 9.5　　　　　　　　　　　　　　事故控制方法要点

关键环节	控制思路	控制措施
物质因素和环境因素危险源控制	消除危险	1. 布置安全：厂房、工艺流程、运输系统、动力系统和脚踏道路等的布置做到安全化。 2. 机械安全：包括结构安全、位置安全、电能安全、产品安全、物质安全等
	控制危险	1. 直接控制。 2. 间接控制：包括检测各类导致危险的工业参数，以便根据检测结果予以处理
	防护危险	1. 设备防护： （1）固定防护：如将放射物质放在铅罐中，并设置储井，把铅罐放在地下； （2）自动防护：如自动断电、自动断水、自动停起防护； （3）联锁防护：如将高压设备的门与电气开关联锁，只要开门，设备断电，保证人员免受伤害； （4）快速制动防护：又称跳动防护； （5）遥控防护：对危险性较大的设备和装置实现远距离控制。 2. 人体防护：包括安全带、安全鞋、护目镜、面罩、安全帽与头盔、呼吸护具
	隔离防护	1. 禁止入内：设置警示牌。 2. 固定隔离：设置防火墙、防火堤等。 3. 安全距离
	保留危险	当仅在预计到可能会发生危险，而没有很好的防护方法时，必须做到损失最小

续表

关键环节	控制思路	控 制 措 施
物质因素和环境因素危险源控制	转移危险	对于难于消除和控制的危险，在进行各种比较、分析后，选取转移危险的方法
人为失误控制	人的安全化	1. 录用人员时，切勿使用有生理缺陷或残疾人员。 2. 必须对新工人进行岗前培训。 3. 对于事故突出、危险性大的特殊工种进行特殊教育。 4. 进行文化学习和专业训练，提高人的文化技术素质。 5. 要增强人的责任心、法制观念和职业道德观念
	操作安全化	进行作业分析，从质量、安全和效益 3 个方面找到问题的所在，制定改善操作作业计划
管理失误控制		1. 认真改善设备安全性、工艺设计安全性。 2. 制定操作标准和规程，并进行教育。 3. 制定和维护保养的标准和规程，并进行教育。 4. 定期进行工业厂房内的环境测定和卫生评价。 5. 定期组织有成效的安全检查。 6. 进行班组长和安全骨干的培养

9.2.4　切尔诺贝利核事故分析

1986 年 4 月 26 日凌晨，苏联切尔诺贝利核电厂的 4 号机组发生了堆芯爆炸事故，并造成了世界上最严重的核泄漏事故。事故发生的 4 号机组计划在 1986 年 4 月 25 日进行停堆检修，并计划同时进行汽轮机的惰转供电实验。实验目的是确认在厂外断电事件发生的情况下，惰转的汽轮机是否能提供足够的电能来运行应急设备和堆芯冷却水循环泵，直至柴油机应急功率供给系统投入运行，以保证反应堆的安全（见图 9-12）。

图 9-12　苏联切尔诺贝利核电厂

1986 年 4 月 25 日 1：00 反应堆开始降低功率，13：47 反应堆降低到 50％满功率的状态，由于电网分配器不允许进一步停堆，反应堆处于半功率状态下继续运行，直到 23：10 在电网分配器允许后，又开始降低功率。反应堆保持半功率水平运行 9 个多小时，开始导致堆芯内氙累积，后来又导致氙的减少。而实验延迟的负效应是实验推迟到由夜班班组来进行，而不是由原计划安排的白天班组进行。计划要求反应堆功率降低到 20％～30％满功率的状态下进行惰转供电实验，因此应该在停堆前建立起大约 700～1000MWt 功率水平。操纵员控制反应堆功率下降过快，24：00 电厂正常换班后不久，反应堆功率已降到 700MWt 之下，原因是操纵员将局部自动控制切换至全系统控制，没有能够将功率保持在能使反应堆稳定的水平上，功率继续跌落到大约 30MWt，实际这时已预示着事故的开始。

反应堆在低于 20％满功率水平时，"空泡系数的正效应"起主导作用，反应堆处于不稳定状态，功率易于发生急剧增加。功率的剧烈下降同时引起堆芯内氙的快速累积，氙的累积引起负反应性，降低了堆芯的反应性，抑制了功率的正常提升。

为了使实验得以继续，必须将反应堆功率提高到 700MWt 以上。由于氙不断增加，如果不撤出更多的控制棒，提升功率是非常困难的。大约 26 日 00：40，操纵员开始提升控制棒，以增加反应堆功率，1：00左右，反应堆功率达到200MWt。控制棒的数量直接影响到反应堆的运行反应性裕度，30根控制棒是最小允许量，某些情况下，可以低到15根。此时反应堆只有6～8根控制棒，运行反应性裕度低于允许水平。运行在低于30根控制棒的情况是需要得到电厂经理的批准的，而这项操作并没有得到批准。大量的控制棒提升到堆芯顶部，因此如果存在功率剧增，大约需要16s的时间去插入控制棒并关闭反应堆。

为了保持反应堆在功率200MWt水平下运行，操纵员必须不断改变冷却水流量和手动调节控制棒数量，使反应堆保持运行在一个低蒸汽压力和低水位水平的非常不稳定的状态。为了避免实验时停堆，操纵员事先关闭了相应低水平的应急保护系统，违反了常规运行规范。在以上不正常的运行状态下，应该立即关闭反应堆，但是操纵员忽视停堆警告，仍然准备正式开始实验，促使事态进一步恶化。

26日1：23，首先关闭了8号汽轮机应急停止阀，这是最后一个安全系统被隔离以防止实验中反应堆自动停堆。然后实验正式启动，关闭8号汽轮机入口阀，使汽轮机惰转，随着蒸汽释放流量减小，蒸汽压力逐渐上升。同时由速度逐渐下降的惰转汽轮机供电的主冷却泵减速，循环冷却水流量下降。这些因素的联合效应造成冷却剂空泡系数的增加和反应堆功率的急剧增加，加剧了堆芯的不稳定条件。操纵员已不能够控制功率的剧增，1：23：40值班长下令实行紧急停堆，由于处于堆芯顶部的控制棒不能有效控制堆芯的反应性，向下运行的速度不足以抵消正在增加的功率，终于在1：24连续发生两次堆芯爆炸事故。

通过上述事故过程介绍，总结事故产生的原因。

(1) 该事件是典型的人失误和违章操作事故。通过对切尔诺贝利事故进程的分析，总结了事故现场的情景环境，并总结了导致事故发生的3个重要的人误事件，分别为：①事件1：操纵员控制反应堆功率下降过快（见图9-13）；②事件2：操纵员在控制棒少于最低要求的情况下继续提升控制棒（见图9-14）；③事件3：操纵员在反应堆处于极不稳定状态下开始实验（见图9-15）。

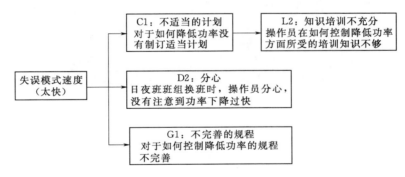

图9-13　事件1原因分析

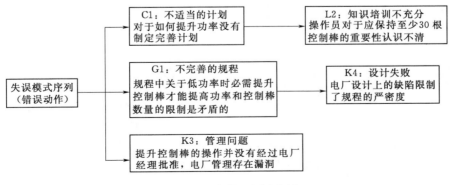

图9-14　事件2原因分析

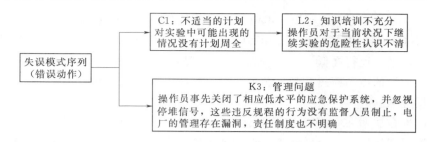

图 9-15　事件 3 原因分析

（2）违章操作是事故的直接原因。操纵员违反常规运行规范，在没有得到有关主管批准情况下，擅自提升控制棒数量太多，而保留反应堆 6～8 根控制棒（技术规范规定不得少于 15 根控制棒），使得运行反应性裕度低于允许水平。并且，事先关闭了相应低水平的应急保护系统，忽视停堆警告，仍然进行实验。一连串的人为误操作导致悲剧发生。

（3）界面设计使操纵员误判、误操作。核电站操作过程复杂，要求操作界面符合人的心理生理需求，更应该注意人在紧急状态下能够安全、高效、可靠地域机器进行交流。图 9-16 是该电站的一个显示界面，本来复杂的操作过程使人思绪变得繁琐而凌乱，不明确的操作界面更是阻碍了整个安全检测的可操作性。最终导致操作失误，系统失衡。负责水泵操作的鲍里斯和控制反应堆的利奥尼德对于当时情况的错误分析与判断导致他们对机器进行了错误的操控，这直接导致了灾难的发生。

图 9-16　显示界面设计问题

（4）心理因素。事后当事人鲍里斯回忆到对于当时年轻的鲍里斯来说，能够管理这么巨型且特殊的设备，他感到十分自豪，这种心理使他疏忽了工作中出现的漏洞。因此可以推断，他在工作中很可能因为过于自负而出现漏洞，导致系统出现问题（见图 9-17）。

图 9-17　操纵员鲍里斯

通过以上分析，切尔诺贝利事故是可避免。若当时在以下几个方面开展工作：

1）设计之初进行严密审核、评估反应堆的运行安全可靠性；

2）在界面设计时考虑人为因素造成差错的保护性措施；

3）选聘专业化管理者，操纵员；

4）规范强化核电厂作业流程，严格按照反应堆安全运行的规程进行操作；

5）去家族化、去官僚化管理模式。

那么切尔诺贝利事故发生的可能性就几乎为零了。

9.3　人机系统安全性设计

9.3.1　人机功能分配设计

人机功能分配合理与否直接关系到整个人机系统设计的优劣，人机功能分配的目标是使人机系统达到最佳匹配。优良的人机关系是"机宜人"和"人适机"。机宜人是器物设计要适合解剖学、生理学、心理学等各方面人的因素。人适机是充分发挥人在能动性、可塑性、创造性，通过学习训练提高技能等方面的特长，使人机系统更好地发挥效能。在做人机功能分配时应考虑人和机器各自的特性；人适应机器的条件和培训时间；人的个体和群体差异性；人和机器对突发事件应急反应能力的差异与对比；机器代替人的可行性、可靠性、经济性。国际上有影响力的几种人机分配方式有人机能力比较分配法、Price 决策图法、Sheffield 法、自动化分类与等级设计法、York 法等。

1. 人机能力比较分配法（MABA - MABA 法）

Fitts Lists 分配方法是至今为止应用最普遍的方法，在早期用于简单自动化监控系统。表 9.6 列出人和机各自优势特性，在功能分配时参照该表中人和机器的能力特长人为地分配各自功能。

表 9.6　　　　　　　　　　　　　　Fitts 人 机 能 力 对 比

人擅长（Men Are Better At）	机器擅长（Machines Are Better At）
能够探测到微小范围变化的各种信号	对控制信好的快速反应
对声音和光的模式感知	能够精确和平稳地运用能量
创造或运用灵活的方法	执行重复、程序性任务
长期存储大量的信息并在适当的时候运用	能够储存简短的信息，并能完全删除它们
运用判断能力	计算和演绎推理能力
归纳推理能力	能够应付复杂的操作

2. York 法

York 法是英国 York 大学 Dearden 等人提出的一种基于场景（Scenario）的功能分配法。该方法是将某一组相关联的功能（任务）放在相应的环境中（即场景），一个人机系统分为若干场景，每一场景包含一组相互关联的功能（任务）。York 方法分配功能一般分为 5 步（见图 9-18）。

（1）初始分配（B）。将比较特殊的功能预先分配给人和机器。

（2）全自动分配（E2）。在指定场景中，根据场景和功能的属性参数，确定哪些功能可采用机器自动化技术实现。同时考虑该功能全自动化技术的可行性和人的紧密程度大小。

（3）半自动化部分（E3～E5）。对剩下功能进行详细分析，采用人机能力比较法进行分配。

（4）动态功能分配（F）。在系统投入使用以后，根据使用条件、使用环境和负荷改变情况，系统自身对原分配方案进行动态调整，使系统在稳定工作的同时具有尽可能高的性能。

（5）全局检查（G）。对分配方案全面检查，若指标不满足要求，返回对场景进行修改或重构新的场景再进行分配。

该方法将环境因素考虑到功能分配中，是一种较为完善的功能分配方法，只是没有考虑系统中人员之间的功能分配。

9.3.2　人机界面匹配设计

人机界面匹配设计的要点是解决人与机之间的信息交换问题。需要重点解决准确实现机的显示元件与人的感觉器官（视觉、听觉等）匹配关系，以及机的控制元件与人的运动器官（手、脚等）匹配关系。这一部分在第 6 章做了详述，这里主要就人机界面合理性进行讨论。

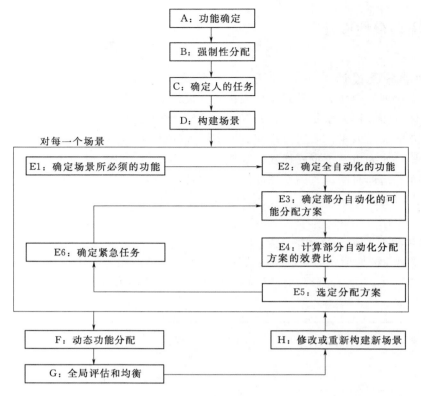

图 9-18　York 法

人机界面评价方法分为客观评价和主观评价。客观评价是指人能"看到"或"触及到"人机界面上的显示、控制元件的难易程度。其评价依据是人机工程学和国标中人的视域、伸及域等人体功能尺寸。主观评价是以人的主观感受为评价依据。两者相辅相成，缺一不可。表 9.7 给出主观评价检查表，仅供参考。

表 9.7　　　　　　　　　　　　　　　　人机界面合理性评价检查表

项　　目	问　题　设　计	检查结果	改进措施
显示装置检查	(1) 能见性： 现实目标是否容易被操作人员察觉？ …… (2) 清晰性： 显示目标是否易于辨识而不混淆？ …… (3) 可懂性： 显示目标意义是否明确？ 显示是否已被作业人员迅速理解？ …… (4) 遵循公认国际惯例： 显示装置的指针和等效物的位移方向是否一致？ 显示装置上各种仪表等元件的色彩设计是否遵循人们公认的惯例？ …… (5) 布局： 显示装置是否依据其重要性和使用频次布置？ …… (6) ……		

项　目	问　题　设　计	检查结果	改进措施
控制装置检查	(7) 结构与尺寸设计： 控制装置的结构与尺寸是否按人手的尺寸和操作方式确定？ 其形状是否全面考虑尽量使手腕保持自然形态？ 是否考虑到抓握部位太光滑，也不宜太粗糙，既易抓稳，又不易疲劳？ …… (8) 操作反馈和操纵能力： 操作控制器时，操作者能否获得操作结果的信息？ 反馈信息是否易获得并且有效表现给操作人员？ 操纵阻力是否适合人生理要求？ …… (9) 遵循公认惯例： 控制装置的动作方向设计是否遵循人们公认惯例？ 操作装置上各种仪表等元件的色彩设计是否遵循人们公认惯例？ …… (10) 布局： 控制装置是否依据其重要性和使用频次布置？ 控制装置是否设置在人肢体功能可及的范围之内？ (11) ……		
协调性检查	(12) 逻辑位置协调性是否良好？ (13) 运动方向协调性是否良好？ (14) 位移量的协调性是否良好？ (15) 信息的协调性是否良好？ (16) ……		

9.3.3　人机系统安全性评价

人机系统分析、评价是运用系统的方法，对人机系统和子系统的设计方案进行定性、定量分析与评价，以便提高对系统的认识、优化设计方案的技术。常用的系统分析，评价方法有连接分析法、作业分析法、检查表评价法、工作环境指数评价法等。

1. 连接分析法

连接分析法是一种描述系统各组件之间相互作用的简单图解方法，是一种对已设计好的人、机、过程和系统进行分析、评价的简便方法。在人机系统中，连接分析是指综合运用感知特性（视觉、听觉、触觉等）、使用频率、作用载荷和适应性，分析、评价信息传递，减少信息传递环节，提高系统可靠性和工作效率。该方法是以硬件为导向，相对客观，常用于相对简单的子系统分析中。

图 9-19 是某雷达控制室作业场景，作业者 3、1、4 分别对显示器和控制器 C、A、D 进行监视

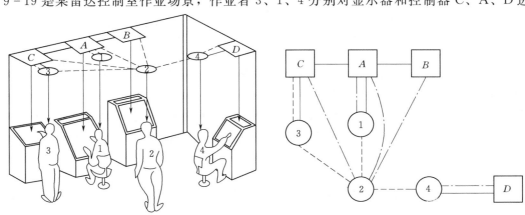

（a）控制室布局　　　　　　　　　（b）连接分析图

图 9-19　某雷达控制室

215

和控制，作业者 2 对显示器 C、A、B 的显示内容进行监视，并对作业者 3、1、4 发布指令。参考表 9.8 绘制连接关系图。

表 9.8　　　　　　　　　　连接关系图中要素符号、线型的含义

要素符号、线性	○	□	——	— — —	—·—·—
含义	操作者	控制器、显示器等设备装置	操作连接	听觉信息传递连接	视觉观察连接

依据人机系统特性一般将连接分为对应连接和逐次连接。对应连接是指作业者通过感觉器官接收他人或机器发出的信息，或作业者根据获得信息进行操作而形成的作用关系。以视觉、听觉或触觉来接受指示形成的对应连接称为显示指示型对应连接；操作者得到信息后，以各种反应动作来操纵各种装置而形成的连接成为反应动作型对应连接。人为达到某一目的，在某一过程中需要多次逐个地完成连续动作形成的连接称为逐次连接。

（1）对应连接分析。

对应连接分析法一般用于控制界面布局分析中，其显示元件和控制元件有一定的对应关系。连接分析法的步骤主要分为绘制连接关系图和调整连接关系两大步。具体步骤：

1）绘制连接关系图。分析人机系统中各要素的关系，如表 9.8 所示将操作者和机器设备的分布位置绘制成平面布置图 ［如图 9-19（b）］。

2）调整连接关系。为了使各子系统之间达到相对位置最优化，在调整连接关系时通常采用减少交叉、综合评价、运用感觉特性配置系统连接原则进行配置。

• 减少交叉。通过调整人机关系及相对位置使得连接线不交叉或减少交叉（见图 9-20）。

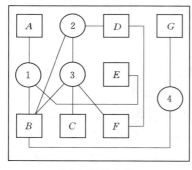 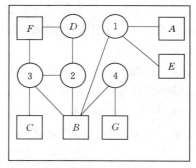

（a）原设计方案　　　　　　　　　　　（b）改进后方案

图 9-20　减少交叉

• 综合评价。对于复杂人机系统，必须引入"重要程度""使用频率"对连接链进行优化，其中"重要程度"值由专家用户给出。根据具体情况确定连接链的形态、重要度和频率，求出每一个链的链值。每一链的链值＝链的重要性分值与频率分值的乘积，系统链值＝各个链值之和。其中，各链的重要度和频率一般用 4 级计分，4（极重要、频率很高）、3（重要、频率高）、2（一般重要、一般频率）、1（不重要、频率低）。

求取各链链值和系统链值以后，根据重要性和使用频率乘积作为综合评价值，并且标注在连线上。在具体分析时，既考虑减少交叉点数，又考虑综合评价值（见图 9-21）。

运用感觉特性配置系统连接。人从显示元件获得信息，通过判断控制元件。视觉连接或触觉连接应配置在人的前面，而听觉信号可以配置在相对于人的任何位置。

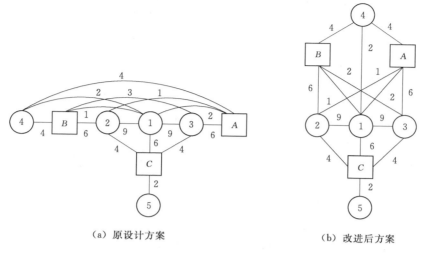

（a）原设计方案　　　　　　　　（b）改进后方案

图 9-21　综合评价值

图 9-21 是 3 人操作 5 台机器的连接，小圆圈中的数值是连接综合评价值，视觉、触觉连接配置在人的前方，听觉连接配置在人的两侧。

（2）逐次连接分析。

在实际控制过程中，某项作业需要对一系列控制器进行操纵才能完成，这些操纵动作往往需要一定的逻辑顺序进行，若各控制器安排不当，各动作路线交叉太多，会影响控制效率和准确性。运用逐次连接分析优化控制面板布局，可使各控制器位置安排合理，减少动作路线的交叉及控制动作所经过的距离。图 9-22 是机载雷达控制面板示意图，标有数字的线是控制动作的正常连贯顺序。

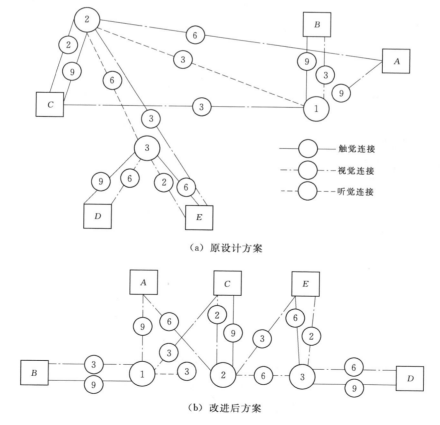

（a）原设计方案

（b）改进后方案

图 9-22　运用感觉特性配置系统连接

217

图 9-23（a）是初始设计方案，操作动作既不规则也有曲折。结合各个连接的分析，按照每个操作的先后顺序，画出手从控制器到控制器的连续动作，得到图 9-23（b）的方案，可以看出，手的动作趋于顺序化和协调化。

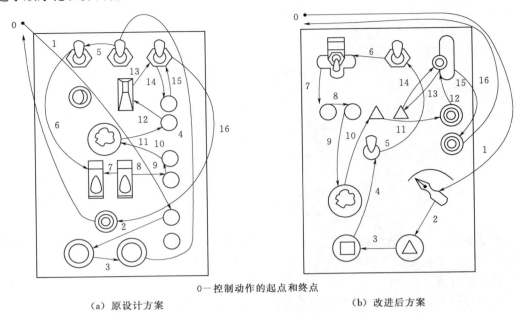

0—控制动作的起点和终点

（a）原设计方案　　　　　　　　　　（b）改进后方案

图 9-23　逐次连接分析

2. 作业分析法

作业分析由人机学之父泰勒提出，作业分析法是以作业系统为对象，对现行各个作业、工艺和工作方法进行系统分析，找出不合理、浪费因素加以改进，以达到有效利用现有资源、增进系统功效的目的。作业分析法主要包括方法研究和实践研究两大技术（见图 9-24）。

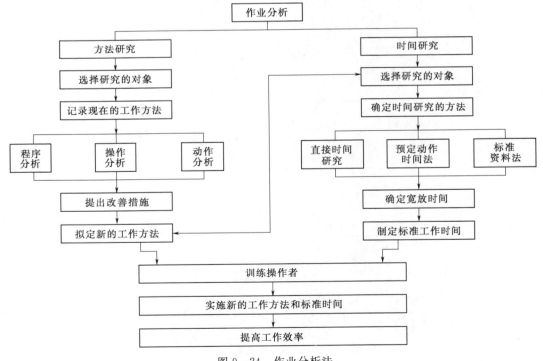

图 9-24　作业分析法

方法研究是对现行或拟议的工作方法进行系统地记录、严格考查、分析改进技术。其目的是改进工艺和程序，改进工厂、车间、作业场地的平面布置，改进整个工厂和设备设计，改进物料、机器和人力的利用，经济地使用人，减少不必要的疲劳以改善工作环境。具体方法步骤参考相关资料，这里不再说明。

时间研究是在方法研究的基础上，运用一些技术来确定操作者按照规定的作业标准，完成作业所需要的时间。目的是揭示造成生产中无效劳动时间的各种原因，确定无效时间的性质和数量，制订合理的作业时间，合理安排作业者工作量。

3. 检查表评价法

检查表评价法是利用人机工程学原理检查构成人机系统各种因素及作业过程中操作人员的能力、心理和生理反应状况的评价方法。该方法对系统只能给出初步定性评价，必要时可以对系统中某一单元（子系统）进行评价。

国际人机工程学会 IEA 给出主要评价内容包括：作业空间分析、作业方法分析、环境分析、作业组织分析、负荷分析和信息输入输出分析（见表 9.9）。

表 9.9   **IEA 检查评价表主要内容**

检查项目	检查主要内容
信息显示装置	1. 作业操作能得到充分的信息指示吗？ 2. 信息数量是否合适？ 3. 作业面的亮度是否满足视觉要求及进行作业要求的照明标准？ 4. 警报信息显示装置是否配置在引人注意的位置？ 5. 控制台上的事故信号灯是否位于操作者的视野中心？ 6. 图形符号是否简洁、意义明确？ 7. 信息显示装置的种类和数量是否符合按用途分组要求？ 8. 仪表的排列是否符合按用途分组的要求？排列次序是否与操作者的认读次序一致？是否避免了调节或操纵控制装置时对视线的遮挡？ 9. 最重要的仪表是否布置在最佳视野内？ 10. 能否很容易地从仪表盘上找出需要认读的仪表？ 11. 显示装置和控制装置在位置上的对应关系如何？ 12. 仪表刻度能否十分清楚地分辨？ 13. 仪表的精度符合读书精度要求吗？ 14. 刻度盘的分度设计是否会引起读数误差？ 15. 根据指针能否很容易地读出所需要的数字？执政运动方向符合习惯？ 16. 音响信号是否受到噪声干扰？
操纵装置	1. 操纵装置是否设置在手易于达到的范围？ 2. 需要进行快而准确地操作动作是否用手完成？ 3. 操纵装置是否按功能和控制对象分组？ 4. 不同的操纵装置在形状、大小、颜色上是否有区别？ 5. 操作极快、使用频繁的操纵装置是否采用了按钮？ 6. 按钮表面大小、按压深度、表面形状是否合理？各按钮间的距离是否会引起误操作？ 7. 手控操纵装置的形状、大小、材料是否和施力大小相协调？ 8. 从生理考虑，施力大小是否合理？是否有静态施力过程？ 9. 脚踏板是否必要？是否坐姿操纵脚踏板？ 10. 显示装置与操纵装置是否按使用顺序原则、使用频率原则和重要性原则布置？ 11. 能用符合的操纵装置吗？ 12. 操纵装置的运动方向是否与预期的功能和被控制对象的运动方向相结合？ 13. 操纵装置的设计是否满足协调性（适应性和兼容性）的要求？ 14. 紧急停车装置设置的位置是否合理？ 15. 操纵装置的布置是否能保证操作者用最佳体位进行操纵？ 16. 重要的操纵装置是否有安全防护罩？

续表

检查项目	检 查 主 要 内 容
作业空间	1. 作业地点是否足够宽敞？ 2. 仪表及操纵装置的布置是否便于操作者采取方便的工作姿势？能否避免长时间采用站立姿势？能否避免出现频繁的曲腰动作？ 3. 如果是坐姿工作，能否有容膝放脚的空间？ 4. 从工作位置和眼睛的距离来考虑，工作面的高度是否合适？ 5. 机器、显示装置、操纵装置和工具的布置是否能保证人的最佳视觉条件、最佳听觉条件和最佳嗅觉条件？ 6. 是否按机器的功能和操作顺序布置作业空间？ 7. 设备布置是否考虑人员进入作业姿势和退出作业姿势的必要空间？ 8. 设备布置是否考虑到安全和交通问题？ 9. 大型仪表盘的位置是否有满足作业人员操作仪表、巡视仪表可在控制台前操作的空间尺寸？ 10. 危险作业点是否留有躲避空间？ 11. 操作人员精心操作、维护、调节的工作位置在坠落基准面上 2m 以上时，是否在生产设备上配置有供站立的平台和护栏？ 12. 对可能产生物体泄露的机器设备，是否设有收集和排放渗漏物体的设施？ 13. 地面是否平整、没有凹凸？ 14. 危险作业区域是否隔离？
环境因素	1. 作业区的环境温度是否适宜？ 2. 全域照明与局部照明是否适当？是否有忽明忽暗、频闪现象？是否有产生眩光的可能？ 3. 作业区的湿度是否适宜？ 4. 作业区的粉尘是否超极限？ 5. 作业区的通风条件如何？强制通风的风量及其分配是否符合规定要求？ 6. 噪声是否超过卫生标准？降噪措施是否有效？ 7. 作业区是否有放射性物质？采取的防护措施是否有效？ 8. 电磁波的辐射量怎样？是否有防护措施？ 9. 是否有出现可燃、毒气体的可能？检测装置是否符合要求？ 10. 原材料、半成品、工具及边角废料放置是否整齐有序、安全？ 11. 是否有刺眼或不协调的色彩存在？

4. 工作环境指数评价法

工作环境主要包括空间环境、视觉环境和会话环境，由此，给出空间指数法、视觉环境综合评价指数法和会话指数法。

（1）空间指数法。

作业空间狭窄会妨碍操作，迫使作业者采取不正确的姿势和体位，影响作业能力的正常发挥，提早产生疲劳或加重疲劳，降低工效。狭窄的通道和入口会造成作业者无意触碰危险机件或误操作，导致事故发生。一般采用 4 级密集指数表达作业空间对作业者活动范围限制程度（见表 9.10）。另外，采用 4 级可通行指数表明通道、入口的畅通程度（见表 9.11）。

表 9.10　密　集　指　数

密集指数	密集程度	说　明
0	操作受到显著限制，作业相当困难	维修化铁炉内部
1	身体活动受到限制	在高台上仰姿作业
2	身体的一部分受到限制	在无容膝空间工作台作业
3	能舒服地作业	在宽敞的地方作业

表 9.11　可　通　行　指　数

可通行指数	入口宽度/mm	说　明
0	<450	通行相当困难
1	450～600	仅一人通行
2	600～900	一人能自由通行
3	>900	可两人并行

（2）视觉环境综合评价指数法是评价作业场所的能见度和判别条件（显示器、控制器）能见状况的评价指标。该方法借助评价问卷，考虑光环境下多项影响作业者的工作效率与心理舒适度的因素，通过主观判断确定各评价项目所处的条件状况，利用评价系统计算各项评分及总的视觉环境指数，以便给出视觉环境评价。评价步骤如下：

1）确定评价项目。如表 9.12 所示，评价视觉环境下 10 项影响人的工作效率与心理舒适因素。

表 9.12　　　　　　　　　　　　　视觉环境综合评价表

项目编号 n	评价项目	状态编号 m	可　能　状　态	判断投票	注释说明
1	第一印象	1	好		
		2	一般		
		3	不好		
		4	很不好		
2	注明水平	1	满意		
		2	尚可		
		3	不合适，令人不舒服		
		4	非常不合适，看作业有困难		
3	直射眩光与反射眩光	1	毫无感觉		
		2	稍有感觉		
		3	感觉明显，令人分心或不舒服		
		4	感觉严重，看作业有困难		
4	亮度分布（照明方式）	1	满意		
		2	尚可		
		3	不合适，令人分心或不舒服		
		4	非常不合适，影响正常工作		
5	光影	1	满意		
		2	尚可		
		3	不合适，令人不舒服		
		4	非常不合适，影响正常工作		
6	颜色显示	1	满意		
		2	尚可		
		3	显色不自然，令人不舒服		
		4	显色不正确，影响辨色作业		
7	光色	1	满意		
		2	尚可		
		3	不合适，令人不舒服		
		4	非常不合适，影响正常工作		
8	表面装修与色彩	1	外观满意		
		2	外观尚可		
		3	外观不满意，令人不舒服		
		4	外观非常不满意，影响正常作业		

续表

项目编号 n	评价项目	状态编号 m	可 能 状 态	判断投票	注释说明
9	室内结构与陈设	1	外观满意		
		2	外观尚可		
		3	外观不满意，令人不舒服		
		4	外观非常不满意，影响正常作业		
10	同室外的视觉联系	1	满意		
		2	尚可		
		3	不满意，令人分心或不舒服		
		4	非常不满意，有严重干扰或隔离感		

2）确定评价分值和权重。表 9.12 中评价项分为四项，分别为 0（好）、10（较好）、50（差）、100（很差）。分值计算为

$$S_n = \frac{\sum\limits_m (P_m V_{nm})}{\sum\limits_m V_{nm}}$$

式中　S_n——第 n 个评价项目的评分，$0 \leqslant S_n \leqslant 100$；

$\sum\limits_m$——第 m 个状态求和；

P_m——第 m 个状态的分值，编号 1、2、3、4 分别是 0、10、50、100；

V_{nm}——第 n 个评价项目的第 m 个状态所得票数。

3）计算综合评价指数。

$$S = \frac{\sum\limits_n (S_n W_n)}{\sum\limits_n W_n}$$

式中　S——视觉环境评价指数，$0 \leqslant S \leqslant 100$；

$\sum\limits_n$——第 n 个评价项目求和；

W_n——第 n 个评价项目的权重，项目编号 1～10，权重均取 1.0。

4）确定评价等级。依据计算的综合评价指数，按照表 9.13 确定评价等级。

表 9.13　　　　　　　　　　　　　视觉环境综合评价指数

视觉环境指数 S	$S = 0$	$0 < S \leqslant 10$	$10 < S \leqslant 50$	$S > 50$
等级	1	2	3	4
评价意义	毫无问题	稍有问题	问题较大	问题很大

（3）会话指数是指在专业场所中语言交流能达到的通畅程度（见表 9.14）。一般采用语言干扰级（SIL）衡量在某种噪音条件下，人在一定距离讲话必须达到多大轻度才能使会话通畅。

表 9.14　　　　　　　　　　　　SLI 与谈话距离之间关系　　　　　　　　　　　单位：m

语言干扰级 SIL /dB	最 大 距 离		语言干扰级 SIL /dB	最 大 距 离	
	正常	大声		正常	大声
35	7.5	15	55	0.75	1.5
40	4.2	8.4	60	0.42	0.84
45	2.3	4.6	65	0.25	0.5
50	1.3	2.6	70	0.13	0.26

9.3.4 安全性设计

安全性设计本质上是解决人机系统安全问题，设计安全防护装置，使系统不发生或最大限度地降低事故发生的严重程度。安全防护装置是指配置在机械设备上能防止危险因素引起的人身伤害，保障人和设备安全的装置。

2013年11月的一天，某高校实验室女生在操作图9-25锯床时发生事故。该锯床是工厂使用的简易锯床，上方是作业区域，锯床下方是控制区域。这一设计是从机械本身结构简单出发，使得传动装置简化，降低成本。但是该设计最大的问题是没有考虑人机系统安全。操作程序如下：根据尺寸要求调节好切割位置，蹲下来按开关，推木板前进进行切削。结束时一手按住木板，再蹲下来按停止开关。由于高速锯刀引起木板振动，该女生蹲下按停止开关时，按木头的手被振动松开，木头直接打在女生的脸部造成伤害。由此可见，该机床将控制部分放在锯床之下不便操作；开合停需要一手按住木板，一手按开关；没有防护罩这些造成了事故。由于设计本身存在缺陷，事故发生是必然的。由此可见科学地进行安全性防护设计有重要意义。

| （a）开机 | （b）切割 | （c）关机 |

图9-25 简易锯床出现伤害事故

1. 安全防护装置设计原则

（1）以人为本原则。从人的使用姿势、方式等方面考虑，确保人身安全。

（2）安全可靠原则。安全防护装置要保证在规定寿命期内有足够强度、刚度、稳定性、耐腐蚀和抗疲劳性。

（3）与机械装备配套设计原则。在机械装备结构设计时应考虑附加安全防护装置，最好由专业厂家制造，已保证系列化、标准化、通用化。

（4）简单、经济、方便原则。在不影响机器设备正常运行时，利于操作和维修，结构简单，经济性好。

（5）自组织设计原则。安全装置应智能化，具有自动识别错误、自动排除故障、自动纠错及自锁、互锁、联锁等功能。

2. 隔离防护安全装置设计

采用防护罩、防护屏等将人隔离在危险之外（见图9-26）。

3. 联锁控制防护安全装置设计

联锁控制是对两种运动或两种以上操作运动进行协调，实现安全控制。常采用机械联锁、电气联锁或液压（或气动）联锁方式（见图9-27）。

4. 超限保险安全装置设计

机械设备在正常运转时，一定都要保持一定的输出参数和工作状态参数，超限安全保险装置可以在工作参数超出极限值时自动采取措施。例如超载安全装置、越位安全装置、超压安全装置等，图9-28是电梯超载安全装置控制电梯无法关门，同时提示报警。对于石油钻机等大型设备和电站管理应该设计该装置可以避免人误操作。

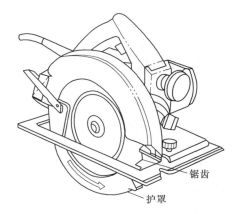

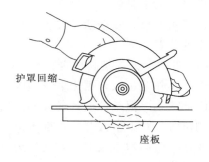

（a）锯片上、下均有护罩　　　　　　　　（b）使用时将下罩推入上罩

图 9-26　电锯的可调整护罩

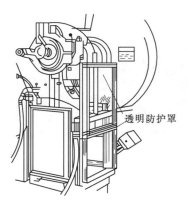

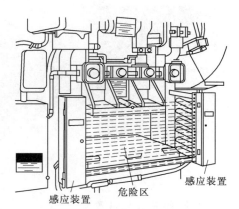

（a）带联锁装置压力机　　　（b）"双手双按"安全装置　　　（c）光电传感非接触式安全装置

图 9-27　联锁控制防护安全装置

图 9-28　电梯超载安全装置　　　　　　　　图 9-29　安全自动装置

5. 自动装置的设计

　　制动装置可用于在机器出现异常现象时（如声音不正常、零部件松动、震动剧烈，尤其是有人进入危险区域等），可能导致设备损坏和造成人身伤害的紧急时刻，立即将运动零部件自动，中断危险事态发生。如在图 9-29 上安装制动装置可避免、中断事故发生或扩大。

224

6. 报警装置的设计

机械设备上常见过载、超速、超压等报警装置在机器设备运转异常状态下向操作人员或维修人员发出危险报警信号。报警器是将监视信号（如温度、压力、速度、水位等）转化为电信号，然后以声或光信号发出警报。例如，一些高级汽车在没有系安全带的情况下无法发动汽车，同时提示系安全带（见图 9-30）。

7. 防触电安全装置设计

电流通过人体是导致人身伤亡的最基本原因，设计防触电安全装置就是采用绝缘、间距、隔离等措施将人体和电流隔离开。常见有断电保险装置、漏电保护器、电容器放电装置、接地等（见图 9-31）。另外警示性提示和配上报警装置等。

图 9-30　报警装置

图 9-31　防触电

本章学习要点

设计的最终结果是将功能进行人机分配，分配的合理，可以提高效率，减轻人的作业负荷，有利于健康。反之，可能造成事故。从人的特性出发，在设计时合理进行人机功能分配，消除、减少人机系统中人、物、环境和管理方面产生事故的因素是人机工程学追求的目标之一。

通过本章学习应该掌握以下要点：

（1）理解人机系统事故产生机理。

（2）建立分析人机系统事故分析方法。

（3）掌握人机系统事故发展规律，理解事故发展规律模型。

（4）掌握人机系统事故控制的思路和方法。

（5）了解常用的人机功能分配方法。

（6）掌握连接分析法进行人机系统评价的方法和步骤。了解其他人机系统评价方法。

（7）掌握人机系统安全设计的要点和方法。

思考题

（1）结合一起安全事故从人、物、环境和管理方面进行事故成因分析，试从设计的角度谈论如何避免事故措施。

（2）什么是人为失误？大致表现在哪些方面？

（3）简述人为失误的控制方法。

（4）结合人为失误事故建立事故模型进行分析，提出控制事故的措施。

（5）概述防止事故的基本对策。

（6）简述人机功能分配以及人机界面设计要点。

（7）什么是人机系统分析、评价？

（8）连接分析法中连接形式有哪些？试举例说明。

（9）查找资料简述作业分析法步骤。

（10）结合作业分析法试画出作业操作顺序图。蒸汽锅炉司炉工给水作业过程为：水位信号在正常水位，不启动水泵；水位信号在低水位时，司炉工启动水泵，补水至正常水位。司炉工有可能脱岗或水位表故障，没能及时、准确获得水位信号，在低水位时没能及时处理，造成事故。

（11）图中是某型号圆盘锯床，因操作器布置不当，出现伤人问题。试以图示结合文字形式从人机角度对机器重新设计（见图 9 - 32）。

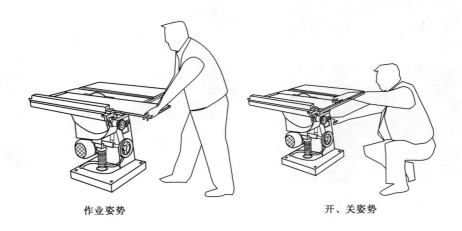

作业姿势　　　　　　　　　　　开、关姿势

图 9 - 32

第 10 章　发展中的人机工程学

在本书前面的章节中依据传统的理论以及现场实践对人体尺寸、人的生理心理特性、人体姿势、人机界面设计、作业空间等问题进行了探讨。自 20 世纪 60 年代以来，科学技术的飞速发展以及计算机技术在各行业广泛应用，为人机工程学的研究和应用注入了新的活力。近年来计算机软硬件技术、计算机图形学、计算机辅助设计、虚拟现实、人工智能等技术的发展为人机工程学的研究提供了强有力的技术支持。

10.1　人机工程学研究现状

10.1.1　国际人机工程学研究现状

自 20 世纪 50 年代英美首先成立人机工程学学会，以后世界各国相应成立人机工程学学会，开展广泛深入的研究工作。早期研究热点主要集中在人体测量、工作荷载、职业健康、产品和工具中的人机工程学原理、人机工程学在组织管理上的应用、工作适应性、职业病防治等。当前人机工程学的研究仍主要集中在欧美发达国家，特别是英美两国，其他一些国家和地区如中国、韩国、台湾地区、印度等，近年来也有较大发展。国际人机工程学会（IEA）对人机工程学技术定义进行了拓展（见表10.1），认为人机工程学技术包含人—机交互技术、人—环境交互技术、人—软件交互技术、人—作业交互技术、人—组织交互技术 5 个方面，表 10.1 所示为目前主要的研究内容。

表 10.1　人机工程学研究内容

研究内容	相关研究的典型实例
硬件人机工程学	Jung 等给出了视域和可及度方面的人机接口模型； Harper 等对公共运输监控系统进行了人机接口设计的实例研究； Johannsen 研究了基于知识设计的人机接口问题
环境人机工程学	Parsons 在总结环境人机工程学的原则、方法的基础上给出了热、噪声、光、振动等的模型
认知人机工程学	Ryder 等对电话使用者的空间建立了 COGNET 框架模型； David 对在设计系统中的认知要素及认知过程进行了大量研究； Testa 等在意识到人的行为对管理信息系统的影响之后，给出了设计标准
工作设计人机工程学	Donald 详细说明了 ERGO 软件是一个针对作业任务的人机分析、评价软件
宏观人机工程学	Kleiner 给出了动态工作系统的形式化宏观人机工程分析

表 10.2 是 2006—2008 年 EI 收录人机工程学论文研究方向比例情况，人机工程学呈现出多学科交叉的态势，理论研究与应用研究并重，特别是应用研究正日益成为研究的重点；随着近年来计算机技术的广泛应用，人机工程学呈现出与计算机技术紧密结合的态势（与计算机应用、计算机外部设备、人工智能等）。另外，新的生物力学、有关个体的人机工学研究比重也较多。

计算机技术对人机工程学的支持主要表现在对人机工程方法的支持和对人机工程学具体应用两个方面。首先，在研究方法方面，它针对传统的研究方法获取实验数据及实验结果的局限性，提出了有效的解决方法，并将这些方法计算机化，以便与人机系统软件相结合。其次在人机工程应用方面，它将人机工程学的实验结果、分析评价方法及标准以计算机软件工具的形式应用在产品设计、工作空间设计以及人机系统的设计中。

表 10.2　　　　　　　　　　　**2006—2008 年 EI Compendex 所收录人机工程学论文统计**

分　类　码	篇数	占总篇数的比例/%（2006—2008 年）
人机工程与人因学 Ergonomics and Human Factors Engineering	1050	55.1
计算机应用 Computer Applications	385	35.1
生物力学、仿生学、生物拟态学 Biomechanics, Bionics and Biomimetics	345	31.5
个体 Personal	308	28.1
事故与事故预防学 Accidents and Accident Prevention	304	27.8
计算机外部设备 Computer Peripheral Equipment	289	26.9
管理学 Management	221	20.2
人工智能 Artificial Intelligence	215	19.6
内科学与药理学 Medicine and Pharmacology	203	18.5
卫生保健学 Health care	200	18.2

1. 虚拟人技术

虚拟人技术是一项新兴的高科技技术，集计算机动画、计算机仿真、机器人、人工智能等领域的先进技术于一体。人是现实产品设计的尺度标准，在计算机中使用虚拟人替代真人用于产品设计，可以避免真人测试所带来的麻烦，降低产品开发的成本。目前用于人机设计、分析评价的虚拟人体模型主要有基于二维人体模板的平面虚拟人和基于三维人体模板的虚拟人。基于二维人体模板的平面虚拟人是根据人体测量数据进行处理和选择得到的标准人体尺寸，是设计师在进行人机尺寸设计时的辅助工具。

1967 年 Popdimitrov 发表最早的人体模型。随后，Karwowski 等人于 1990 年发表了 12 个不同的人体模型。Moore 等人按照应用范围，将虚拟人分为用于视域、可及度分析的人体模型、用于预测低背受力分析的人体模型、用于姿势分析的人体模型、用于肌肉受力分析的人体模型。目前典型工程用人体模型有以下几种。

SAMMIE：60 年代末由 Nottingham 大学开发建立，后由 Loughborough 大学技术学院进一步发展的系统。该系统能够进行工作范围测试、干涉检查、视域检查、姿态评估和平衡计算，后来又补充了生理和心理特征。系统运行在 VAX 和 PRIME 小型机以及 SUN 和 SGI 工作站上。SAMMIE 人体模型包括 17 个关节点和 21 个节段。

Boeman：1969 年由美国波音公司开发的系统。该系统用于飞机座舱布局评价。Boeman 人体模型允许建立任意尺寸的人体，并备有美国空军男、女性人体数据库，其人体模型使用实体造型方法生成。该软件的主要功能是完成手的可达性判断，构造可达域的包络面，视域的计算显示，人机干涉检查等。

Combiman：1973 年由 Dayton 大学为美国空军建立的系统。该系统用于飞机乘务员工作站辅助设计和分析，提供了陆、海、空男女性人体测量数据库。Combiman 系统的人体模型考虑了人体活动在关节处的约束以及服装对人体关节的限制。

Cyberman：1974 年由克莱斯勒汽车公司开发的系统。该系统用于汽车驾驶室内部设计研究。Cyberman 系统的人体模型数据来自于 SEA 模型，人体模型是棒状的或线框的，没有实体和曲面模型。因为模型无关节约束，需要用户输入正确的姿态，大大限制了其在工效学分析领域内的应用范围和有效性，此系统未得到广泛应用。

Crew Chief：由 Armstrong Aerospace Medical Research Laboratory 研制开发，用于作战飞机的维修和评估的系统。Crew Chief 人体模型由五个百分位人体尺寸，提供 12 种常用的人体姿态和 150 多种手工工具的工具库。考虑了 4 种类型服装对关节的约束和人机的干涉检查。

Manneqin：Biomechanics Corporation of America 开发的系统。该系统的人体模型包括 46 个节段，具有手脚可达域判定、人体动画等功能。

Buford：加利福尼亚的 Rockwell International 公司研制系统，该系统的建立为航天员模型且附带太空舱。该系统人体模型躯段可被分别选择，并可组装成所需的任意模型。此构造模拟工作姿势，必须一个个移动躯段。此模型不能测量可达性，但可产生一个围绕两臂的可达域包络空间。

DYNAMAN：1991 年由 ESA 开发，用于仿真航天员活动过程的系统。该系统可以验证如太空微型实验室的可居性、可达性、工效、可见性、操作时间流水线、EVA 过程等。在 DYNAMAN 的数据库中，ESA 建立了不同体格的航天员的三维图形模型，包括零重力和正常重力下的情况，还有用于 ESA 仿真的穿航天服的模型。

2. 人工智能技术

人工智能是研究使计算机来模拟人的某些思维过程和智能行为（如学习、推理、思考、规划等）的学科，主要包括计算机实现智能的原理、制造类似于人脑智能的计算机，使计算机能实现更高层次的应用。人工智能将涉及计算机科学、心理学、哲学和语言学等学科。Gilad 等人于 1990 年提出基于人机对话框的人机咨询专家系统是在这方面较早的尝试。接着越来越多的研究者认识到专家系统在人机分析与应用中的重要性，开发了很多基于专家系统的人机分析软件系统。如 Taylor 等人开发的 ALFIE 系统可以解决光等物理因素。Chen 等人研发的计算机辅助人机工程分析系统 EASY。Budnick 等人研发的为设计师提供设计建议的 CDEEP 系统。1996 年 Mattila Markku 等人将感性工学作为一个新的人机工程方法来解决产品开发中的以用户为中心的问题。

3. 人机工程系统

一般来说，计算机辅助人机工程设计技术 CAED 系统一般包含人机工程咨询系统、人机工程仿真系统和人机工程评价系统。人机工程咨询系统主要以图表、文字等形式提供人体尺寸数据的咨询，处理人机工程标准和辅助工作空间设计。人机工程仿真系统通过电子数字人体模型进行动态动作、任务仿真，以满足不同人机工程应用分析。人机工程评价系统是基于运动学、生理学等理论，通过系统内人机工程评价标准对人的受力、舒适度等进行评价。目前成熟的软件系统有：

ErgoForms：Henry Dreyfuss 事务所开发的人体尺寸辅助设计软件。该软件可生成 100 多个人体模型（见图 10-1），这些人体模型的尺寸都是基于精确的人体测量统计数据建立的，包括不同的年龄段、性别和工作姿态。模型可以被转化为不同的数据格式导入相应的 3D 形态设计软件辅助产品设计。

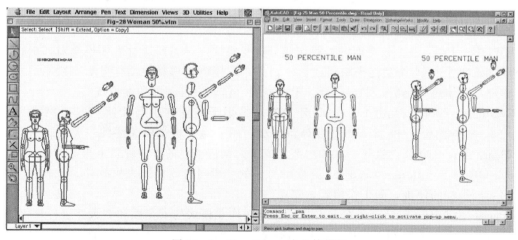

图 10-1　ErgoForms 中人体模板

Jack：最初由美国宾夕法尼亚大学（University of Pennsylvania）研制，现在由工程动画公司（Engineering Animation，Inc.）发行。Jack 允许用户把各种尺寸的数字人体模型放入虚拟场景中，为这些数字人体设定任务，并分析人体的行为（见图 10-2）。Jack 可以提供人体模型的视野范围和活动空间信息，人体的舒适度，人体在什么情况下会受到损伤以及损伤的原因，以及什么情况下人体的工作超过体力极限等。

PeopleSize：Open Ergonomics 公司开发的对有关人体尺寸的人机设计进行辅助的软件。该软件内含完备的人体尺寸数据库（见图 10-3），为用户提供良好的查询界面，可以通过给定参数来获得人体各部位的详细尺寸数据（见图 10-4），并可对年龄、着装等具体要求进行相应的尺寸计算。

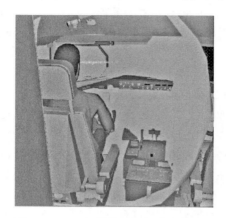

图 10-2　Jack 模拟飞机驾驶舱伸及域

图 10-3　PeopleSize 功能模块

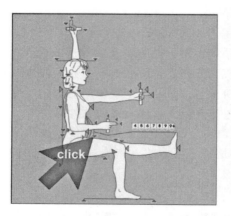

图 10-4　PeopleSize 人体尺寸查询界面

SAFEWORK Pro：一个较全面的人机作业分析专用软件，主要通过人体模型对人机作业模式进行模拟分析。该软件由 10 个功能模块组成，分别为：人体测量模型、动作分析、视域分析、作业建模、服装建模、身体角度分析、姿态分析、干涉检测、作业过程动画和虚拟现实。

Job Evaluator Toolbox：由 Ergoweb 开发的一款用于作业评价与控制的基于网络界面的软件（见图 10-5）。软件内设了 13 种人机作业分析方法，用来对人机学所关注的主要问题进行识别与控制，如：制造、装配、办公设施等。软件内部集成了大量权威性的作业评价准则。

@Work Office Solutions：Ergoweb 开发的另一款基于网络界面的人机软件。该软件主要用于办公室工作的人机指标的评价，如工作模式、姿态等。

WorkPace：由 Niche Software 公司开发的用于对作业模式的安全性和健康性进行评价的软件。

ErgoEase：由 EASE 公司开发的一款面向制造的人机学综合分析软件。该软件主要用于分析制造过程中的人机作业问题以及相关的时间规划问题。软件依照 OSHA 标准对作业过程中人体各部位在各种姿态下的生理指标进行了严格的评价。

ANTHROPOS：一款德国人机软件，包括 VR ANTHROPOS 与 ErgoMAX 两个模块。前者的

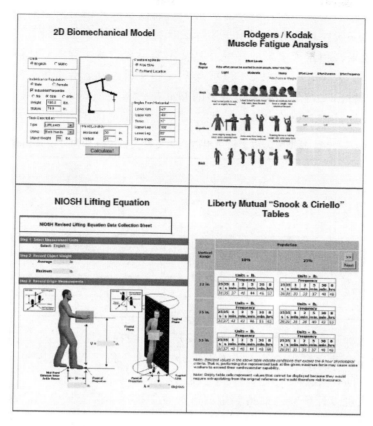

图 10 - 5 Job Evaluator Toolbox 作业评价

功能是对人机作业行为建立虚拟现实场景以进行量化评估；后者为设计师提供各种标准尺寸与姿态的人体模型。

CATIA（Computer Aided Three-dimensional Interaction Application）：法国达索公司于 1975 年推出的集 CAD/CAE/CAM 功能于一身的大型综合性软件，在国际、国内均享有极高的知名度和影响力，是当今主流软件的佼佼者。利用 CATIA 软件可以形象地模拟实际操作中人的各种动作和姿势，从而给人机方面的设计提供依据。

上述专用人机辅助设计软件的功能主要是提供参考，而很难与产品的设计有机地融为一体，最主要的问题是这些软件产生的数据不能直接为产品数字模型所采纳，而必须经过各种渠道的转换，这给规格化的设计流程应用这些数据带来了很多麻烦。因此，在通用的产品建模软件平台上研制人机性能设计的 CAD 方法被许多高端软件开发公司纳入研究计划，人机工程学应用模块的二次开发与系统集成是人机软件的薄弱环节，也是较有前景的研究方向之一。

参考附录 B 可以看出，在开发软件系统时要着重考虑以下功能因素。

（1）能建立工作空间与产品的三维模型，或具有对三维模型访问和处理的接口。

（2）具有能与工作空间及产品进行交互使用的人的模型。

（3）能对人、工作空间及产品的模型提供一定的操作。

（4）对这些模型提供易学易用地进行修改及评估的功能模块。

随着人机工程软件在产品概念设计阶段的应用的不断成熟，与产品设计的其他各阶段的有效结合将成为今后的一个研究重点。

10.1.2 国内人机工程学研究现状

目前国内人机工程学的研究侧重于应用，如人机之间分工及相互适应问题、信息传递过程、人机界面设计、作业环境及安全装置问题、操作者疲劳的特点以及减轻疲劳和紧张度的措施等。很多学者致力于将人机工程学的一般原理和方法运用于实际设计案例，在产品造型设计、工作空间设计及界面设计中取得了良好的效果，积累了宝贵的经验。其常用的设计方法主要有：①人体参数法；②设计调查方法；③计算机仿真。表 10.3 是 1994—2003 年从《中文科技期刊数据库》中统计的人机工程学研究论文统计结果，可以看出人机工程学应用最多的领域是"人与机器的关系"，即运用人机工程学原理对产品进行改良性设计，使之更符合人体特性，主要表现在对具体产品的分析研究上。

表 10.3　　　　　1994—2003 年我国人机工程应用研究论文按人机工程学内容统计结果

人机工程学	学 科 分 类							总计（篇）	百分比/%
	经济管理	教育科学	图书情报	自然科学	医药卫生	工程技术	农业科学		
人类的特性	4	1	0	0	8	48	5	66	7.40
人和机器的关系	12	3	7	3	101	453	8	587	65.81
环境条件	4	2	0	0	12	36	0	54	6.05
劳动方面	30	3	4	1	13	32	4	87	9.64
综合和其他	22	1	0	1	5	70	0	99	11.10

当今信息化时代背景下人们的生产和生活方式所发生的根本性变化，注重用户的心理研究。显示、控制、信息流动和自动化过程中的人机界面设计也成为人机工程学应用的重点之一。在环境条件方面主要集中在工作空间、无障碍设计、作业空间色彩对人的影响方面。

尽管计算机辅助人机设计研究已取得一定的进展，但是在实际应用中仍然存在很多问题。主要表现在：①设计师与人机工程学家之间的鸿沟直接导致很多产品缺乏人机工程特性；②人机工程软件与CAD软件的接口问题降低了人机工程软件的可用性；③由于很多用于人机工程分析、评价的软件来自国外，其中的很多功能模块与我国的实际情况不符合，因此开发面向我国国情的人机工程分析、评价、仿真软件迫在眉睫。

在研究方法方面，浙江大学基于计算机辅助人机工程设计（CAED）的技术，提出了面向工作空间的虚拟人体模型的方法，处于国内领先水平。在人机界面设计方面，哈尔滨工程大学的学者提出了基于灰色理论的人机界面主观评价方法和人机界面设计评价的实时交互方法。以西北工业大学为首院校开展计算机辅助人机工程设计研究，结合应用数学（遗传算法、灰色理论等）对产品和界面进行分析、评价等。2011 年，西南石油大学陈波、邓丽采用遗传算法在石油钻机司控台界面智能布局方面进行了尝试，以功能分区、重要性、使用频率、操作顺序和相关性建立适应度函数并确定相应的约束条件，采用遗传算法优化对石油钻机司控台操纵器智能优化布局（见图 10-6）。

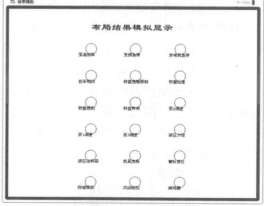

图 10-6　智能布局优化界面及布局结果模拟显示

10.2 现代人机工程学发展趋势

随着信息技术和通信技术的飞跃发展，很多研究人员将其研究重点从传统的人机界面（HMI）转移到人与计算机交互（Human Computer Interaction，HCI）上，以适应用户与产品或系统之间的交流与互动，更好地满足人们日常生活需要。

10.2.1 交互设计

交互设计起源于计算机人机界面设计，早在 1990 年 IDEO 的比尔·莫格里奇提出交互设计的概念。所谓交互设计（Interaction Design，ID）是人与计算机或含有计算机技术的产品之间的信息交换。

那到底这个交互设计应该是什么？理查德·布坎南（Richar Banchanan）教授对交互设计定义为：通过协调产品的影响、效力甚至复杂的系统创造和鼓励人们参与一个活动。也就是说，传统的工业设计创造的是一个产品，交互设计的对象则是人的活动具体考虑这个活动时，要考虑到是谁在执行这个动作或者说谁是动作的对象。做这个动作时的环境、场景是什么？这是一个非常关键的概念。交互设计是界面设计的延伸，富有更丰富的内涵。界面设计就像舞台上的布景，呈静态方式；而交互设计强调交流与互动，类似舞台上表演，注重场景切换。

美国 Springtlme 公司的设计师塔克·威明斯特认为："产品设计的未来将越来越少地关注设计产品外观，而是会越来越多地着眼于促进使用者和生产者之间的交流。"这种交流正是通过用户与产品的交互行为进行的，交互设计作为实现用户情感体验的重要手段受到了人们越来越多的重视，这也对工业设计师提出了更高的要求。苹果电脑及手机的成功不仅是归功于工业设计的整合，关键是基于提供了完整的体验的出色交互设计。

1. 交互设计的目标

交互设计的目标是设计出用户真正满意的产品，用户对产品的真正满意是物质层面上的使用和精神层面的愉悦体验。因此交互设计的目标是产品可用性和用户体验。可用性目标侧重于产品的物理功能，而用户体验目标则侧重于产品的精神功能，两者的共同宗旨是"以人为本"。

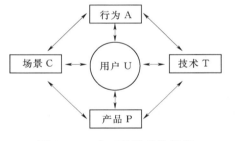

图 10-7 交互设计系统框架

交互设计涉及用户、环境、产品，有此构建交互设计系统。交互设计系统是由用户（User）、人的行为（Activity）、产品使用的情境（Context）和产品所融合的技术（Technology）以及最终完成的产品（Product）5 个基本元素（简称 UACT-P）组成的系统（见图 10-7），即交互系统（Interactive System）。

2. 用户交互方式

（1）用户。

交互设计首要是分析用户以及用户交互方式。交互设计中用户一般泛指与交互系统相关的个体或群体，分为：主要用户（经常使用产品的人）、次要用户（偶尔使用或通过他人间接使用产品的人）和三级用户（购买产品的人）。用户群体具有人类的共性，我们需要从人类学的角度分析特定用户的种族、语言、文化、传统等因素；分析人的能力和局限，认识不同的用户之间存在的性别、身高、体重、身体技能等方面的差异；分析用户在交互系统中的注意、知觉、记忆、思维等认识过程和进一步的心理活动和行为表现，认识到不同的用户存在的心理和能力方面的差异。

（2）交互方式。

人与产品的交互方式主要有数据交互、图像交互、语音交互、动作交互和人的行为交互（见图10-8）。交互方式的选择要综合考虑交互系统的用户、目标、场景等因素，不同背景的用户对同一目标采取的交互方式可能会不一样，对于手机短信输入操作，年轻人与老年人在与手机交互时采取的方式不一样，年轻人喜欢双手拇指输入，而老年人更喜欢手写输入。场景发生变化，交互方式也会发生变化，如开会时，需要手机静音振动与人进行交互；针对儿童使用的产品可以采取图像和语音进行交互。

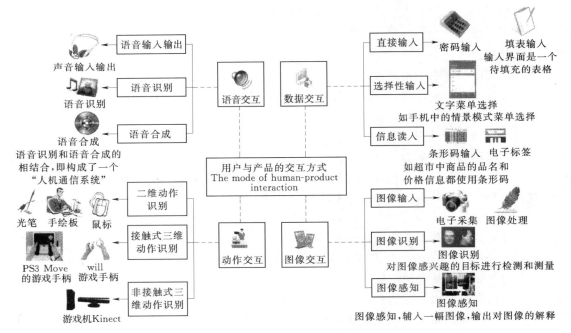

图 10-8　用户交互方式

（3）交互情境分析。

交互设计中情景分为物质情景和非物质情景。物质情景指人与产品之间进行交互行为时周围的物质环境，如空间、设施等。非物质情景指用户与产品之间发生交互关系的服务、管理等（组织情景）和周围社会情况（社会情景）。常采用构思情节、绘制故事板、创建情绪板等方式完成。在交互设计中，情节是设计师以文字形式表达设想用户在使用产品时的情形，同时表达设计概念。情节是设计师将用户、产品置于场景之中，体现产品和服务的故事。故事板是根据情节绘制出来的一系列情节图，说明使用中的产品或故事。情绪板是设计师利用图像、文字、色彩、计算机等精心制作的商品贴图，用于启发设计思路或表达一定的设计意图。

3. 交互设计的方法

随着交互设计在产品设计中应用成功，交互设计的方法也越来越多，如以用户为中心的设计、以目标为导向的设计、原型迭代设计、IDEO 创新方法等。一些著名的企业与设计组织也提出了适应自己的交互设计方法。例如：诺基亚开发 9110 个人通信器时采用以用户为中心的设计方法，具体做法是：①使用场景从当事人中获得数据；②初步设计建立模型；③原型测试；④迭代设计与评估；⑤最终设计。飞利浦为儿童设计的个人通信器时采用的原型技术和用户参与式设计方法。IDEO 公司采用的五步设计方法：①认清市场和客户、技术以及问题本身的限制；②观察人们的实际生活状况，并找出真正引发这些状况的原因；③把全新的概念和这些概念产品的潜在用户具体化；④在短时间内不断重复评估和改进原型；⑤执行新概念商品化和上市。

10.2.2　可用性工程与以用户为中心设计

可用性工程（Usability Engineering，UE）是交互时 IT 产品的一种系统设计方法，核心是以用户设计为中心的设计方法（User Center Design，UCD）。在 20 世纪 80 年代由高德（Gould）和李维斯（Lewis）提出，最初由一些大的 IT 企业实施。自 90 年代可用性工程在 IT 界迅速普及。ISO

9241—11 国际标准对可用性作的定义：产品在特定使用环境下为特定用户用于特定用途时所具有的有效性（Effectiveness）、效率（Efficiency）和用户主观满意度（Satisfaction）。其中：有效性指用户完成特定任务和达到特定目标时所具有的正确和完整程度。效率指用户完成任务的正确和完整程度与所使用资源（如时间）之间的比率。满意度指用户在使用产品过程中所感受到的主观满意和接受程度。可用性设计框架见图 10－9。

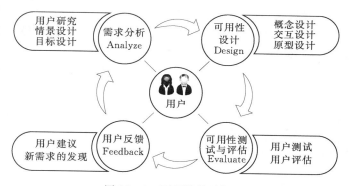

图 10－9　可用性设计框架

以用户设计为中心的设计方法强调用户参与产品的设计开发过程，用户作为现场观察、体验、测试对象，直接参与产品的概念和原型设计。以用户设计为中心的设计方法主要包括需求分析 Analyze、可用性设计 Design、测试评估 Evaluate、用户反馈 Feedback，构成 ADEF 4 个环节不断循环往复，直到得到满意结果。

1. 需求分析

可通过设计问卷、观察、访谈等方法了解用户使用产品时的思维、任务、情景、环境，做出调查分析结果。采用情景设计是较好的方法，所谓情景设计是根据使用背景提炼和描述产品使用过程，帮助确定产品内容，为用户需求提供评估环境（见图 10－10）。首先确定产品的功能和使用目的，构建使用环境，确定参与用户和参与目标；其次，依据一天的日常生活考虑用户任务、动作以及用户的反应；最后根据用户的行为和事件确定可用性设计目标。

图 10－10　情景设计

2. 可用性设计

根据用户需求分析将目标转化为符合用户需求和设计者想法的设计概念，将产品设计概念转化为产品原型，针对产品的属性进行评估测试，通过反复评估、修改、测试得到认可的最终产品概念原型。

3. 测试评估

用户测试需要在包含测试室和观察室的专业实验室进行，配置如眼动仪等专业设备对用户使用概念原型的行为细节进行监视，针对测试目的、数据结果、使用规则进行分析测试。具体方法可采用观察法、边做边说、用户调查、焦点小组等方法。

4. 用户反馈

用户反馈包括对使用产品时的不满和抱怨是用户主动反馈的信息，还应该选择一些有代表性的用户对它们进行观察和提问作为补充。

10.2.3　用户体验设计

体验经济是继产品经济、商品经济、服务经济之后的第 4 个经济阶段，2001 年美国的信息交互设计的专家谢佐夫在其著作《体验设计》中为体验设计下的定义是："体验设计是将消费者的参与融入设计中，是企业把服务作为舞台，产品作为道具，环境作为布景，使消费者在商业活动过程中感受到美好的体验过程"。所谓体验设计（Experience Design），就是通过一定的设计和评价方法实现体验目标，是在考虑个体或群体的需要、愿望、信仰、知识、技能、经历和感觉的基础上，进行的产品、过程、服务、事件和环境等人的体验的设计。

体验并不能凭空产生，而是在外界环境的刺激之下所产生的结果，它具有很大的个体性、主观性、不确定性和相对性。传统体验研究的方法大量借用了可用性研究的方法，体验设计有检视法、参与设计、情景设计、工作营、故事、访谈调查和故事板等。在体验设计中，问题的关键在于采用什么方法是最适合的，研究是在用户使用产品的体验过程中还是在体验以后进行等。

体验设计不仅是针对需求的设计，而是总能给用户额外带来情感上的满足或是产生独特的体验，对于产品本身来说，这些额外的体验和设计对于用户需求的联系并不一定紧密，但是，从用户生活的大环境来说，这些额外的体验和情绪却是必不可少的。这些体验所要做的就是以用户不可预见的方式，使用户在使用产品的同时将用户的生活变得更加轻松愉快丰富多彩。可以从以下几个方面开展体验设计。

1．"感官"体验设计

感官体验设计是由视觉、听觉、触觉、味觉和嗅觉等达到创造完美知觉体验的诉求目标。如宝马发动机发出赛车式的咆哮声，似乎成为一种品牌的声音。同时宝马也将消除杂音作为品牌的体现，他们经过几个月的测试，消除了摆动的挡风玻璃雨刷发出的声音，体现了宝马公司对完美的孜孜以求。他们还在研究可以发声的方向灯，宝马公司的一位声学工程师承认，可能没有人会因为方向信号的声音而买一辆车，"但是，这是我们要创造的感觉中不可或缺的一部分"。他说："起决定作用的就在于这些细微之处。"这些或许就是宝马汽车能给人带来无与伦比的驾驶体验的原因所在。

2．"思考"体验设计

以创意的方式引起顾客的惊喜和兴趣，对问题的集中和分散的思考，为用户创造认知和解决问题的体验，通过对人出乎意料激发兴趣和挑衅促使用户进行发散性思维和收敛性思维。图 10-11 是 2004 年《商业周刊》"最佳设计大奖"的获奖产品作品——环形打印机，这是一款为经常在商务旅行中办公的人士设计的便携式打印机。环形的打印设计大大节省空间，这一突破性的创意无疑会为打印机设计提供了全新的思路。

3．"行动"体验设计

通过用户自身体验，以其他的方法替代的生活形态，以互动、丰富人们的生活。图 10-12 是美国 IDEO 公司设计的地砖体重秤。该产品将客户体验和产品功能紧密结合起来，将体重秤嵌进浴室的地板，当你踩在上面时，它就是一个台秤，走开后，它又恢复到一块普普通通的地砖。这就使得使用者称重之前出现了一个很有趣的现象，那就是"必须先将体重秤找到！"。

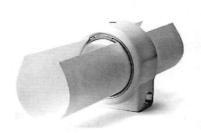

图 10-11　环形打印机

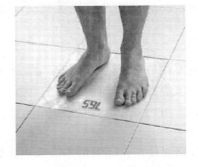

图 10-12　地砖体重秤

4．"情感"体验设计

通过某种方式激发购买者的内在情绪，以与体验标形成共鸣。新奇的设计，往往能激起关注的热情和良好的情感反应，图 10-13 的创意剪刀不仅增强了趣味性，也使操作更方便。

5."关联"体验设计

事物之间存在明显或是隐蔽的联系。如你当年在某一个特定的电影院，跟一些特定的朋友，看了一场非常有意义的电影，那么你就记住了这次经历，因为它有一个内容在里头。特定的地方、特定的人，特定的电影，这就有一个特殊的意义，也有一个情感因素在里面，让人难忘，并且可以持久。如今再看这部电影时就会回忆起当年美好时光。当然别的人看到这部电影时，就是一部电影而已。现在越来越多的主题饭店，主题公园也说明了体验潜在的巨大商业价值。

图 10-13 创意剪刀

10.2.4 无障碍设计与通用设计

1. 背景与概念

无障碍设计（Barrier-Free Design）源于丹麦人在 20 世纪 50 年代倡导的"正常化原则"的观念，其目的是去除建筑环境中给残障人士带来不便因素。随后发展为特殊人群（残疾人、老年人等）提供方便和安全的空间，创造一个人人平等、共同参与、共享换背景的设计称为"无障碍设计"。随着信息技术的发展，无障碍设计引入信息涉及领域，既信息无障碍交互设计。无障碍设计具有可操作性、安全性和方便性的特征。

无障碍设计是针对特殊人群，这样的理念导致客观上产生歧视和不平等感受，实际上很多无障碍设计对一般人也是需要的，由此，在 1997 年美国通用设计中心提出通用设计概念。通用设计也被称为"全球化设计""为所有人设计""综合设计"等。通用设计（Universal Design，UD）是指无需改良或特别设计就能为所有人实用的产品、环境及通信。美国北卡罗来纳州立大学通用设计研究中心提出了通用设计的 7 项原则，具体内容如下。①平等使用原则；②弹性使用原则；③简单化和自觉化操作原则；④可识别信息原则；⑤容错原则；⑥低体能消耗原则；⑦尺寸与空间与人匹配原则。

2. 通用设计方法

（1）产品功能分析。

对产品具有的功能进行分析，按优先原则进行排序。对可能的用户进行设计调查分析（使用产品没有困难的人、使用稍有不便的人、使用很困难的人和根本无法使用产品的人），根据这些用户特点确定设计策略。分析考虑产品使用的可能环境，分析各种环境、外部条件对用户和产品的影响。

（2）用户分析。

通用设计考虑每个可能接触和使用该产品的人，但是这些用户有何特点，需要通过用户分析，针对用户使用该产品时的特点进行分析，确定用户特征优先级。用户分析主要包括：①认知能力分析；②感官能力分析；③肢体能力分析；④心理因素分析。

（3）制订策略与产品设计。

根据上述影响产品特征和用户特征程度进行优先级排序，采用相应的通用性原则，提高产品设计的通用性。

松下 NA-V80CD 斜式滚筒洗衣机是贯彻通用设计理念的第一款具体产品，如图 10-14 所示。它创造性地将滚筒洗衣机的前开门倾斜了 30°，与没有充分考虑所有人使用情况的传统顶开门和前开门式洗衣机相比发生了革命性的变化，使得任何人在任何情况下，可以平等、安全、方便地使用这款洗衣机。同时也可以轻松地观察到内部洗涤和衣服的状态。自从在日本国内开始销售起，销售反响非常理想，一直雄踞洗衣机销售排行榜首，平均每月销售 2 万多台。

TriPod 公司设计的 U-Wing 笔（U 形翼笔）具有流线型的圆珠笔在抓手部位有一个回旋的环

状，这是其他标准笔所没有的，如图 10-15 所示。该款圆珠笔突破了传统笔的设计方式，更多地考虑到残疾人的需求，使得不管是惯用左手者还是惯用右手者，都可以用他们自己喜欢的各种方式来握这支笔。同时还可以用脚或者舌头来使用，其各种使用方式如图 10-16 所示。笔芯可更换，便于长久使用。

图 10-14　松下斜滚筒式洗衣机

图 10-15　U 形翼笔

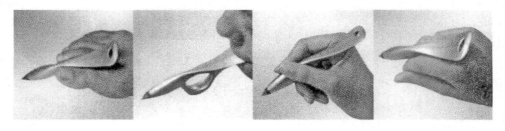

图 10-16　U 形翼笔使用方式

10.2.5　参与式人机工程设计

"参与式人机工程学"的产生是由于在传统情况下将人机工程学应用于实际往往并不容易，工人往往很难接受新的工作方法，而雇主又往往因为成本的问题拒绝引入人机工程学的改进方法。所谓"参与式人机工程学"，是包括企业管理层、设计者、操作者等一系列相关人员在内，共同参与以发现人机工程学的问题，并寻求解决之道。参与的人员必须要学习和了解人机工程学原则与方法，并能够对作业空间、设备等进行分析。"参与式人机工程学"可以让所有参与者（特别是操作工人）主动担当角色，来判断和分析现场存在的危险要素并进行改善，从而激发员工的积极性，提高工作效率，改善健康状况，减少与工作相关的肌肉骨骼伤害，并改造落后的技术和组织管理，最终提高产品质量与工作业绩。

完备的"参与式人机工程学"应包括以下几个要素：①参与性。现场工作人员比其他人员更了解工作内容，员工应该参与改善活动并提出建议，这样一来，员工较易接受新的改进方案。②组织性。企业管理层的支持是非常之重要的。人机工学的应用团队应当分为两个层次：一是由管理层组成的指导委员会；另一个是领班和具体操作员组成的现场工作组。现场工作人员必须能够发现与分析隐藏于现场的人机工程学问题并提出改进建议，而指导委员会必须就建议作出决策。在此过程中，所提出的建议会在两组之间反复修正，人机工程学的专业工程师协调并帮助两组人员商讨人机、组织管理、生产作业等方面的问题，选择比较好的方案。③人机工程学的方法和工具。参与的人员必须学习并掌握人机工程学的知识。④工作原理。工作原理有两种，一种为微观人机工程学（micro-ergonomics），主要针对减轻工作负荷；另一种为宏观人机工程学（macro-ergonomics），主要强调作业的重新设计与组织管理的改变。两者兼具方可起到持续改进的效用。⑤执行与落实能力。

10.3　现代人机分析技术简介

　　人机工程学来源于日常生活和社会实践活动，通过对人体结构特征和机能特征进行研究，分析人的视觉、听觉、触觉以及肤觉等感觉器官的机能特性；分析人在各种劳动时的生理变化、能量消耗、疲劳机理以及人对各种劳动负荷的适应能力；探讨人在工作中影响心理状态的因素以及心理因素对工作效率的影响等。人机工程学理论建立在广泛的实验分析的基础上，作为学习、研究人机工程学的人员来说，必须了解实验在研究中的作用。一些实验方法正是探索新理论的必要武器，长期以来作为教材很少介绍有关实验分析技术，以致学生在学习之后往往忽略实验环节。随着科学技术的发展，国内、外出现了一些根据人机工程学原理制作的实验设备，为人机工程学的学习和研究奠定了坚实的基础。将实验与理论相结合，不仅可以便于学生对枯燥理论的理解，更重要的是向学生传授实验研究方法，这对学生的学习和创新可以起到不可估量的作用。

　　本节结合目前出现的比较有代表性的实验技术进行简述，力图告诉读者什么样的技术用于什么领域的研究，解决什么问题。

10.3.1　动作捕捉技术

　　1. 动作捕捉技术

　　随着计算机软硬件和图形技术的飞速发展，目前在发达国家，动作捕捉技术已经进入了实用化阶段，这种技术现在成功地用于虚拟现实、人体工程学研究、动画制作、游戏、模拟训练、生物力学研究等许多方面。

　　常用的运动捕捉技术从原理上说可分为机械式、声学式、电磁式和光学式（见图10-17）。从技术的角度来说，运动捕捉的实质就是要测量、跟踪、记录物体在三维空间中的运动轨迹。

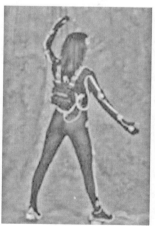

图10-17　机械式、电磁式、光学式动作捕捉设备

　　目前应用比较广泛的是光学式动作捕捉技术。光学式运动捕捉大多基于计算机视觉原理，通过对目标上特定光点的监视和跟踪来完成运动捕捉的任务。从理论上说，对于空间中的一个点，只要它能同时为两部相机所见，则根据同一时刻两部相机所拍摄的图像和相机参数，可以确定这一时刻该点在空间中的位置。当相机以足够高的速率连续拍摄时，从图像序列中就可以得到该点的运动轨迹。

　　光学式动作捕捉系统除了包含动作捕捉镜头外，还包括数据采集网络、高性能的数据处理工作站及相关软件等。典型的光学式运动捕捉系统通常使用6~8个或更多的特殊摄像机环绕表演场地排列，这些摄像机的视野重叠区域就是受试者的动作范围。为了便于处理，通常要求表演者穿上单色的服装，在身体的关键部位，如关节、髋部、肘、腕等位置贴上一些特制的标志或发光点，称为"Marker"，视觉系统将识别和处理这些标志（见图 10-18）。系统定标后，相机连续拍摄表演者的动作，并将图像序列保存下来，然后再进行分析和处理，识别其中的标志点，并计算其在每一瞬间的空间位置，进而得到其运动轨迹。如果在表演者的脸部表情关键点贴上发光点，则可以实现表情捕捉。为了得到准确的运动轨迹，相机应有较高的拍摄速率，一般要达到 60 帧/秒以上。

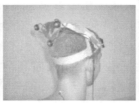

图 10-18　头和手运动测试

有些光学运动捕捉系统不依靠 Marker 作为识别标志，例如根据目标的侧影来提取其运动信息，或者利用有网格的背景简化处理过程等。目前研究人员正在研究不依靠 Marker，而应用图像识别、分析技术，由视觉系统直接识别表演者身体关键部位并测量其运动轨迹的技术。

2. 基于动作捕捉技术的应用系统

（1）红外三维运动捕捉与分析系统。

红外三维运动捕捉与分析系统主要由三维实时捕捉的红外摄像系统、采集软件和分析软件组成（见图 10-19）。

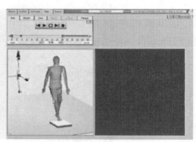

图 10-19　红外摄像系统、采集软件和分析软件

通过单组红外摄像单元（3 个摄像头）或多组红外摄像单元实现对动作的三维运动捕捉与分析，也可以通过特定的 NI-DAQ 卡同视频摄像机、肌电 EMG、脑电 EEG、心电 ECG、信号触发装置、测力台等外部设备连接使用。红外摄像系统能够对固定在人体或目标点上的主动发光标记球进行实时捕捉，然后通过分析软件进行相关分析和处理。

根据动作技术分析、动作对比、动作优化与训练评价的需要在人体的需测试部位贴能主动发光型测试标记球，测试标记球在室外（非阳光下）及黑暗环境均可进行实时捕捉，并且受试者可佩戴无线发射器，动作不受影响。

红外三维运动捕捉与分析系统可用于步态分析（见图 10-20），对步态周期、关节角度等进行分析；可进行测力分析（见图 10-21），用以测量足或鞋底压力及分布；可进行脊柱弯曲测试（见图 10-22），用以判断身体弯曲时的舒适度；还可对头、手运动进行分析，用以判断头、手的运动规律及舒适度。

（2）三维运动图像分析系统。

三维运动图像分析系统运用了"高速捕捉""标记点自动跟踪识别""通道过滤"等先进技术，对人体动作进行自动跟踪解析，直观地显示人体的运动数据及运动数据曲线（如坐标、速度和加速度等），同时可以显示点和连线的轨迹（见图 10-23 和图 10-24）。

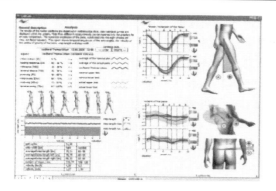

图 10-20 步态分析

图 10-21 测力分析

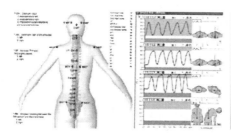

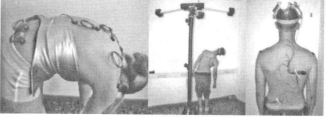

图 10-22 脊柱弯曲测试

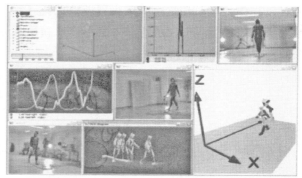

（a）运动中的人体　　　　　　　　（b）计算机中显示的人体运动数据

图 10-23 数据、三维图像与视频图像同步显示

该系统主要用于人体工程学、体育动作技术分析、运动医学、伤病研究和康复、工业研究以及模拟和三维动画制作等。

10.3.2 眼动跟踪技术

视线追踪的基本工作原理就是利用图像处理技术，使用能锁定眼睛的特殊摄像机，通过摄入从人的眼角膜和瞳孔反射的红外线连续地记录视线变化，得到视线变化数据，诸如注视点、注视时间和次数、眼跳距离、瞳孔大小等数据，从而达到记录分析视线追踪过程的目的。20 世纪 60 年代以来，随着摄像技术、红外技术和微电

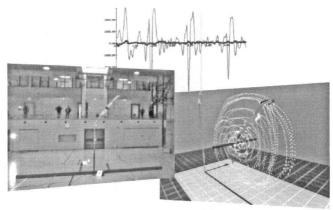

（a）人体动作　　　　（b）计算机中显示人体各部位轨迹

图 10-24 对单杠动作的采集与分析

子技术的飞速发展，特别是计算机技术的运用，推动了高精度眼动仪的研发，极大地促进了眼动研究在国际心理学及相关学科中的应用。眼动的时空特征是视觉信息提取过程中的生理和行为表现，它与人的心理活动有着直接或间接的关系，这也是许多心理学家、科研人员致力于眼动研究的原因所在。

眼动仪通过亮瞳孔技术、瞳孔—角膜反射原理，应用特制的红外摄像头捕捉眼球的运动，并分析眼球运动轨迹和注视时间。常用的眼动跟踪系统有头戴式眼动系统、遥测式眼动系统、头部跟踪系统。

1. 头戴式眼动系统

按速度划分眼动系统，可分为标准型眼动与高速眼动，再与单双目搭配，形成单目标准型、单目高速型与双目高速型眼动系统（见图 10 - 25 和图 10 - 26）。

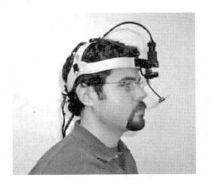
图 10 - 25　单目高速型眼动系统

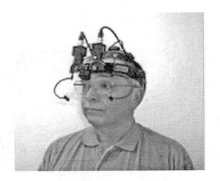
图 10 - 26　双目高速型眼动系统

还可以将微型眼动光学模块集成到虚拟现实（VR）头戴式显示器（HMD）里面。集成光学模块是虚拟现实头盔最理想的应用产品，它可以轻易地装进任何合适的设备里，在这里直接使用电脑作为刺激设备，不再使用场景摄像头（见图 10 - 27）。

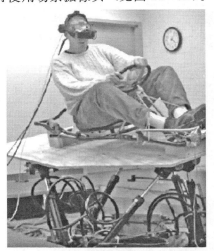

图 10 - 27　汽车驾驶模拟测试

2. 遥测式眼动系统

遥测眼动系统不需要被试者戴任何东西，只需坐在镜头前一米左右处，观看放在镜头上方的视频监视器所播放的画面（见图10-28和图10-29）。该系统的镜头可以快速、准确地跟踪被试者的眼睛，并记录下眼球运动轨迹。适用于阅读分析、网页设计等，尤其适用于儿童。它用于所提供的刺激物限于单一平面（如计算机或视频监视器），且被试者不希望用头戴式光学系统的场合。另外，遥测高速固定式眼动系统适合在受试者头部固定的情况下使用（见图10-30）。

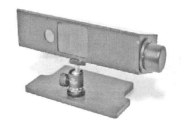  

图10-28　遥测式眼动系统光学模块　　图10-29　测试场景图　　图10-30　遥测高速固定式眼动系统

3. 头部跟踪系统

在对眼动跟踪进行测试的时候，若添加一个头部跟踪系统（Head Tracker），会使眼动跟踪仪器的功能大大地增强。头部跟踪系统可以跟踪头部位置，使受试者在头部运动时仍然知道在注视哪一点（见图10-31）。

图10-31　头部跟踪系统的应用

图10-32是测试驾驶员在驾驶时眼动规律。该设备使用头部跟踪可以通过一个稳定场景摄像头将凝视点光标指针准确的叠加在场景上，这样，可以比头部固定摄像头取得更好的图像，并且不用戴在头上，以便于为受试者提供更大的自由度以及头戴其他设备的可能性。

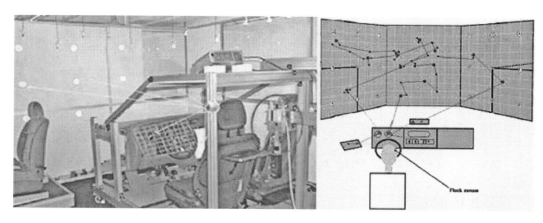

图10-32　汽车驾驶眼动测试

图 10-33 和图 10-34 是孤独症的诊断案例。图 10-34 显示在两人进行交谈时，患有孤独症的人的眼睛会到处看，精神不集中。

图 10-33　正常人

图 10-34　孤独症患者

10.3.3　脑电事件相关电位（EEG/ERP）分析系统

人类一直希望揭开大脑心理活动的秘密，但限于以往的技术水平，科学家对大脑活动的生理学研究一直无法深入。近年来，随着脑电波（EEG）提取技术的进步，人们将心理活动产生的微弱的脑电信号通过计算机叠加技术，从自发脑电中提取出来，这样的信号被称为事件相关脑电位（ERP），它是刺激事件（包括视觉、听觉、体感等物理刺激及心理因素）在大脑中引起相应心理反应的真实客观的反映。

脑电事件相关电位（EEG/ERP）分析系统主要由脑电放大器、脑电记录分析软件和电极帽 3 大部分组成。其工作原理是首先通过电极帽采集大脑脑电波，微弱的脑电信号经过放大后送入计算机，然后通过数据分析软件进行数据分析，最后通过成像软件呈现出来（见图 10-35）。该系统主要用于研究心理活动的脑机制和生理基础，通过提取人对特定刺激所产生的脑电变化，研究人脑的心理功能，如感知觉、注意、记忆、思维以及其他复杂的心理活动，在认知心理学、人机工程学、运动医学、精神病学等领域应用较多。

脑电事件相关电位（EEG/ERP）分析系统试验方法是首先给被试者带上电极帽，对电极空注射导电膏，并固定电极帽（见图 10-36），然后将被试者带入屏蔽室，坐在显示器前。将电极帽的导线接到信号接入盒上，关上屏蔽室门，将提前制作好刺激材料通过屏蔽室里的显示器呈现给被试者，同时记录计算机对采集来的脑电信号进行记录。刺激材料播放完毕后，进行数据分析（见图 10-37）。

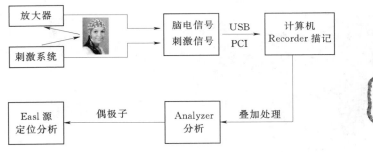

图 10-35　ERP 数据采集分析过程

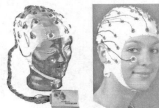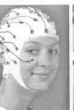

图 10-36　电极帽及导电膏的注入

10.3.4　行为分析系统

人的行为观察和分析不能在孤立的、单纯的环境下进行，因为人的活动受外界环境和内在生理因素的影响，尤其是人在人体状况不好和不同的物理环境的情况下，人的运动和动作更是有明显的不

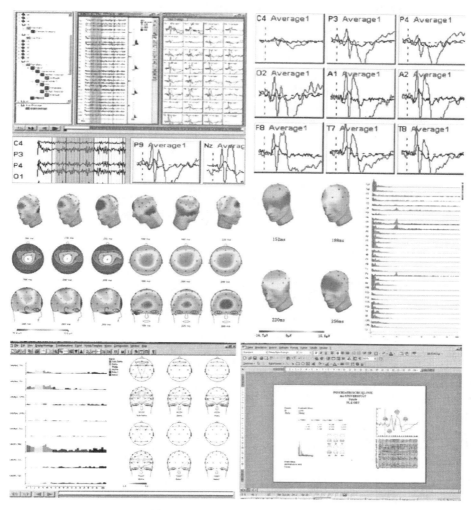

图 10-37　脑电分析软件的功能

同。人在特定环境下的动作以及生理信号系统的观察是研究行为的基本方法。行为学研究的基本技术是记录在何环境下谁在什么时候做了什么？可能还需要记录这些行为在哪里发生和谁发生的？行为观察分析系统是记录和分析行为的工具，使研究模式由单纯的记录行为转向通过多种系统和数据进行记录和分析。

1. Captiv-L3000 行为观察与作业环境分析系统

Captiv 行为观察分析与作业环境分析系统是研究人类在各种复杂的物理环境（如环境温度、湿度、噪声、照明等）和脑电、心电、眼电、心率、皮电、皮温、血流量等各种人体生理状况条件下行为动作的观察和分析工具，它可用来记录分析被研究对象的动作、姿势、运动、位置、力量、角度、人体震动状态、步数、压力（手指、手掌、脚底），以及表情、情绪、社会交往等人机交互等各种活动；记录被研究对象在物理环境下和自身生理条件下各种行为发生的时刻、发生的次数和持续的时间，然后进行统计处理，得到分析报告。

其工作原理是首先将被研究对象的行为进行编码然后回放录像，通过观看录像并将录像中记录的行为分类，按编码输入计算机，从而得到按时间顺序排列的行为列表，输入过程中可以进行编码修改（见图 10-38）。软件通过编码识别各种行为后，进行分类整理统计分析从而得到行为报告。

采用摄录机监视器以保证记录的行为时间没有延迟，过程不会遗漏。记录的行为事件与图像一一对应，研究人员关心某一时刻发生的某种行为时可以立即得到行为发生时的图像资料（见图10-39）。随后进行数据分析（见图 10-40 和图 10-41）。

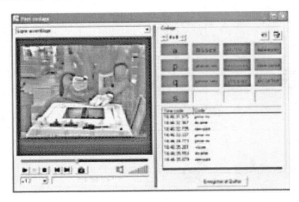

图 10-38　记录的行为分类按编码

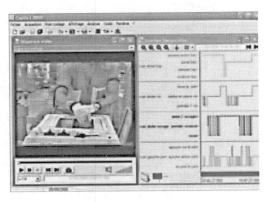

图 10-39　图像和事件一一对应

图 10-40　动作、事件的时间显示

2. MVTA™ 行为及人机工效学任务分析系统

MVTA™（Multimedia Video Task Analysis™）行为及工效学任务分析系统是一个基于影片分析的动作-时间研究和工效学分析系统（见图 10-42）。

MVTA™系统通过摄像头获得视频图像，传送给计算机，用户可在专业 MVTA 软件中能够用设置影片记录断点的方法进行动作识别（识别活动的开始和结束），对其动作进行定义和时间划分，影片可以以任意的速度和次序来进行记录和分析（实时、快/慢速、逐帧播放），研究行为观察、要素分析、事件分析、姿势分析、任务分析、微动分析、双手操作分析、细节工作分析、时间与动作研究、工作抽样、风险因素识别、量化作业重复度和持续时间等。最后给出目标动作的时间或频率的研究报告。

该系统可进行任务分析（Main Task Analysis Window）、经典的等级分析、非等级分析，如双手操作分析和团队合作分析、数据分析（Main Data Analysis Window）、视频图像文件控制等。图 10-43

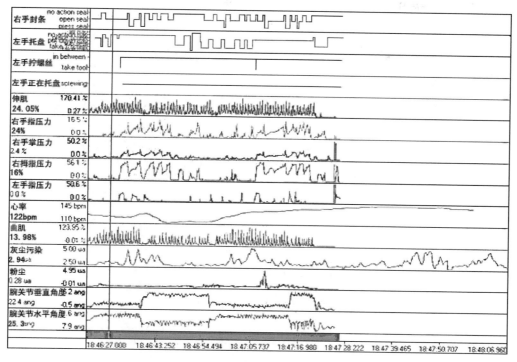

图 10-41 动作和肌肉、心率、手指压力、粉尘、灰尘污染、关节角度等同时分析

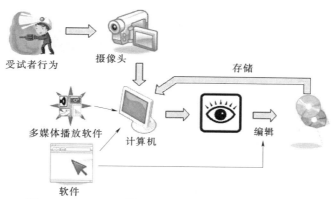

图 10-42 MVTA™行为及人机工效学任务分析系统

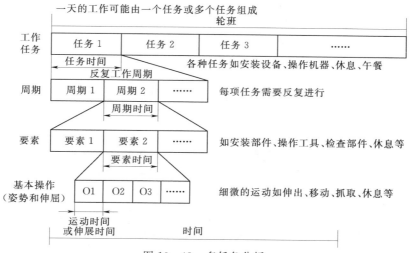

图 10-43 多任务分析

是对工人的任务进行分析树状图解。

在对动作录像后进行行为分析和数据处理（见图 10 - 44），分析完成后，可输出分析报告，包括时间研究（统计学）、频率（统计学）、实际断点时间、实际持续时间等内容（见图 10 - 45）。

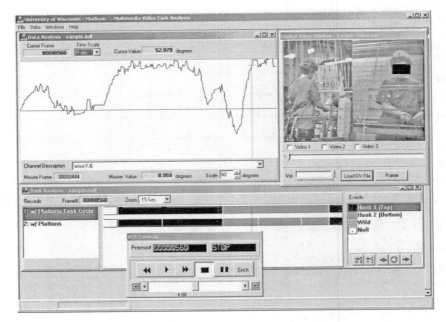

图 10 - 44　数据分析、任务分析和视频图像文件控制

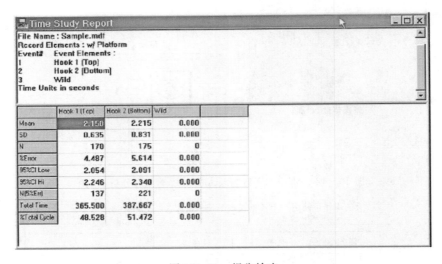

图 10 - 45　报告输出

本章学习要点

本章主要从计算机辅助人机工程和现代人机分析技术设备的角度介绍人机工程设计的研究进展，本章的学习需要读者查阅相关的技术文献，通过本章学习应该了解以下要点。

（1）国内外人机工程学主要研究方向。

（2）目前采用计算机辅助人机分析的研究方向以及具体的研究方法和相关结论。

（3）人工智能技术和方法，特别是在人机工程方面的应用。

（4）虚拟人技术发展现状。

（5）国内外人机分析软件的特点和功能，特别注意国外软件设备中国人体尺寸，在具体应用时需要根据国标建立中国人体模型。

（6）目前比较先进的人机分析设备的功能，以便在今后有条件的情况下采用先进工具进行深入的科学研究。

思考题

（1）了解目前国内外人机工程学发展状况对设计人员和研究人员有何意义？

（2）自己对感兴趣的课题收集资料，作进一步的深入分析，对某一感兴趣的问题参照正式出版刊物的版面格式撰写综述论文。

（3）查阅有关资料，试分析说明计算机辅助人机设计在工业设计中的作用。

（4）如何理解人机界面和交互设计之间的关系？

（5）查阅有关资料，针对老年人或儿童设计一款交互式产品。

（6）运用通用性设计原则，对生活中某一产品进行通用化改进。

（7）对门的开启方式进行分析研究，并完成一款设计。

（8）查阅资料针对某一产品的使用规划参与式人机工程设计过程。

（9）调查并分析星巴克咖啡是如何从环境设计、产品设计、服务等方面对客户提供独特消费体验的？

附　录

附录 A　部分人机工程学国家技术标准

GB/T 16251—1996　工作系统设计的人类工效学原则（等效于 ISO 6385：1981）

GB/T 5703—1999　用于技术设计的人体测量基础项目（等效于 ISO 7250：1996）

GB/T 5704.1—5704.4—1985　人体测量仪器

GB/T 10000—1988　中国成年人人体尺寸

GB/T 12985—1991　在产品设计中应用人体尺寸百分位数的通则

GB/T 13547—1992　工作空间人体尺寸

GB/T 14776—1993　工作岗位尺寸设计原则及其数值

GB/T 16252—1996　成年人手部号型

GB/T 2428—1998　成年人头面部尺寸

GB/T 17245—1998　成年人人体质心

GB/T 14775—1993　操纵器一般人类工效学要求

GB/T 14774—1993　工作座椅一般人类工效学要求

GB/T 3976—1983　学校课桌椅功能尺寸

GB/T 15759—1995　人体模板设计和使用要求

GB/T 14779—1993　坐姿人体模板功能设计要求

GB/T 15241—1994　人类工效学与心理负荷相关的术语

GB/T 15241.2—1999　与心理负荷相关的工效学原则　第 2 部分：设计原则（等同于 ISO 10075—2：1996）

GB/T 12330—1990　体力搬运重量限值

GB/T 5697—1985　人类工效学照明术语

GB/T 13379—1992　视觉工效学原则　室内工作系统照明

GB/T 12984—1991　人类工效学　视觉信息作业基本术语

GB/T 1245—1990　视觉环境评价方法

GB/T 8417—1987　灯光信号颜色

GB/T 1251.2—1996　人类工效学　险情视觉信号一般要求　设计和检验

GB/T 1251.3—1996　人类工效学　险情和非险情声光信号体系

GB/T 1251.1—1989　工作场所的险情信号　险情听觉信号

GB/T 18978.1—2003　使用视觉显示终端（VDTS）办公的人类工效学要求第一部分：概述

GB/T 5701—1985　室内空调至湿温度

GB/T 934—1989　高温作业环境气象条件测定方法

GB/T 18049—2000　中等热环境 PMV 和 PPD 指数的测定及热舒适条件的规定

GB/T 18977—2003　热环境人类工效学　使用主观判定量表评价热环境的影响

GB/T 17244—1998　热环境　根据 WBGT 指数（湿球黑球温度）对作业人员热负荷的评价

GB/T 18048—2000　人类工效学　代谢产热量的测定

GB/T 13441—1992　人体全身振动环境的测量规范

GB/T 13442—1992　人体全身振动暴露的舒适性降低界限和评价准则

GB/T 15619—1995　人体机械振动与冲击术语

GB/T 16440—1996　振动与冲击　人体的机械驱动点阻抗

GB/T 16441—1996　振动与冲击　人体 z 轴向的机械传递率

GB/T 19368—2001　卧姿人体全身振动舒适性的评价

GB/T 14777—1993　几何定向及运动方向

GB/T 18717.1—2002　用于机械安全的人类工效学设计　第 1 部分：全身进入机械的开口尺寸确定原则

GB/T 18717.2—2002　用于机械安全的人类工效学设计　第 2 部分：人体局部进入机械的开口尺寸确定原则

GB/T 18717.3—2002　用于机械安全的人类工效学设计　第 3 部分：人体测量数据

GB/T 3326—1997　家具　桌、椅、凳类主要尺寸

GB/T 3327—1997　家具　柜类主要尺寸

GB/T 3328—1997　家具　床类主要尺寸

GB/T 15705—1995　载货汽车驾驶员操作位置尺寸

GB/T 13053—1991　客车驾驶区尺寸

GB/T 6235—1997　农业拖拉机驾驶座及主要操纵装置尺寸

GB/T 12265.1—1997　机械安全　防止上肢触及危险区的安全距离（ISO/DIS 13852）

GB 12265.2—2000　机械安全　防止下肢触及危险区的安全距离（ISO/DIS 13853）

GB 12265.3—1997　机械安全　避免人体各部位挤压的最小间距（ISO/DIS 13854）

GB 18209.1—2000　机械安全　指示、标志和操作　第 1 部分：关于视觉、听觉和触觉信号的要求（等同于 IEC 61310—1：1995）

GB/T 16902.1—1997　图形符号表示规则　设备用图形符号　第 1 部分：图形符号的形成（等效于 ISO 3451—1：1998）

GB/T 16901.1—1997　图形符号表示规则　技术文件用图形符号　第 1 部分：基本规则（等效于 ISO/IEC 11714—4：1996）

附录 B GB/T 10000—1988 中部分常用人体尺寸数据

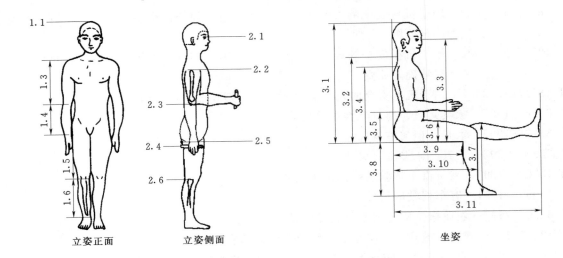

立姿正面　　　　　立姿侧面　　　　　　坐姿

附表 B.1 　　　　　　　　　　　　　　**人 体 主 要 尺 寸** 　　　　　　　　　　　单位：mm

年龄分组 百分位数 P 测量项目	男（18～60岁）							女（18～55岁）						
	1	5	10	50	90	95	99	1	5	10	50	90	95	99
1.1 身高/mm	1543	1583	1604	1678	1754	1775	1814	1449	1484	1503	1570	1640	1659	1697
1.2 体重/kg	44	48	50	69	71	75	83	39	42	44	52	63	66	74
1.3 上臂长/mm	279	289	294	313	333	338	349	252	262	267	284	303	308	319
1.4 前臂长/mm	206	216	220	237	253	258	268	185	193	198	213	229	234	242
1.5 大腿长/mm	413	428	436	465	496	505	523	387	402	410	438	467	476	494
1.6 小腿长/mm	324	338	344	369	396	403	419	300	313	319	344	370	376	390

附表 B.2 　　　　　　　　　　　　　　**立 姿 人 体 尺 寸** 　　　　　　　　　　　单位：mm

年龄分组 百分位数 P 测量项目	男（18～60岁）							女（18～55岁）						
	1	5	10	50	90	95	99	1	5	10	50	90	95	99
2.1 眼高	1436	1474	1495	1568	1643	1664	1705	1337	1371	1388	1454	1522	1541	1579
2.2 肩高	1244	1281	1299	1367	1437	1455	1494	1166	1195	1211	1271	1333	1350	1385
2.3 肘高	925	954	968	1024	1079	1096	1128	873	899	913	960	1009	1023	1050
2.4 手功能高	656	680	693	741	787	801	828	630	650	662	704	746	757	778
2.5 会阴高	701	728	741	790	840	856	887	648	673	686	732	779	792	819
2.6 胫骨点高	394	409	417	444	472	481	498	363	377	384	410	437	444	459

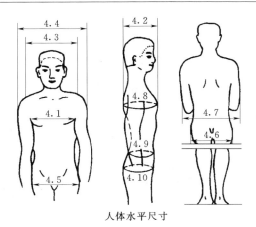

人体水平尺寸

附表 B.3　　　　　　　　　　　　　　**坐 姿 人 体 尺 寸**　　　　　　　　　　　　単位：mm

测量项目	男（18～60岁）							女（18～55岁）						
百分位数 P	1	5	10	50	90	95	99	1	5	10	50	90	95	99
3.1 坐高	836	858	870	908	947	958	970	789	809	819	855	891	901	920
3.2 坐姿颈椎点高	599	615	621	667	691	701	710	563	579	587	617	618	657	675
3.3 坐姿眼高	729	749	761	798	836	847	868	678	695	701	739	773	783	803
3.4 坐姿肩高	539	557	566	598	631	641	659	504	518	526	556	586	594	609
3.5 坐姿肘高	214	228	235	263	291	298	312	201	215	223	257	277	284	299
3.6 坐姿大腿厚	101	112	116	130	146	151	160	107	113	117	130	146	151	160
3.7 坐姿膝高	441	456	461	493	523	532	549	410	424	431	458	485	493	507
3.8 小腿加足高	372	383	389	413	439	448	463	331	342	350	382	399	405	417
3.9 坐深	407	421	429	457	486	494	510	388	401	408	433	461	469	485
3.10 臀膝距	499	515	524	554	585	595	613	481	497	502	529	561	570	587
3.11 坐姿下肢长	892	921	937	992	1046	1063	1096	826	851	865	912	930	975	1005

附表 B.4　　　　　　　　　　　　　　**人 体 水 平 尺 寸**　　　　　　　　　　　　単位：mm

测量项目	男（18～60岁）							女（18～55岁）						
百分位数 P	1	5	10	50	90	95	99	1	5	10	50	90	95	99
4.1 胸宽	242	253	269	280	307	315	331	219	233	239	260	289	299	319
4.2 胸厚	176	186	191	212	237	245	261	159	170	176	199	230	239	260
4.3 肩宽	330	344	351	375	397	403	415	301	320	328	351	371	377	387
4.4 最大肩宽	383	398	405	431	460	469	486	347	363	371	397	428	438	458
4.5 臀宽	273	282	288	306	327	334	346	275	290	296	317	340	346	360
4.6 坐姿臀宽	284	295	300	321	347	355	369	295	310	318	344	374	382	400
4.7 坐姿两肘间宽	353	371	381	422	473	489	518	325	348	360	404	460	478	509
4.8 胸围	762	791	806	867	944	970	1018	717	745	760	825	919	949	1005
4.9 腰围	620	650	665	735	859	895	960	622	650	680	772	904	950	1025
4.10 臀围	780	805	820	875	948	970	1009	795	824	840	900	975	1000	1044

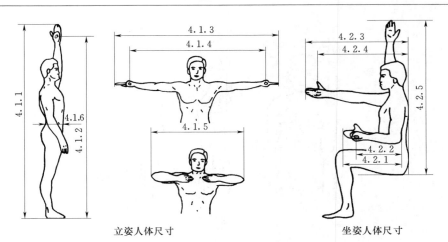

立姿人体尺寸　　　　　　　坐姿人体尺寸

附表 B.4.1　　　　　立姿人体尺寸表（结合左上图）　　　　单位：mm

年龄分组 百分位数 P 测量项目	男（18～60 岁）							女（18～55 岁）						
	1	5	10	50	90	95	99	1	5	10	50	90	95	99
4.1.1 中指指尖点上举高	1913	1971	2002	2108	2214	2245	2309	1798	1845	1870	1968	2063	2089	2143
4.1.2 双臂功能上举高	1815	1869	1899	2003	1108	2138	2203	1696	1741	1766	1860	1952	1976	2030
4.1.3 两臂展开宽	1528	1579	1605	1691	1776	1802	1849	1414	1457	1479	1559	1637	1659	1701
4.1.4 两臂功能展开宽	1325	1374	1398	1483	1568	1593	1640	1206	1248	1269	1344	1418	1438	1480
4.1.5 两肘展开宽	791	816	828	875	921	936	966	733	756	770	811	856	869	892
4.1.6 立腹厚	149	160	166	192	227	237	262	139	151	158	186	226	238	258

附表 B.4.2　　　　　坐姿人体尺寸表（结合右上图）　　　　单位：mm

年龄分组 百分位数 P 测量项目	男（18～60 岁）							女（18～55 岁）						
	1	5	10	50	90	95	99	1	5	10	50	90	95	99
4.2.1 前臂加手前伸长	402	416	422	447	471	478	492	368	383	390	413	435	442	454
4.2.2 前臂加手功能前伸	295	310	318	343	369	376	391	262	277	283	306	327	333	346
4.2.3 上肢前伸长	755	777	789	834	879	892	918	690	712	724	764	805	818	841
4.2.4 上肢功能前伸长	650	673	685	730	776	789	816	586	607	619	657	696	707	729
4.2.5 坐姿中指指尖点上举高	1210	1249	1270	1339	1407	1426	1467	1142	1173	1190	1251	1311	1328	1361

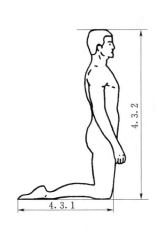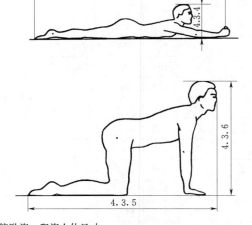

跪姿、俯卧姿、爬姿人休尺寸

附表 B.4.3　　　　　　　　跪姿、俯卧姿、爬姿人体尺寸表（结合上图）　　　　　单位：mm

测量项目	男（18～60岁）						
百分位数P	1	5	10	50	90	95	99
4.3.1 跪姿体长	577	592	599	626	654	661	675
4.3.2 跪姿体高	1161	1190	1206	1260	1315	1330	1359
4.3.3 俯卧姿体长	1946	2000	2028	2127	2229	2257	2310
4.3.4 俯卧姿体高	361	364	366	372	380	383	389
4.3.5 爬姿体长	1218	1247	1262	1315	1369	1384	1412
4.3.6 爬姿体高	745	761	769	798	828	836	851

测量项目	女（18～55岁）						
百分位数P	1	5	10	50	90	95	99
4.3.1 跪姿体长	544	557	564	589	615	622	636
4.3.2 跪姿体高	1113	1137	1150	1196	1244	1258	1284
4.3.3 俯卧姿体长	1820	1867	1892	1982	2076	2102	2153
4.3.4 俯卧姿体高	355	359	361	369	381	384	392
4.3.5 爬姿体长	1161	1183	1195	1239	1284	1296	1321
4.3.6 爬姿体高	677	694	704	738	773	783	802

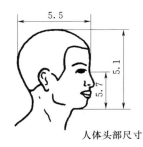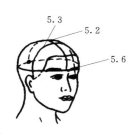

人体头部尺寸

附表 B.5　　　　　　　　　　　　人 体 头 部 尺 寸　　　　　　　　　　　单位：mm

测量项目	男（18～60岁）							女（18～55岁）						
百分位数P	1	5	10	50	90	95	99	1	5	10	50	90	95	99
5.1 头全高	199	206	210	223	237	241	249	193	200	203	216	228	232	239
5.2 头矢状弧	314	324	329	350	370	375	384	300	310	313	329	344	349	358
5.3 头冠状弧	330	338	344	361	378	383	392	318	327	332	348	366	372	381
5.4 头最大宽	141	145	146	154	162	164	168	137	141	143	149	156	158	162
5.5 头最大长	168	173	175	184	192	195	200	161	165	167	176	184	187	191
5.6 头围	525	536	541	560	580	586	597	510	520	525	546	567	573	585
5.7 形态面长	104	109	111	119	128	130	135	97	100	102	109	117	119	123

255

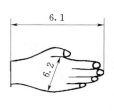

人体手部尺寸　　　　　　　　　　　　人体足部尺寸

附表 B.6　　　　　　　　　人 体 手 部 尺 寸　　　　　　单位：mm

年龄分组 百分位数 P 测量项目	男（18～60岁）							女（18～55岁）						
	1	5	10	50	90	95	99	1	5	10	50	90	95	99
6.1 手长	164	170	173	183	193	196	202	154	159	161	171	180	183	189
6.2 手宽	73	76	77	82	87	89	91	67	70	71	76	80	82	84
6.3 食指长	60	63	64	69	74	76	79	57	60	61	66	71	72	76
6.4 食指近位指关节宽	17	18	18	19	20	21	21	15	16	16	17	18	19	20
6.5 食指远位指关节宽	14	15	15	16	17	18	19	13	14	14	15	16	16	17

附表 B.7　　　　　　　　　人 体 足 部 尺 寸　　　　　　单位：mm

年龄分组 百分位数 P 测量项目	男（18～60岁）							女（18～55岁）						
	1	5	10	50	90	95	99	1	5	10	50	90	95	99
7.1 足长	223	230	234	247	260	264	272	208	213	217	229	241	244	251
7.2 足宽	86	88	90	96	102	103	107	78	81	83	88	93	95	98

附表 B.8　　　　　　男子、女子手部控制部位尺寸的回归方程　　　　　单位：mm

控制部位项目	男子	女子	控制部位项目	男子	女子
	回归方程	回归方程		回归方程	回归方程
掌长	$Y=7.89+0.53X_1$	$Y=3.20+0.55X_1$	食指近位指关节宽	$Y=6.89+0.14X_2$	$Y=12.80+0.05X_2$
虎口食指叉距	$Y=4.92+0.21X_1$	$Y=3.66+0.20X_1$	中指近位指关节宽	$Y=8.65+0.12X_2$	$Y=12.01+0.06X_2$
拇指长	$Y=-4.96+0.32X_1$	$Y=-2.79+0.32X_1$	无名指近位指关节宽	$Y=6.88+0.13X_2$	$Y=11.09+0.05X_2$
食指长	$Y=-0.85+0.38X_1$	$Y=-0.25+0.38X_1$	小指近位指关节宽	$Y=6.96+0.10X_2$	$Y=10.38+0.04X_2$
中指长	$Y=-5.04+0.44X_1$	$Y=-3.52+0.44X_1$	掌围	$Y=29.30+2.12X_2$	$Y=122.68+0.81X_2$
无名指长	$Y=-6.19+0.42X_1$	$Y=-4.81+0.42X_1$	拇指关节围	$Y=26.01+0.48X_2$	$Y=40.08+0.25X_2$
小指长	$Y=5.02+0.28X_1$	$Y=-11.12+0.37X_1$	食指近位指关节围	$Y=22.58+0.49X_2$	$Y=40.82+0.21X_2$
尺侧半掌宽	$Y=10.10+0.37X_2$	$Y=34.67+0.02X_2$	中指近位指关节围	$Y=23.72+0.50X_2$	$Y=41.11+0.22X_2$
大鱼际宽	$Y=10.64+0.59X_2$	$Y=34.32+0.23X_2$	无名指近位指关节围	$Y=21.92+0.46X_2$	$Y=36.79+0.22X_2$
掌厚	$Y=6.51+0.27X_2$	$Y=9.23+0.21X_2$	小指近位指关节围	$Y=17.63+0.43X_2$	$Y=34.36+0.17X_2$

注　1. X_1 为手长，X_2 为手宽，Y 为各对应项目的尺寸。

　　2. 表中 20 个手部控制部位尺寸项目的图示和测量方法说明，可查阅 GB/T 16252—1996。

附表 B. 9　　　　　　　　　　　**坐姿下 P_5 男子右手伸及域**　　　　角度单位：（°）；长度单位：in

右手伸及距离 偏左 L 或偏右 R 的角度	平面高度 自座椅参考点（SRP）算起的平面高度							
	10	15	20	25	30	35	40	45
L165								10.50
L150								8.75
L135								7.75
L120						10.75	11.25	7.50
L105						12.25	11.75	7.25
L90						13.75	12.25	7.25
L75						15.00	12.50	7.50
L60		17.50	18.25	17.25	16.00	13.25	7.75	
L45		19.00	19.50	20.00	19.00	17.25	14.00	8.50
L30		21.75	21.50	22.50	21.50	19.25	15.50	9.50
L15		23.25	23.50	24.00	23.75	21.00	17.00	11.00
0		24.75	25.50	26.25	25.50	22.25	19.00	12.75
R15		26.50	28.00	28.25	27.25	24.75	21.00	15.50
R30	27.00	28.50	30.00	30.25	29.00	26.75	22.75	17.50
R45	28.25	30.00	31.00	31.00	30.25	28.25	24.75	19.00
R60	29.00	31.00	32.00	31.50	31.00	29.00	25.50	20.50
R75	29.25	31.50	32.25	32.00	31.25	29.50	26.00	20.50
R90	29.25	31.00	32.25	32.25	31.25	29.75	26.25	21.00
R105	28.75	30.75	31.75	31.50	31.00	29.75	26.75	21.50
R120	27.75	29.50	30.50	30.50	30.25	29.00	26.25	21.25
R135	26.25							20.00

附表 B. 10　　　　　　　　　　　**坐姿人体模板关节调整角度**

身体关节	调节范围					
	侧视图		俯视图		正视图	
S_1，D_1，V_1 腕关节	α1	140°～200°	β1	140°～200°	γ1	140°～200°
S_2，D_2，V_2 肘关节	α2	60°～180°	β2	60°～180°	γ2	60°～180°
S_3，D_3，V_3 头/颈关节	α3	130°～225°	β3	55°～125°	γ3	155°～205°
S_4，D_4，V_4 肩关节	α4	0°～135°	β4	0°～110°	γ4	0°～120°
S_5，D_5，V_5 腰关节	α5	168°～195°	β5	50°～130°	γ5	155°～205°
S_6，D_6，V_6 髋关节	α6	65°～120°	β6	86°～115°	γ6	75°～120°
S_7，D_7 膝关节	α7	75°～180°	β7	90°～104°	γ7	—
S_8，D_8，V_8 踝关节	α8	70°～125°	β8	90°	γ8	165°～200°

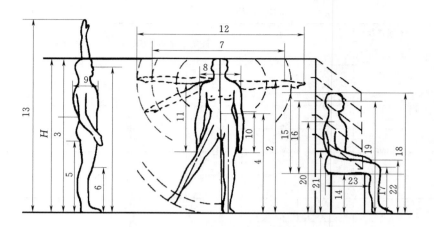

附表 B.11　　　　　　　　　世界人体尺寸与身高的近似比例关系

序号	名　　称	立　　姿			
		男		女	
		亚洲人	欧洲人	亚洲人	欧洲人
1	眼高	0.933H	0.937H	0.933H	0.937H
2	肩高	0.844H	0.833H	0.844H	0.833H
3	肘高	0.600H	0.625H	0.600H	0.625H
4	脐高	0.600H	0.625H	0.600H	0.625H
5	臂高	0.467H	0.458H	0.467H	0.458H
6	膝高	0.267H	0.313H	0.267H	0.313H
7	腕—腕距	0.800H	0.813H	0.800H	0.813H
8	肩—肩距	0.222H	0.250H	0.213H	0.200H
9	胸深	0.178H	0.167H	0.133～0.177H	0.125～0.166H
10	前臂长（包括手）	0.267H	0.250H	0.267H	0.250H
11	肩—指距	0.467H	0.438H	0.467H	0.438H
12	双手展宽	1.000H	1.000H	1.000H	1.000H
13	手举起最高点	1.278H	1.259H	1.278H	1.250H
14	座高	0.222H	0.250H	0.222H	0.250H
15	头顶—座距	0.533H	0.531H	0.533H	0.531H
16	眼—座距	0.467H	0.458H	0.467H	0.458H
17	膝高	0.267H	0.292H	0.267H	0.292H
18	头顶高	0.733H	0.781H	0.733H	0.781H
19	眼高	0.700H	0.708H	0.700H	0.708H
20	肩高	0.567H	0.583H	0.567H	0.583H
21	肘高	0.356H	0.406H	0.356H	0.406H
22	腿高	0.300H	0.333H	0.300H	0.333H
23	座深	0.267H	0.750H	0.267H	0.275H

注　H 为人体身高。

附录 C 操纵元件有关数据

附表 C.1   常用操纵器的适用范围

操纵运动	操纵器名称	操作方式	要求的控制或调节工况											
			两个工位	多于两个工位	无级调节	操纵器保持在某个工位	某一工位的快速调整	某一工位的准确调整	占空间少	单手同时操纵若干个操纵器	位置可见	位置可及	阻止无意识操作	操纵器可固定
转动	曲柄	手抓、握	○	○	★	★					○	○		○
	手轮	手抓、握	○	★	★	★	○	★						★
	旋塞	手抓	★	★	★	★	○	★	○		★	○	○	○
	旋钮	手抓	★	★	★		○	★	★		○		○	
	钥匙	手抓	★	○			★		○		★		○	
摆动	开关杆	手抓	★	★	○		★					★	★	
	调节杆	手握	★	★	★	★		○				★	★	○
	杠杆电键	手触、抓	★			○	★			★			○	
	拨动式开关	手触、抓	★	○			★	★	★	★	★		★	
	摆动式开关	手触	★				★						○	
	脚踏板	全脚踏上	★	○	★	★		★						○
按压	按钮	手触或脚踏	★				★	★	★	★			○	
	按键	手触或脚踏	★			★		★	★	★	★		○	
	键盘	手触	★				★		★	★			○	
	钢丝脱扣器	手触	★		○	○				★			★	
滑动	手阀	手触或抓捏	★	★	★	★	★	○		○	★	★		○
	指拨滑块（形状决定）	手触或手抓	★	★	★	★	★	○	○	○	★	★		
	指拨滑块（摩擦决定）	手触	★				○	○	★		★		○	
牵拉	拉环	手握	★	○	○	★	★	○			★			★
	拉手	手握	★								★	○	○	○
	拉圈	手触、抓	★	○	○		★				★	○	○	
	拉钮	手抓	★	○	○	○					★	○	○	

注 1. ★表示"很适用"；○表示"适用"；空格表示"不适用"。

  2. 在适合性判断中，凡列为"适用"或"不适用"的操纵器，若结构设计适当，且又不可能使用其他形式的操纵器的情况下，则可视为"很适用"或"适用"，这对"阻止无意识操作"情况下，尤其如此。

  3. 对"某一工位的快速调整"情况下的适用性判断，考虑了接触时间。

附表 C.2   按钮按键尺寸（摘自 GB/T 14775—1993）

操纵器及操作方式	基本尺寸/mm		操纵力 /N	工作行程 /mm
	直径 d（圆形）	边长 $a \times b$（矩形）		
按钮　用食指按压	3～5	10×5	1～8	<2
	10	12×7		2～3
	12	18×8		3～5
	15	20×12		4～6
按钮　用拇指按压	18～30		8～35	3～8
按钮　用手掌按压	50		10～50	5～10

注 戴手套用食指操作的按钮最小直径为18mm。

259

附表 C.3　　　　　　**常见旋钮尺寸和操作力矩（摘自 GB/T 14775—1993）**

操纵方式	直径 D/mm	厚度 H/mm	操作力矩/(N·m)
捏握和连续调节	10～100	12～25	0.02～0.5
指握和断续调节	35～75	≥15	0.2～0.7

附表 C.4　　　　　　　　**手轮尺寸（摘自 GB/T 14775—1993）**　　　　　　　单位：mm

操纵器	操纵方式	手轮直径（优选值）	轮缘直径（优选值）	手柄尺寸（优选值）	
				直径	长度
手轮	双手扶轮缘	320～400	25～30		
手轮	单手扶轮缘	70～80	15～30		
带柄手轮	手握手柄	200～320		15～35	100～120
带柄手轮	手指捏握	75～100		12～18	45～50

附表 C.5　　　　　　　　**手轮的操纵力（摘自 GB/T 14775—1993）**　　　　　　　单位：N

操纵方式	每班操纵次数					微调或快速转动时
	＞960	960～241	240～17	16～15	＜5	
	最大作用力					
主要用手或手指	—	—	—	—	—	10
主要用手及前臂	5	10	20	30	60	20
单手臂（肩、前臂、手）	10	20	40	40	150	40
双手臂	40	50	80	80	200	—

注　1. 对精细调节，为增强手感，最小阻力为 9～20N。

　　　2. 管道阀门在开启（或关闭）的瞬间，施于手轮上最大作用力允许达 450N。

附录 D 学生公寓推荐尺寸

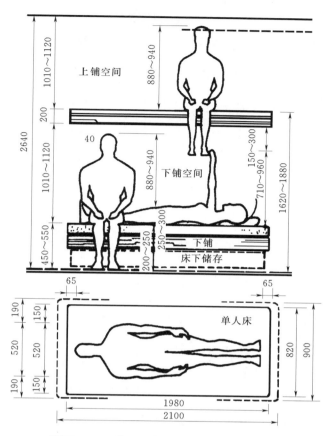

附图 D-1 学生用高低床铺最大尺寸参考值

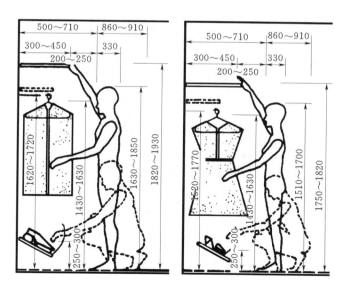

附图 D-2 学生用衣柜尺寸参考值

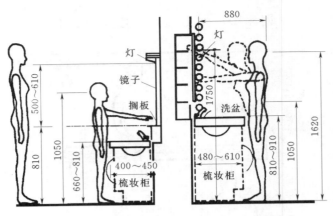

附图 D-3　女生或少女用洗漱间尺寸参考值

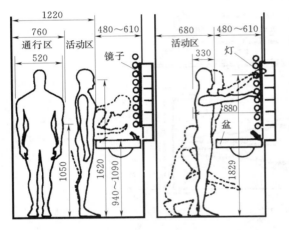

附图 D-4　男生用洗漱间尺寸参考值

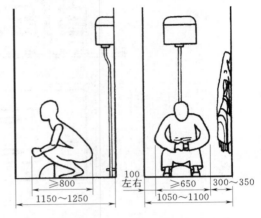

附图 D-5　学生用卫生间尺寸参考值

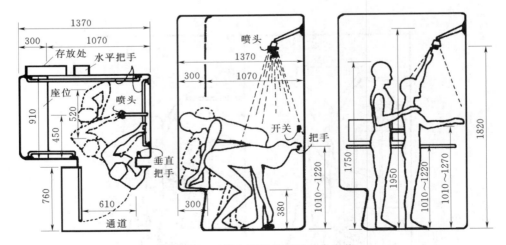

附图 D-6　学生用淋洗间尺寸参考值

附录 E 环境中的人机因素

附表 E.1　　　　　　　　　各种场合噪声最大允许值

作　业　场　合	dB
非技术性的体力劳动（例如做清洁）	80
技术性的体力劳动（例如在车库工作）	75
高技术性的体力劳动（例如维修和更换）	70
日常管理工作（非全日制的职业）	70
使用精密设备的体力工作（例如精磨）	60
使用通信设备的简单管理工作（例如打印室的工作）	60
脑力性的管理工作（例如绘图和设计工作）	55
高集中性的脑力劳动（例如办公室的工作）	45
高集中性的脑力劳动（例如图书馆的阅读）	35

附表 E.2　　　　　　　不同时间、材料对应的允许接触最高温度

接触时间	材　料　种　类	最高温度/℃
1h 以下	金属	50
	玻璃、陶瓷、混凝土	55
	塑料（有机玻璃、聚四氟乙烯）、木材	60
10min 以下	所有材料	48
8h 以下	所有材料	43

附表 E.3　　　　　　　　　空间与对应的空气变化值

工作属性	个人所需要空间/m³	新鲜空气供应率/(m³/h)
非常轻体力	10	30
轻体力	12	35
适中体力	15	50
重体力	18	60

附表 E.4　　　　　　　　　人对亮度差异的感受

亮度比	感受	亮度比	感受
1	无差异	30	过高
3	适中	100	太高
10	高度	300	及不愉快

附录 F 国外人机工程软件功能

附表 F.1   **国外人机工程软件功能对比**

功能 人机软件	能否建立人的模型	产品模型的建立方式	能否建立人—机—环境系统的仿真	所使用的人机分析、评价方法	适 用 范 围
JACK	能	自身可以完成对工作场所的建模，也可以通过软件接口导入其他 CAD 软件对产品的模型	能	视域分析、可及度分析、静态施力分析、低背受力分析、作业姿势分析、能量代谢分析、疲劳恢复分析、舒适度分析、NIOSH 提升分析、RULA 姿态分析、OWAS 分析等	汽车、公交车、卡车、飞机、办公系统、座椅、家用电器等
SAMMIE	能	自身可以完成对工作场所及某些产品的建模	能	可及度分析、姿势分析、视域分析	汽车、公交车、卡车、飞机、办公系统、控制室等
ERGO	能	自身可以完成对工作场所的建模	能	人体测量学分析、可及度分析、RULA 姿态分析、新陈代谢分析、NIOSH 提升分析、运动时间分析	擅长劳工作业任务的分析以及工作场所的设计
ERGONOM	不能	可建立二维工作场所的布局模型	不能	工作姿势分析	擅长工作空间设计
ErgoTech	不能	不能建立	不能	针对人、器械、工作场所、环境、任务等进行人机咨询分析	一个以 Checklist 方法为主的人机咨询系统

参 考 文 献

［1］ 尹定邦. 设计学概论［M］. 长沙：湖南科学技术出版社，2004.

［2］ 宋应星（明）. 天工开物（再版）［M］. 北京：中国社会出版社，2008.

［3］ 闻人军，译注. 考工记译注［M］. 上海：上海古籍出版社，1993.

［4］ （美）Jan Dul Bernard Weerdmeester 著. 人机工程学入门［M］. 北京：机械工业出版社，2011.

［5］ （美）C. D. 威肯斯 J. D. 李，刘功，等著. 人因工程学导论［M］. 上海：华东师范大学出版社，2007.

［6］ 卢兆麟，汤文成. 工业设计中的人机工程学理论、技术及应用研究进展［J］. 计算机辅助设计与图形学学报，2009，（6）.

［7］ 徐孟，孙守迁. 计算机辅助人机工程研究进展［J］. 计算机辅助设计与图形学学报，Vol. 16 No. 11 2004.11.

［8］ 罗仕鉴，孙守迁，等. 计算机辅助人机工程设计研究［J］. 浙江大学学报（工学版），Vol. 39 No. 6 2005.6.

［9］ 徐孟，孙守迁. 计算机辅助人机工程研究进展［J］. 计算机辅助设计与图形学学报，2004，16（11）：1469－1474.

［10］ 丁玉兰. 人机工程学（修订版）［M］. 北京：北京理工大学出版社，2009.

［11］ 阮宝湘，邵祥华. 工业设计人机工程［M］. 北京：机械工业出版社，2005.

［12］ 郑午. 人因工程设计［M］. 北京：化学工业出版社，2006.

［13］ 张峻霞，王新亭. 人机工程学与设计应用［M］. 北京：国防工业出版社，2010.

［14］ 孙远波. 人因工程基础与设计［M］. 北京：北京理工大学出版社，2010.

［15］ 阿尔文. R. 狄里. 设计中的男女尺度［M］. 天津：天津大学出版社，2008.

［16］ 童时中. 人机工程设计与应用［M］. 北京：中国标准出版社，2007.

［17］ 王继成. 产品设计中的人机工程学［M］. 北京：化学工业出版社，2004.

［18］ 罗仕鉴，朱上上. 人机界面设计［M］. 北京：机械工业出版社，2007.

［19］ 孙远波，李敏，石磊. 人因工程基础与设计［M］. 北京：北京理工大学出版社，2010.

［20］ 孟祥旭，李学庆，杨承磊. 人机交互基础教程（第2版）［M］. 北京：清华大学出版社，2010.

［21］ （美）比尔. 巴克斯顿. 用户体验草图设计［M］. 黄峰，等，译. 北京：电子工业出版社，2009.

［22］ 诺曼. 设计心理学［M］. 梅琼，译. 北京：中信出版社，2003.

［23］ 周承君. 设计心理学［M］. 武汉：武汉大学出版社，2008.

［24］ （英）詹妮弗. 哈德森. 产品的诞生［M］. 刘硕，译. 北京：中国青年出版社，2009.

［25］ 赵江洪. 人机工程学［M］. 北京：高等教育出版社，2006.

［26］ Bo Chen, Li Deng, Ling Li. Research on Product Design Driven by Reach Area［J］. 2010 International Symposium on Computational Intelligence and Design，2010.10：178－181.

［27］ 陈波，李冬屹，张茹新，邓丽. 基于CATIA V5的中国成年人数字人体模型研究［J］. 人类工效学. P51－54. 2011.

［28］ Bo Chen, Li Deng. Computer-aided Working Space Design for Driller Control Cab［J］. Applied Mechanics and Materials，2010.10，Vols. 34－35：1223－1227.

［29］ Bo Chen, Li Deng. The Application of Genetic Algorithm in Layout Design of Oil Rig Driller Console［J］. Advanced Materials Research，International Conference on Optical，Electronic Materials and Applications，OEMA2011，2011，（3），171－175.

［30］ 陈波，张旭伟，李冬屹. 试论我国钻机司钻控制人性化设计［J］. 石油机械. 2007，（12）.

［31］ 陈波，张茹新，栾苏，樊春明. 石油钻机司钻的H点研究［J］. 石油机械，2009，（7）.

［32］ 陈波，李冬屹，张旭伟，张景发. 石油钻机司钻工作空间设计［J］. 石油矿场机械. 2007，（9）.

［33］ 陈波，张旭伟，李冬屹，张嘉新. 浅谈我国石油钻机司钻控制系统存在的问题［J］. 石油矿场机械. 2007.（4）.

［34］ 张安鹏，张俊等. 无师自通CATIA V5之零件设计［M］. 北京：北京航空航天大学出版社，2007.

［35］ 张宏兵. CATIA V5 R18零件设计实例教程［M］. 北京：清华大学出版社，2009.

［36］ 谢龙汉. CATIA V5 CAD快速入门［M］. 北京：清华大学出版社，2006.

［37］ 詹雄. 机器艺术设计［M］. 长沙：湖南大学出版社，1999.

［38］ 谢龙汉. CATIA V5 CAD 快速入门［M］. 北京：清华大学出版社，2006.

［39］ 朱轶蕾，杨昌鸣. 浅析高校学生宿舍内部空间的环境设计［J］. 重庆建筑大学学报，2007，（6）.

［40］ 张帆. 人机工程设计理念与应用［M］. 北京：中国水利水电出版社，2010.

［41］ 李峰. 人机工程学［M］. 北京：高等教育出版社，2009.

［42］ 黄群. 无障碍通用设计［M］. 北京：机械工业出版社，2009.

［43］ Vink Peter，Koningsveld Ernst A P，Molenbroek Johan F. Positive outcomes of participatory ergonomics in terms of greater comfort and higher productivity［J］. Applied Ergonomics，2006，37（4）：537－546.

［44］ Kogi Kazutaka. Participatory methods effective for ergonomic workplace improvement［J］. Applied Ergonomics，2006，37（4）：547－554.

［45］ 辛华泉. 人类工程设计［M］. 武汉：湖北美术出版社，2006.

［46］ 张宏林. 人因工程学［M］. 北京：高等教育出版社，2005.

［47］ ［日］小原二郎. 什么是人体工程学［M］. 罗筱筱，译. 北京：三联书店，1999.

［48］ 刘佳. 工业产品设计与人类学［M］. 北京：中国轻工出版社，2007.

［49］ 严扬，王国胜. 产品设计中的人机工程学［M］. 哈尔滨：黑龙江科学技术出版社，1997.

［50］ 孙林岩. 人因工程［M］. 北京：高等教育出版社，2008.

［51］ 赵江平，申敏等. 安全人机工程学［M］. 陕西：西安电子科技大学出版社，2014.

［52］ 周一鸣，毛恩荣. 车辆人机工程学［M］. 北京：北京理工大学出版社，1999.

［53］ 吴青. 人机环境工程［M］. 北京：国防工业出版社，2009.

［54］ 王保国，黄伟光等. 人机环境安全工程原理［M］. 北京：中国石化出版社，2014.

［55］ 袁修干，庄达民，张兴娟. 人机工程计算机仿真［M］. 北京：北京航空航天大学出版社，2005.

［56］ 王保国，王新泉，等. 安全人机工程学［M］. 北京：机械工业出版社，2007.

［57］ 吕志强，董海. 人机工程学［M］. 北京：机械工业出版社，2006.

［58］ 项华英. 人类工效学［M］. 北京：北京理工大学出版社，2008.

［59］ 郭伏，钱三省. 人因工程学［M］. 北京：北京理工大学出版社，2006.

［60］ 石英，王秀红，祁丽霞. 人因工程学［M］. 北京：清华大学出版社，2011.

［61］ 李立民，冯忠绪等. 双钢轮振动压路机噪声的防治研究［J］. 广西大学学报：自然科学版. 2013，（44）.

［62］ 张广鹏. 工效学原理与应用［M］. 北京：机械工业出版社，2008.

［63］ 张宏林. 人因工程学［M］. 北京：高等教育出版社，2005.

购书咨询或教材申报请发邮件至 liujiao@waterpub.com.cn 或致电 010-68545968
其他百余种艺术设计类教材信息请见
中国水利水电出版社官方网站 http://www.waterpub.com.cn/shop/

精品推荐

·"十二五"普通高等教育本科国家级规划教材

《办公空间设计
（第二版）》
978-7-5170-3635-7
作者：薛娟 等
定价：39.00
出版日期：2015 年 8 月

《交互设计（第二
版）》
978-7-5170-4229-7
作者：李世国 等
定价：52.00
出版日期：2017 年 1 月

《装饰造型基础》
978-7-5084-8291-0
作者：王莉 等
定价：48.00
出版日期：2014 年 1 月

新书推荐

·普通高等教育艺术设计类"十三五"规划教材

| 中外美术简史（新 1 版）|
978-7-5170-4581-6
作者：王慧 等
定价：49.00
出版日期：2016 年 9 月

| 设计色彩 |
978-7-5170-0158-4
作者：王宗元 等
定价：45.00
出版日期：2015 年 7 月

| 设计素描教程 |
978-7-5170-3202-1
作者：张茜 等
定价：28.00
出版日期：2015 年 6 月

| 中外美术史（第二版）|
978-7-5170-3066-9
作者：李昌菊 等
定价：58.00
出版日期：2016 年 8 月

| 立体构成 |
978-7-5170-2999-1
作者：蔡颖君 等
定价：30.00
出版日期：2015 年 3 月

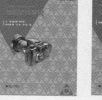

| 数码摄影基础 |
978-7-5170-3033-1
作者：施小英 等
定价：30.00
出版日期：2015 年 3 月

| 造型基础（第二版）|
978-7-5170-4580-9
作者：唐建国 等
定价：38.00
出版日期：2016 年 8 月

| 形式与设计 |
978-7-5170-4534-2
作者：刘丽雪 等
定价：36.00
出版日期：2016 年 9 月

| 室内装饰工程预算与投标报价（第三版）|
978-7-5170-3143-7
作者：郭洪武 等
定价：38.00
出版日期：2017 年 1 月

| 景观设计基础与原理（第二版）|
978-7-5170-4526-7
作者：公伟 等
定价：48.00
出版日期：2016 年 7 月

| 环境艺术模型制作 |
978-7-5170-3683-8
作者：周爱民 等
定价：42.00
出版日期：2015 年 9 月

| 家具设计（第二版）|
978-7-5170-3385-1
作者：范蓓 等
定价：49.00
出版日期：2015 年 7 月

| 室内装饰材料与构造 |
978-7-5170-3788-0
作者：郭洪武 等
定价：39.00
出版日期：2016 年 1 月

| 别墅设计（第二版）|
978-7-5170-3840-5
作者：杨小军 等
定价：48.00
出版日期：2017 年 1 月

| 景观快速设计与表现 |
978-7-5170-4496-3
作者：杜娟 等
定价：48.00
出版日期：2016 年 8 月

| 园林设计 CAD+SketchUp 教程（第二版）|
978-7-5170-3323-3
作者：李彦雪 等
定价：39.00
出版日期：2016 年 7 月

| 企业形象设计 |
978-7-5170-3052-2
作者：王丽英 等
定价：38.00
出版日期：2015 年 3 月

| 产品包装设计 |
978-7-5170-3295-3
作者：和钰 等
定价：42.00
出版日期：2015 年 6 月

| 工业设计概论（双语版）|
978-7-5170-4598-4
作者：赵立新 等
定价：36.00
出版日期：2016 年 9 月

| 公共设施设计（第二版）|
978-7-5170-4588-5
作者：薛文凯 等
定价：49.00
出版日期：2016 年 7 月

| Revit 基础教程 |
978-7-5170-5054-4
作者：黄亚斌 等
定价：39.00
出版日期：2017 年 1 月